Walter Peinhopf-Petz / Jonas Schiffer

FRUCHTBARE KÜHE
GESUNDE KÄLBER

Management und Fütterung als Basis der leistungsbereiten Milchviehherde

Leopold Stocker Verlag
Graz – Stuttgart

Umschlaggestaltung, Layout und Repro: Werbeagentur Rypka GmbH, 8143 Dobl/Graz, www.rypka.at
Fotonachweis: Umschlag-Vorderseite: © istock/taikrixel
Bildnachweis: Abbildungen mit einem Kürzel stammen von den Autoren (Walter Peinhopf-Petz – WP bzw. Jonas Schiffer – JS). Bei allen anderen ist der Bildautor vollständig vermerkt.

Bibliografische Information der Deutschen Nationalbibliothek:
Die Deutsche Nationalbibliothek verzeichnet diese Publikation in der Deutschen Nationalbibliografie; detaillierte bibliografische Daten sind im Internet unter http://dnb.d-nb.de abrufbar.

Hinweis: Dieses Buch wurde auf chlorfrei gebleichtem Papier gedruckt. Die zum Schutz vor Verschmutzung verwendete Einschweißfolie ist aus Polyethylen chlor- und schwefelfrei hergestellt. Diese umweltfreundliche Folie verhält sich grundwasserneutral, ist voll recyclingfähig und verbrennt in Müllverbrennungsanlagen völlig ungiftig.

Auf Wunsch senden wir Ihnen gerne kostenlos unser Verlagsverzeichnis zu:
Leopold Stocker Verlag GmbH
Hofgasse 5/Postfach 438
A-8011 Graz
Tel.: +43 (0)316/82 16 36
Fax: +43 (0)316/83 56 12
E-Mail: stocker-verlag@stocker-verlag.com
www.stocker-verlag.com

ISBN 978-3-7020-2261-7

INHALT

VORWORT

Die Landwirtschaft im Alpenraum ist enorm vielfältig. Gerade in der Milchviehhaltung spiegeln sich die unterschiedlichen Produktionsgrundlagen und wirtschaftlichen Rahmenbedingungen wider. So finden wir Kleinstbetriebe mit Direktvermarktung ebenso wie Großbetriebe mit Fremdarbeitskräften. Bei der Futtergrundlage reicht die Palette vom reinen Heumilchbetrieb bis hin zu Betrieben, deren Hauptgrundfutterbestandteil die Maissilage ist. Entsprechend dieser unterschiedlichen Voraussetzungen, gibt es für jeden Milchviehbetrieb spezielle Anforderungen und Zielsetzungen.

Die Fragen, warum einzelne Betriebe erfolgreicher sind als andere, warum manche Landwirte deutlich gesündere Tiere haben und woher begeisterte Bauern ihre positive Energie beziehen, sollen die Grundlage für dieses Buch bieten.

Die Sorgen, Herausforderungen und auch Freuden von Bauern zu teilen, führten über viele Jahre zu einer vertrauensvollen Zusammenarbeit in unserer Funktion als Berater und Tierarzt. Dies eröffnete die Möglichkeit, einen tieferen Einblick in persönliche wie auch ökonomische Bereiche unserer Milchbauern zu bekommen. Gerade die wirtschaftliche Herausforderung des Beitritts zur Europäischen Union, gekoppelt mit einer Verminderung der Einnahmen bei vielen landwirtschaftlichen Produkten einerseits und der Möglichkeit zur Vergrößerung des Betriebes auf der anderen Seite, haben auch für Tierärzte und Berater neue Rahmenbedingungen geschaffen. Eine Vergrößerung der Betriebe mit einer Vervielfachung der Tierzahlen, der Umstieg zu modernen Haltungsformen und die zunehmende Spezialisierung verlangt auch eine Spezialisierung in der tierärztlichen Betreuung. Dabei wird die Behandlung erkrankter Tiere zunehmend von Vorbeuge und Beratung in den Bereichen Fütterung, Haltung, Stallbau und Management abgelöst.

Die Fortbildungsschwerpunkte als Tierarzt haben sich daher in erster Linie auf die Bereiche der Bestandsbetreuung und der oben genannten Beratungen fokussiert. Reisen nach Israel, Belgien, Holland, in die USA oder auch nach Deutschland haben dabei unterschiedlichste Wege der Beratung und Betreuung aufgezeigt. Letztlich lässt sich aber keines dieser Systeme direkt auf unsere Landwirtschaft übertragen, da die österreichische Milchwirtschaft wegen der eher kleineren Betriebsstrukturen und anderer rechtlicher Rahmenbedingungen eigenen Gesetzen unterliegt. Dennoch ziehen sich einzelne Eckpunkte wie ein roter Faden durch alle erfolgreichen Systeme. Allen voran sind es „Systematik und Regelmäßigkeit“ in möglichst allen Bereichen der Betriebsführung, die viele erfolgreiche Landwirte auszeichnet. Daneben finden sich regelmäßige und gut vorbereitete tierärztliche Bestandsvisiten, eine spezialisierte medizinische Versorgung, eine breite Palette von guten Beratern, insbesondere im Bereich der Fütterung, sowie regelmäßige Aus- und Weiterbildung.

Dieses Buch soll daher all jene ansprechen, die strukturiert an die Herausforderungen der modernen Milchviehhaltung herangehen möchten. Neben interessierten Landwirten sollen auch Berater, Tierärzte und Schüler hilfreiche Anregungen in dieser Lektüre finden.

Dr. Walter Peinhopf-Petz und
Ing. Jonas Schiffer
Steiermark, 2024

Vorbild Israel – höchste Leistung durch perfektes Management © WP

GRUNDLAGEN FÜR EINE ERFOLGREICHE MILCH-VIEHHALTUNG

Die heimische Landwirtschaft entwickelt sich immer rascher. Waren es zunächst vor allem Schweine- und Geflügelbetriebe, die durch Spezialisierung und Erhöhung der Tierzahlen ihre Betriebsstrukturen verändert haben, so hat dieser Trend mittlerweile auch in der Milchviehhaltung Einzug gehalten. Der Bau moderner Laufställe mit Melkständen, der Einbau von Melkrobotern und automatischer Fütterungstechnik sowie der Einsatz immer größerer Maschinen beim Anbau und der Ernte ermöglichen immer größere Tierzahlen pro Arbeitskraft. Damit wachsen jedoch auch die Herausforderungen.

HERAUSFORDERUNGEN VON WACHSTUMSBETRIEBEN

Die abwechslungsreiche Landschaft Österreichs zeigt sich auch in der Vielfalt der Milchviehbetriebe. Gerade im alpinen Raum sind dem Betriebswachstum starke Grenzen gesetzt. Hoher Aufwand bei der Futterwerbung verbunden mit zum Teil erheblicher Handarbeit sowie bauliche Herausforderungen beim Um- oder Neubau von Stallungen lassen kein unbegrenztes Wachstum zu. Zusätzliche Einkommen aus

Zubauten in Hanglagen sind meist sehr aufwendig. © WP

Waldwirtschaft, Tourismus oder Zuerwerb führen aber auch in diesen Betrieben zu einer stabilen Lebensgrundlage. Gerade diese kleineren Betriebe schaffen es auch häufig, durch eigene Vermarktungsschienen und höheren Produktionsstandards, wie Bio- oder Heumilch, die Wertschöpfung deutlich zu steigern.

Diesen Klein- und Kleinstbetreiben stehen Milchviehbauern in den Gunstlagen gegenüber, die aufgrund guter Boden-, Klima- und Standortbedingungen in der Lage sind, ihre Herdengrößen noch auszubauen. Damit werden zukünftig auch in Österreich Milchviehherden mit mehreren Hundert Kühen entstehen. Die Aufhebung der europäischen Milchquote bedeutete für viele Betriebe auch den Wegfall eines wachstumsbegrenzenden Faktors. Nun sind es vor allem zwei Kriterien, die die Betriebsentwicklungen beeinflussen. Zum einen werden landwirtschaftliche Nutzflächen immer knapper und damit teurer. Auf der anderen Seite ist die Arbeitskräftesituation auf den Höfen ein begrenzender Faktor. Gerade der Schritt vom Familienbetrieb hin zum Bauernhof mit Fremdarbeitskräften ist ein großer und will gut überlegt sein.

Die Vorteile des klassischen Familienbetriebes, wo im Idealfall zwei Generationen ihr Einkommen aus der Milchproduktion erwirtschaften, sind in der Regel sehr groß. Dabei bewährt sich eine klare Aufteilung der Verantwortungsbereiche, wie etwa Außenwirtschaft, Kälber, Melken, Fruchtbarkeit. Auch wenn die Aufgaben nicht, wie in einer großen Firma, klar beschrieben und vergeben sind, so weiß doch jedes Familienmitglied Bescheid, was zu tun ist. Die persönliche Verbundenheit zum Hof, aber auch die Liebe zum Einzeltier, erhöht die Bereitschaft, in außergewöhnlichen Situationen mehr zu leisten, als angestellte Mitarbeiter es je tun würden. So werden Tiere mit großem Einsatz gesund gepflegt, die ansonsten geschlachtet worden wären. Kühen mit besonderer Leistung bekommen noch eine Extraportion Propylenglykol, um einen Milchleistungsverlust zu vermeiden. Diese scheinbar kleinen und für die meisten Familienbetriebe normalen Zusatzarbeiten führen in Summe zu einer deutlich höheren Wertschöpfung pro Arbeitskraft als in Fremdarbeitsbetrieben. Gerade dieser Bereich darf bei Wachstumsschritten nicht übersehen werden. So lassen sich mit größeren Melkständen im gleichen Zeitraum deutlich mehr Kühe melken und auch die Fütterung einer um zwanzig Kühe größeren Herde ist bei entsprechender Technik kaum ein Mehraufwand. Wenn es dann allerdings darum geht, fünf Kälber mehr zu tränken, die Kälberställe regelmäßig zu reinigen und zu desinfizieren oder um zwanzig Geburten mehr pro Jahr zu überwachen, beginnen sich Fehler einzuschleichen. Über kurz oder lang fressen diese Fehler einen Teil jener Einnahmen auf, die durch die größere Milchmenge erzielt wurden. Die zusätzliche Arbeitszeit und Frustration, die solche Probleme dann hervorrufen, führt oft auch zu innerfamiliären Spannungen. Um nicht in diese „Wachstumsfalle" zu tappen, werden wir versuchen, die einzelnen Arbeitsbereiche in den folgenden Kapiteln zu beschreiben. Auch auf neue Herausforderungen, die mit einer zusätzlichen Erhöhung der Kuhzahl entstehen, soll im Einzelnen noch genauer eingegangen werden.

Sind Betriebe bereit, den nächsten Schritt zu gehen und Fremdarbeitskräfte einzustellen, so muss eine genaue Beschreibung der Tätigkeitsbereiche erfolgen. Regelmäßige Schulungen der Mitarbeiter sind selbst bei einfachen Tätigkeiten notwendig und sinnvoll. Gerade im Bereich der Melkarbeit ist auf genaue und konstante Arbeitsabläufe zu achten, um den Kühen einen gleichmäßigen Ablauf zu geben. Aber auch bei der Brunstbeobachtung, der Kälberfütterung oder beim einfachen Zusammentreiben von Tieren sind Grundregeln zu beachten, die für jeden Mitarbeiter klar sein müssen. Zur neuen Rolle des Arbeitgebers, der seine Angestellten schulen und führen muss, kommt dann noch häufig eine Sprachbarriere, da viele unserer landwirtschaftlichen Arbeiter aus Süd- und Osteuropa stammen. Zu bedenken ist auch, dass Mitarbeiter Anspruch auf Urlaub und Krankenstand haben und ihnen freie Tage zustehen, an denen die Mehrarbeit dann wieder bei der Familie hängen bleibt. Ob die Erhöhung der Kuhzahl und die zusätzlichen Investitionen auch zu entsprechend höheren Einnahmen führen, wird letztendlich stark davon abhängen, wie gut motiviert die Mitarbeiter sind. Erfolg oder Misserfolg entscheidet sich auch im Großbetrieb am Einzeltier.

Somit hat jedes der oben erwähnten Systeme seine Stärken und Schwächen. Nach dem Prinzip „Stärken stärken – Schwächen schwächen!“ ist in jeder Betriebsgröße eine kontinuierliche Verbesserung möglich. Dazu ist es aber nötig, die tatsächlichen Stärken und Schwächen der Milchviehherden objektiv zu erkennen und zu überwachen. Da kleinere Tierzahlen in der Regel kaum sinnvolle statistische Auswertungen zulassen, gilt es, bei der Interpretation von Aufzeichnungen und Daten vorsichtig zu sein.

VERGLEICHBARKEIT UND NUTZEN VON DATEN

In vielen Zeitschriften und Büchern werden Eckdaten für landwirtschaftliche Betriebe veröffentlicht. Angefangen von Produktionsdaten wie Milchmenge pro Kuh und Jahr bis hin zu Fruchtbarkeitskennzahlen und Erkrankungshäufigkeiten ist beinahe jeder Teilbereich in Zahlen gefasst. Die Frage, ob der eigene Betrieb in, unter oder gar über der Norm liegt, ist dennoch oft schwer zu beantworten. Zum einen können wir manche Zahlen aus internationalen Studien nicht mit unserer Situation vergleichen und auf der anderen Seite lassen unsere z. T. doch sehr kleinen Tierzahlen keine vernünftigen Statistiken zu. Häufig scheitert es aber bereits an der Verfügbarkeit der eigenen Daten, da die entsprechenden Aufzeichnungen fehlen. „Wer schreibt, der bleibt!“ ist ein oft zitiertes Sprichwort, das wohl jeder kennt und dennoch fällt es vielen schwer, regelmäßig Buch zu führen. Was bleibt, ist dann oft nur ein Bauchgefühl, von dem man sich leiten lässt und das zu oft unangemessenen Entscheidungen führt.

In vielen Betrieben haben wir verlässliche Daten vom Leistungskontrollverband (LKV) und aus dem Gesundheitsmonitoring Rind (GMON), die wir für unsere Entscheidungen nutzen können. Im Kapitel „Daten richtig lesen und verstehen“ wird noch im Detail auf die einzelnen Bereiche eingegangen. Dennoch ist auch hier Vorsicht geboten, da wir z. B. bei der Interpretation der Persistenz einer Herde aus dem Tagesbericht oft nur wenige Tiere in einer Gruppe haben. Wenn hier also die Leistung der Erstlingskühe in den ersten hundert Laktationstagen mit der Leistung der zweiten hundert Tage verglichen wird, kann es sein, dass nur drei oder vier Tiere in jeder Gruppe sind. Das Ergebnis eines Einzeltieres kann den Durchschnitt dieser Gruppe sehr schnell um einige Kilogramm Milch verändern und damit die Persistenz besonders gut oder auch schlecht aussehen lassen. Ein weiteres Beispiel wäre eine Erstlingskuh am Beginn der Laktation, die wegen einer Stresssituation schlecht ausgemolken wird. Dabei bleibt die besonders fettreiche Restmilch im Euter und der Fettgehalt im Kontrollergebnis beträgt nur 3,0 %. Der durchschnittliche Fettgehalt der Erstlaktierenden in den ersten hundert Tagen wird dadurch auf 3,4 % gedrückt und eine überhastete Interpretation der LKV-Daten täuscht eine Pansenübersäuerung in dieser Tiergruppe vor.

Diese einfachen Beispiele zeigen bereits, dass es wichtig ist, auch andere Überwachungsinstrumente zu nutzen und nicht nur die LKV-Daten zur Fütterungskorrektur zu nutzen. So wäre beim Hinweis auf Pansenübersäuerung eine Kontrolle der Kotkonsistenz oder das Zählen der Wiederkauschläge ein gutes Instrument, um den Verdacht zu überprüfen.

Ein weiteres Beispiel ist der Verdacht einer Ketose (Energiestoffwechselstörung), der sich bei einem erhöhten Fett-Eiweiß-Quotienten (Fettprozente dividiert durch Eiweißprozente › 1,4) ergibt. Ob es sich dabei um ein Herdenproblem handelt, lässt sich wegen der LKV-Daten alleine nur schwer beurteilen. Werden jedoch auch andere Untersuchungen einbezogen, lässt sich der Verdacht erhärten.

Ein Verlust der Rückenfettdicke oder des BCS-Wertes (Body Condition Score), erhöhte Ketonwerte in Milch, Blut oder Harn bei neumelkenden Tieren oder eine Häufung von Eierstockzysten sind ebenfalls Hinweise auf ein Energiestoffwechselproblem in der Herde.

Beurteilung von Fütterung und LKV-Daten © WP

Wir müssen also in unseren kleinen und mittleren Herden durch einen „Blick aufs Ganze“ mehrere Puzzleteile zu einem gesamten Bild zusammensetzen, um Problembereiche sicher zu erkennen. Dazu ist es nötig, **regelmäßig und systematisch Untersuchungen und Beobachtungen durchzuführen und diese zu dokumentieren.** Diese Systematik und Regelmäßigkeit sollte am besten gemeinsam mit externen Beratern ablaufen. Beispiele dafür wären eine dokumentierte Klauenpflege, die in bestimmten Intervallen durchgeführt wird oder eine Überprüfung der Fütterung anhand der LKV-Daten gemeinsam mit dem Fütterungsberater. Eine besondere Rolle kann und sollte der Tierarzt einnehmen. Einerseits führt eine regelmäßig durchgeführte Bestandsbetreuungsvisite zu einer Vielzahl von nutzbaren Daten. Dazu gehören das Messen der Rückenfettdicke und der Ketonwerte ebenso wie Fruchtbarkeitskontrollen und Aufzeichnungen über die Häufigkeit von Krankheiten. Darüber hinaus wird der erfahrene Bestandsbetreuungstierarzt auch bei der Fütterung und der Klauenpflege entsprechendes Interesse zeigen und kann somit die Koordination der einzelnen Bereiche übernehmen. Insbesondere wenn Probleme auftauchen, ist ein gemeinsamer Besuch von Tierarzt und Berater eine gute Möglichkeit, um konstruktiv Lösungen zu erarbeiten.

In welcher Form die Daten aufgezeichnet werden, hängt von der Betriebsgröße und von individuellen Vorlieben ab. Teilweise finden wir auf unseren Höfen einfache handschriftliche Aufzeichnungen in Kalendern oder Arbeitsmappen, teilweise sind es einfache Excel-Tabellen und in anderen Betrieben werden spezielle EDV-Herdenmanagementprogramme verwendet. Voraussetzung für alle Systeme sind aber eine genaue Beobachtung, gute lückenlose Dokumentation und das fachliche Wissen, um Abweichungen und Fakten zu erkennen. Gerade wenn wir unsere Daten miteinander oder auch international vergleichen wollen, müssen wir auch die genaue Definition und die Grenzwerte bei der entsprechenden Abweichung kennen. Beispielsweise wird der Begriff „Akute Euterentzündung“ von Landwirt „A“ nur für fieberhafte Eutererkrankungen verwendet, während Landwirt „B“ darunter bereits das plötzliche Auftreten von flockiger Milch zusammen mit einer leichten Euterschwellung versteht. Vergleichen wir nun die Häufigkeit einer solchen Erkrankung in den ersten 30 Laktationstagen zwischen den beiden Betrieben, so werden vermutlich am Betrieb „B“ deutlich mehr Tiere erkrankt sein, da ja bereits leichte Erkrankungen ohne Fieber mitgezählt werden. Selbst bei scheinbar objektiven Daten, wie dem Alter einer Milchviehherde oder der durchschnittlichen Lebensleistung, ist bei der Interpretation Vorsicht geboten. Während Betrieb „X“ seine Kalbinnen bereits vor der ersten Abkalbung vermarktet, entscheidet sich Betrieb „Y“ dazu, die Tiere abkalben zu lassen und erst dann zu verkaufen.

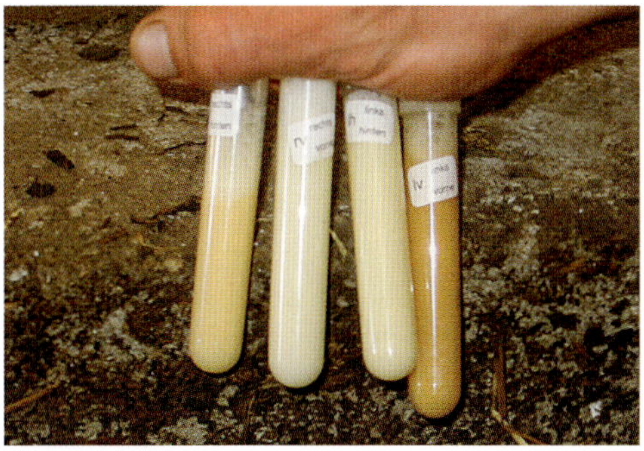

Akute Euterentzündung oder einfach nur Milchveränderung? Richtige Interpretation ist entscheidend. © WP

Das Durchschnittsalter der Kühe und die durchschnittliche Lebensleistung der Milchkühe am Betrieb „X“ sind dadurch automatisch deutlich höher, da am Betrieb „Y“ permanent junge Kühe mit einer geringen Lebensleistung zur Zucht verkauft werden.

Trotz der nicht immer einfachen Bewertung der Daten macht es Sinn, möglichst viele Werte aufzuzeichnen und regelmäßig gemeinsam mit einem Experten zu beurteilen. Grundsätzlich kann gesagt werden, dass kein Handlungsbedarf besteht, solange alle Zahlen eines bestimmten Bereiches in Ordnung sind. Bei der Eutergesundheit sind dies die Zellzahl, die Häufigkeit akuter Euterentzündungen und der Prozentsatz von Tieren mit einer Zellzahl von unter 100.000 Zellen/ml Milch.

Dennoch ist auch darauf zu achten, nicht in einer Vielzahl von Daten den Überblick zu verlieren. Daher ist die Systematik in der Aufzeichnung ein wesentlicher Punkt. Außerdem macht es nur Sinn, Daten zu erheben, wenn sie auch in unsere Entscheidungen einfließen.

Beispielsweise ist die Messung der Rückenfettdicke vor allem dann zu empfehlen, wenn wir unsere Fütterung wegen dieser Daten auch korrigieren. Alles andere führt zu einem „Datenfriedhof“ und zur Frustration wegen einer unnötigen Arbeitsbelastung.

Datum von: 22.05.2023 **Datum bis:** 22.05.2024

Anzahl Kühe mit Erregernachweis	8
Untersuchte Kühe gesamt	11
Anzahl Viertel mit Erregernachweis	13
Durchschnittliche Kuhzahl	76

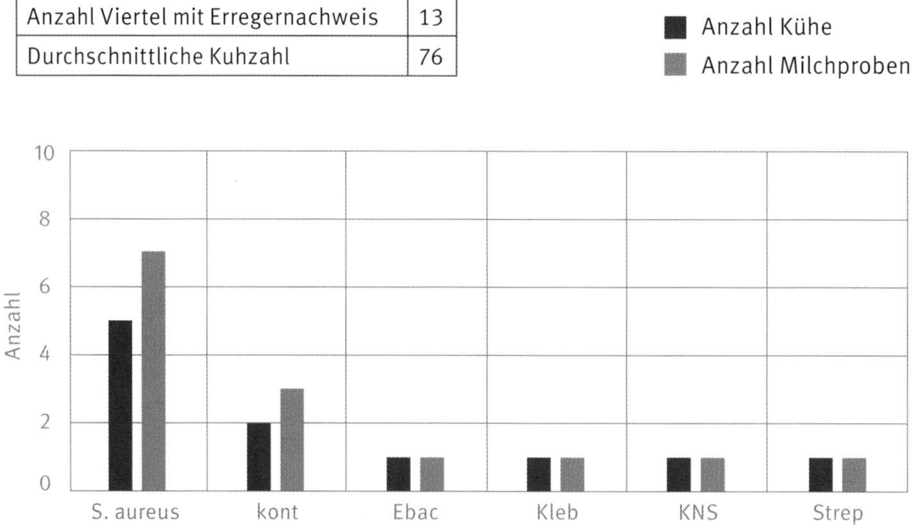

Übersichtliche Datenaufarbeitung (hier: LKV-Herdenmanager) erleichtert die Interpretation. In diesem Betrieb überwiegen bakteriologische Milchprobenbefunde mit *Staphylococcus aureus*.

DATENNUTZUNG – „MONITORING"

Die Nutzung verschiedener Daten wird in der Regel mit dem Begriff „Monitoring" beschrieben. Dabei sollen die erhobenen Daten, die sogenannten „Ist-Werte", mit den „Soll-Werten" verglichen werden. Mit „Soll-Wert" wird dabei der zu erreichende Zustand beschrieben. Welche Soll-Werte auf einem Betrieb sinnvoll und nutzbar sind, hängt von der Betriebsgröße und der Genauigkeit der Datenerhebung ab. Aber auch für den Schritt des Monitorings gilt: Ist-Werte mit Soll-Werten zu vergleichen genügt nicht, um etwas zu verbessern – Abweichungen müssen zu einer Reaktion und damit zu einer Veränderung der Ist-Situation führen.

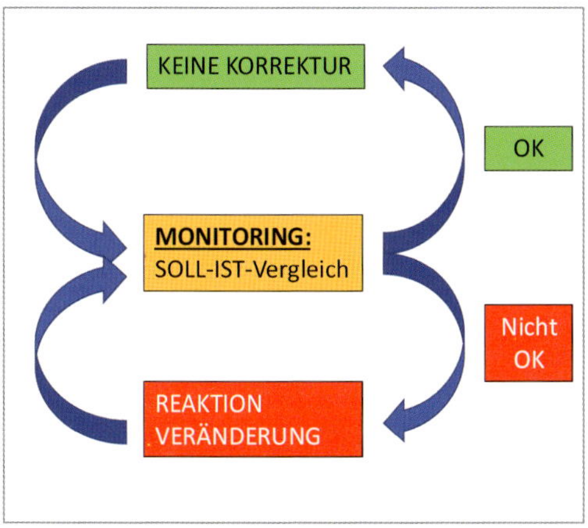

Controllingschleife

Diesen gesamten Prozess nennen wir „Controlling". Er besteht aus einem immerwährenden Kreislauf von Monitoring – Vergleich von Ist-Werten mit Soll-Werten – und Reagieren (Veränderung), neuerlichem Vergleichen der veränderten Situation und wiederholtem Reagieren. Im Zuge dieses Prozesses versuchen wir möglichst nahe an den Idealzustand heranzukommen.

Ein Beispiel dafür wäre die Zwischenkalbezeit. Als Soll-Wert wird dabei häufig ein Jahr, also 365 Tage, angenommen. Um diesen Wert zu erreichen, gilt es zu überlegen, welche Bereiche der Zwischenkalbezeit sich beeinflussen lassen. Die Trächtigkeitsdauer wird mit etwa 285 Tagen angenommen und ist nicht beeinflussbar. Um nun die Zwischenkalbezeit von einem Jahr zu erreichen, müssen Kühe mit durchschnittlich 80 Tagen nach der letzten Kalbung wieder tragend werden (80 Tage + 285 Tage = 365 Tage Zwischenkalbezeit). Diese sogenannte Serviceperiode ist die Summe aus Rastzeit (Zeit bis zur ersten Belegung) und Verzögerungszeit (falls Tiere mehrmals belegt werden). Unter der Annahme, dass wir eine Verzögerungszeit von durchschnittlich 20 Tagen haben, müssen wir eine Rastzeit von 60 Tagen erreichen. Im Rahmen unseres „Controllings" können wir z. B. die jeweils letzten zehn Erstbesamungen heranziehen und den Durchschnittswert der Rastzeit berechnen. Diesen Durchschnittswert vergleichen wir mit unserem „Soll-Wert" von 60 Tagen. Liegen wir mit unserem Ist-Wert bei z. B. 70 Tagen, so werden wir reagieren und beginnen nun etwas früher zu besamen, bis wir nahe genug an die 60 Tage herankommen.

Ein weiteres Beispiel wäre die Eutergesundheit, wo wir als Messgrößen die Tankmilchzellzahl, die Zellzahl bei der LKV-Kontrolle oder auch den Anteil der Tiere mit weniger als 100.000 Zellen/ml heranziehen können. Auch die Häufigkeiten von Erkrankungen wie z. B. Milchfieber oder Nachgeburtsverhalten sollten unter einem bestimmten Soll-Wert liegen. In kleineren Herden ist es allerdings nicht immer einfach hier auch eine vernünftige Aussage zu erhalten. So bedeutet ein Fall eines Nachgeburtsverhaltens bei zehn Abkalbungen einen Ist-Wert von 10 %, was exakt dem maximalen Soll-Wert entspricht. Kommt es wegen mehrerer Zwillingsgeburten zu zwei Fällen von Nachgeburtsverhalten, so liegen wir bereits bei 20 % und damit doppelt so hoch als erwünscht. In kleinen Herden ist es daher bei Abweichungen vom Normwert immer notwendig, die einzelnen Ereignisse zu beurteilen.

Um auch bei kleineren Tierzahlen eine gute Aussage zu erreichen, ist es sinnvoll, längere Zeiträume zur Beurteilung heranzuziehen. Solche Daten bietet z. B. der LKV-Jahresbericht. Eine weitere Möglichkeit ist das Zusammenfassen mehrerer Einzelereignisse zu einem Problemkomplex. Dies geschieht etwa, wenn wir die einzelnen Diagnosen Gebärmutterentzündungen, Eierstockzysten oder Stillbrünstigkeiten zum Begriff Fruchtbarkeitsstörungen zusammenfassen.

„Controlling" ist dabei vor allem in jenen Bereichen anwendbar, wo es darum geht bestimmte Produktionsbereiche noch weiter zu verbessern. Dies kann die Fruchtbarkeit ebenso sein, wie die Milchleistung oder die Tageszunahmen der Aufzuchtkälber.

In manchen Bereichen ist es aber besser, ein Problem erst gar nicht entstehen zu lassen. So bedeutet das Monitoring von Totgeburten, dass wir einen bereits entstandenen Schaden beurteilen. Unter dem Motto „Vorbeugen ist besser als Heilen" gilt es, sich die Risikofaktoren genauer anzusehen.

Risiken erkennen – vorbeugend handeln

Um Risiken rechtzeitig erkennen zu können, lassen sich messbare Kontrollpunkte definieren, die rechtzeitig warnen, bevor ein Schaden eintritt.

Am Beispiel der Totgeburten würde das bedeuten, sich zunächst zu überlegen, warum es zu den Totgeburten gekommen ist. Handelt es sich dabei um Totgeburten, die hauptsächlich bei Kalbinnen aufgetreten sind, so gibt es dafür mehrere Ursachen. Einerseits könnten die Muttertiere bei der Geburt noch zu klein und möglicherweise zu früh belegt worden sein. Weitere Ursachen sind eine Verfettung der Kalbinnen und damit eine Verengung des Geburtsweges oder auch der Einsatz von Stieren, die einen schweren Geburtsverlauf zur Folge haben.

Stellen wir bei unserer Risikoanalyse fest, dass die Kalbinnen zu fett waren, sollten wir nun einen oder mehrere Kontrollpunkte definieren, um vorzubeugen. Konkret kann das die Messung der Rückenfettdicke oder eine Körperkonditionsbeurteilung der Kalbinnen im Verlauf der Trächtigkeit sein. Hierbei hilft das Controlling-System. Legen Sie Soll-Werte für die Rückenfettdicke (RFD) zu bestimmten Phasen der Laktation fest. Dies kann bei der Belegung, in der Mitte der Trächtigkeit, beim Umgruppieren zu den Milchkühen (zwei Monate vor der Kalbung) und bei der Kalbung selbst sein. Ein Vergleich der Ist-Werte mit den Soll-Werten (Monitoring) und eine laufende Anpassung der Fütterung (Reagieren) werden zu einer

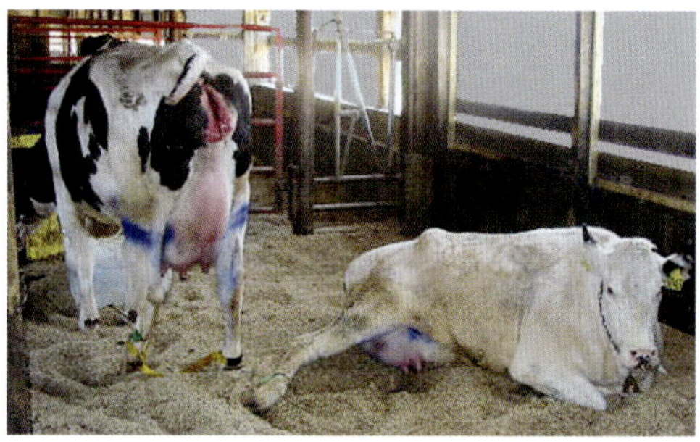

Vaginalverletzungen aufgrund von Schwergeburten bei Kalbinnen © WP

optimalen Kondition der Tiere und damit zu einer Vermeidung von Totgeburten wegen zu fetter Kalbinnen führen.

Ein weiteres Beispiel einer Risikoanalyse ist das Bewerten der Zellzahlen in den Milchleistungsdaten. Denn das Risiko einer akuten Euterentzündung nach der Kalbung ist deutlich höher, wenn die Kühe bereits vor dem Trockenstellen erhöhte Zellzahlen hatten. Der kritische Kontrollpunkt ist damit die letzte Milchleistungskontrolle vor dem Trockenstellen. Mit Hilfe einer bakteriologischen Milchprobenuntersuchung und einer entsprechenden Therapie vor oder während der Trockenstehzeit können viele Tiere geheilt werden. Das Risiko einer akuten Euterentzündung im ersten Laktationsmonat nimmt damit in der Regel deutlich ab. Neben wirtschaftlichen Vorteilen für den eigenen Betrieb schaffen wir damit auch die Grundlage für gesunde Tiere und gesund produzierte Lebensmittel.

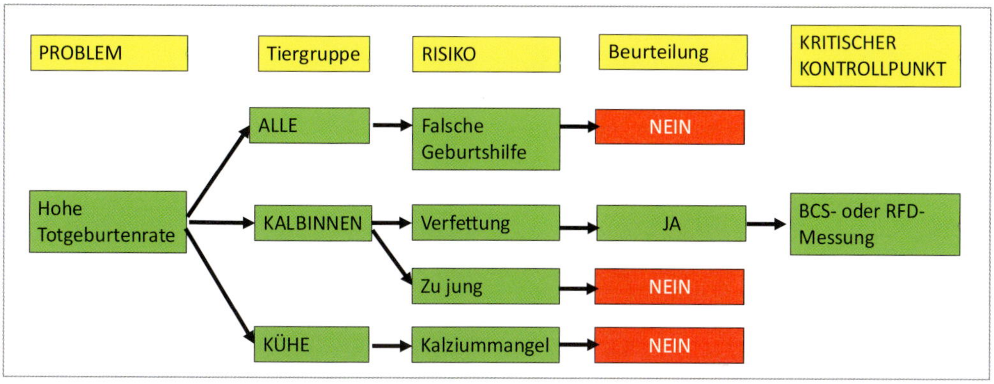

Risikoanalyse und Definition des passenden Kontrollpunktes – in diesem Fall ist es die regelmäßige BCS- oder RFD-Messung.

GESUNDE TIERE, GESUNDE LEBENSMITTEL

Lebensmittel haben in der heutigen Überfluss-Zeit leider an Bedeutung verloren. Dennoch führten nicht zuletzt diverse Lebensmittelskandale zu einer langsamen Trendumkehr. Besonders regionale Produkte mit klarer Herkunftsangabe sind wieder vermehrt gefragt. Der Wunsch nach Fleisch, Milch oder Eiern von „glücklichen" Tieren ist vorhanden und die Werbung vermittelt dieses Image der heimischen Landwirtschaft. Daher ist es wichtig, den berechtigten Verbraucherwunsch nach gesunden Lebensmitteln auch tatsächlich zu erfüllen, denn nur gesunde Tiere sind die Grundlage für ein gesundes Lebensmittel. Auch die Erfüllung von Tierschutz- und Tierwohlauflagen ist für viele Konsumenten heute ein großes Thema und führt bei Missachtung zu einem enormen Imageschaden für die gesamte Branche. Für Landwirte, Tierärzte und Berater muss die Einhaltung von Tierschutzanliegen ohnedies selbstverständlich sein, da sie die Voraussetzung für gesunde Tiere sind – und nur gesunde Tiere sind leistungsbereit, fruchtbar und damit wirtschaftlich.

Was sind gesunde Tiere?

Wann sind Kühe und Kälber gesund? Nach der Definition der Weltgesundheitsorganisation handelt es sich bei Gesundheit um einen „Zustand des völligen körperlichen, geistigen und sozialen Wohlergehens und nicht nur das Fehlen von Krankheit und Gebrechen". Für unsere Tiere bedeutet dies, dass wir ihnen ein Umfeld schaffen müssen, in dem sie stressfrei ihren normalen Bedürfnissen nachgehen können. Dazu gehört bei Rindern als Herdentier insbesondere der Sozialkontakt zu Artgenossen, aber auch die Möglichkeit ausreichend Individualabstand zu haben, um sich stressfrei in ihrer Umwelt bewegen zu können. Auch das frühzeitige Erkennen von Krankheiten und Schmerzen durch einen geschulten Tierhalter ist dabei enorm wichtig, denn nur so kann frühzeitig behandelt werden und noch größere Schäden und Schmerzen werden vermieden. Gerade Rinder „leiden im Stillen". Im Laufe der Evolution waren schwache und schmerzgeplagte Tiere einer Herde stets das bevorzugte Beutetier von Fressfeinden, wie z. B. Wölfen. Aus diesem Grund zeigen Rinder meist nur geringe Schmerzäußerungen und dieses Verhalten haben sie bis heute beibehalten, weshalb bereits kleine Verhaltensänderungen durchaus ernst genommen werden müssen.

Beispielsweise ist das gehäufte Auftreten von Wanddefekten durch rechtzeitige Entlastung der betroffenen Region leicht zu therapieren. Entfernen der veränderten Hornwand, ein gut gesetzter Entlastungsschnitt oder ein Holzklotz auf die Nachbarklaue und schon läuft die Kuh wieder. Dennoch haben wir erst reagiert, als die Kuh bereits eine Lahmheit gezeigt hat. Das Tier hatte bereits Schmerzen, ist mehr gelegen, hat weniger gefressen und gemolken und möglicherweise die letzte Brunst nicht mehr gezeigt.

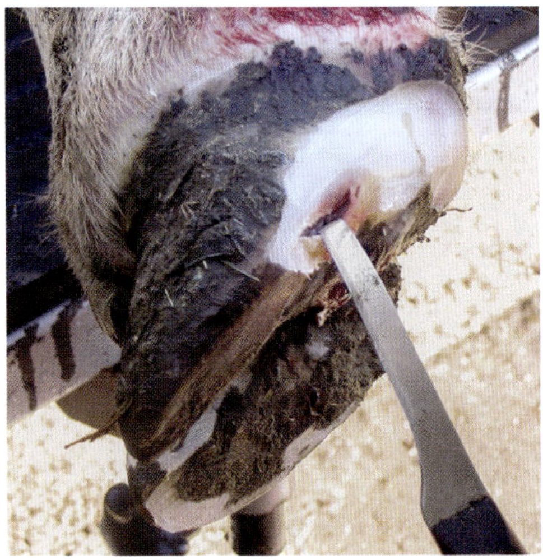

Wanddefekt an der hinteren linken Außenklaue

Krankheitsursachen finden

Neben dem Erkennen und Behandeln von Krankheiten und Verletzungen sind auch immer die Fragen nach dem „Warum" und dem „Woher" zu stellen. „Die Krankheit hinter der Krankheit finden", das ist die Herausforderung im modernen Herdenmanagement. Gerade im Bereich der Klauengesundheit gibt es vielfältige Beispiele, in denen zwar die richtige Therapie angewandt wird, die Frage nach der Ursache jedoch offen bleibt.

Unser Ziel muss es nun sein, die Ursache – „Die Krankheit hinter der Krankheit" – zu finden. Im Fall des Wanddefektes sind das häufig lange Stehzeiten vor dem Abliegen. Aufgrund falscher Liegeboxeneinstellungen oder auch bei Hitzestress stehen die Kühe mit den Vorderbeinen in der Box und mit den Hinterbeinen auf den Betongängen. Diese verstärkten Belastungen führen unter anderem zu Wanddefekten. Aber auch rasche Drehbewegungen mit Rutschphasen auf harten Böden können eine Ursache sein. Diese treten vor allem dann auf, wenn Tiere in zu engen Gängen vor dominanten Tieren flüchten. Auch beim Verlassen des Melkstandes sind oft enge Wendungen nötig. Werden die Tiere in dieser Situation angetrieben, so kommt es auch hier zu Rutschphasen und vermehrten Zusammenhangstrennungen entlang der weißen Linie im Bereich der hinteren Hornwand. Im Zuge der Bestandsbetreuung können Landwirt und Tierarzt mithilfe der Klauenpflegeprotokolle diese Problembereiche beurteilen und gemeinsam versuchen, die Ursachen zu finden und Lösungen zu erarbeiten.

Überbelastung der Hintergliedmaßen beim Stehen in den Liegeboxen © WP

Im konkreten Beispiel sollten sicherlich zunächst die Liegeboxen genau unter die Lupe genommen werden und auch an entsprechenden Kühlmöglichkeiten für liegende Tiere müssen wir arbeiten. Aber auch blind endende Laufgänge oder Triebwege beim Melkstand gehören beachtet. Besonders Videoaufnahmen der verschiedenen Stallbereiche sind sehr aufschlussreich, da sie das natürliche Verhalten der Tiere am besten wiedergeben. Im speziellen Teil des Buches werden wir versuchen für möglichst viele Erkrankungen und Probleme auch die Ursachen und somit die eigentliche „Krankheit hinter der Krankheit“ zu finden. Diese Ursachensuche können wir auch als Risikoanalyse bezeichnen und sie stellt somit den ersten Schritt für die Umsetzung von „Vorbeugen ist besser als Heilen“ dar.

Der Faktor Stress

Einen oftmals unterschätzten Anteil an der Gesundheit hat der Faktor „Stress“. Genau wie beim Menschen bewirkt die Ausschüttung von Stresshormonen, insbesondere von Corticosteroiden, eine Verminderung der Abwehrkraft. Dabei wird das Immunsystem an verschiedensten Stellen unterdrückt, was zu einer höheren Infektionsanfälligkeit führt. Besonders in Situationen eines erhöhten Keimdruckes ist das Risiko einer Erkrankung damit deutlich höher.

Eine exakte Planung beim Umgruppieren kann den Stresspegel senken. Bekanntlich führen sowohl das Eingliedern von Tieren als auch das Entfernen von Rindern aus einer Gruppe zu Stress. Dementsprechend ist es von Vorteil, wenn solche Veränderungen geplant werden und möglichst zeitgleich stattfinden. So lässt es sich meist einrichten, dass das Trockenstellen von Kühen, die Eingliederung von Kalbinnen in die Herde und ein Umsperren von Tieren in eine andere Fütterungsgruppe am selben Tag durchgeführt werden. Dadurch wird die Rangordnung nur einmal verändert, was zu deutlich weniger Stress führt, als wenn wir dies an verschiedenen Tagen tun würden.

Ein typisches Beispiel für eine stressbedingte Reaktion ist die Rindergrippe, im Englischen auch „Shipping fever“ genannt, was übersetzt so viel wie „Transportkrankheit“ bedeutet. Die durch Transport und Umgruppierung gestressten Tiere werden aus unterschiedlichen Betrieben zusammengekauft. Im Mastbetrieb kommt es dann bei den immungeschwächten Tieren zum Austausch unterschiedlichster Bakterien und Viren, die sich in den Mastrindern rasch vermehren können und damit zum Ausbruch der Krankheit führen.

Stress kann neben dem eben beschriebenen Sozialstress, den Tiere beim Umsperren oder bei Rangkämpfen haben, auch andere Ursachen haben. So führen hohe Außentemperaturen zu Hitzestress. Die Inbetriebnahme von Lüftern darf nicht erst stattfinden, wenn die Kühe bereits in den Gängen stehen und deutlich weniger fressen. Sie sollte vielmehr ab einer bestimmten Lufttemperatur und Luftfeuchtigkeit automatisch passieren.

Futterumstellungen oder Wassermangel können bei Rindern Stress auslösen. Selbst Veränderungen im Zeitmanagement, wie es bei der Umstellung zwischen Sommer- und Winterzeit zweimal jährlich zu beobachten ist, stressen viele Tiere. Bei Kühen äußert sich die stressbedingte Immunsuppression dann meist in Form von Euterentzündungen oder zumindest in einer Zellzahlerhöhung.

Dass gerade auch Menschen Stress auslösen können, hat jeder sicher schon selbst erlebt. Schreiende Vorgesetzte, hoher Druck am Arbeitsplatz, überfordernde Aufgaben – all das macht Stress und führt bei Menschen meist eher zu Leistungsabfall als zu einer besseren Performance. Wieso sind

Kühlung ist selbst bei offenen Stallungen wichtig. Vor allem bei trockenstehenden Kühen muss eine optimale Ventilation gewährleistet sein. © WP

wir dann der Meinung, dass wir bei Kühen damit mehr erreichen können? Ruhe und Gelassenheit sind oft viel zielführender.

Reagieren im Krankheitsfall

Trotz guter Vorbeugungsmaßnahmen und genauer Beobachtung unserer Tiere lassen sich Erkrankungen nicht völlig verhindern. Aus ethischen Gründen, wie auch aus tierschutzrechtlicher Sicht, ist es die Pflicht jeden Tierhalters durch genaue und regelmäßige Beobachtung seiner Rinder auftretende Erkrankungen und Verletzungen rasch zu erkennen und zu behandeln. Gerade im Nutztierbereich finden wir aber auch Situationen, in denen eine Schlachtung des Tieres wirtschaftlich sinnvoller sein kann als eine Behandlung. Dabei ist aber stets das Wohl des Tieres im Auge zu behalten, da ein Unterlassen der Therapie aus rein wirtschaftlichen Gründen auch einen Verstoß gegen das Tierschutzgesetz darstellen kann.

Daneben gibt es aber durchaus Situationen in denen die Art der Therapie oder die Behandlungswürdigkeit einer genauen Prüfung unterzogen werden muss. Die Einschätzung des Tierarztes bezüglich der Genesungschancen, die sogenannte Prognose, und der Therapiekosten sind hier ebenso wichtig wie die wirtschaftlichen Rahmenbedingungen. Dazu zählen neben den aktuellen Futterkosten am Betrieb auch die Preissituation für Zucht- und Schlachtvieh. Selbst die Jahreszeit in der eine Erkrankung auftritt kann eine Rolle spielen.

Eine Fehlgeburt (Abortus) ist bei einer Kalbin im Jänner anders zu bewerten als z. B. im Juli. Während nach einem Abortus im Jänner und nach neuerlicher, erfolgreicher Belegung mit einer Kalbung im Herbst zu rechnen ist, wäre im zweiten Fall (Abortus im Juli) der voraussichtliche Kalbetermin erst im nächsten Frühjahr. Das bedeutet, dass im zweiten Fall beinahe die gesamte Trächtigkeit in der Stallhaltungsperiode erfolgt und damit Haltung und Fütterung hohe Kosten verursachen. Daneben ist auch das Risiko einer Verfettung des Tieres und einer möglichen Schwergeburt höher. Dagegen wird die im Jänner nochmals besamte Kalbin während der Sommermonate möglicherweise geweidet oder gealpt und kann somit mit geringen Kosten bis zur Geburt gehalten werden.

Umgang mit Rindern

Unter dem Ausdruck „Herdsmanship“ verstehen wir den richtigen und stressfreien Umgang mit Kühen. Es würde den Rahmen dieses Buches sprengen, auf diesen außerordentlich wichtigen Bereich der Rinderhaltung im Detail einzugehen. Dennoch wollen wir einige wesentliche Punkte, die unsere tägliche Arbeit stark erleichtern, herausgreifen und als Gedankenanstöße kurz anreißen.

Herdentiere

Im Gegensatz zum Pferd, das mit seiner großen Lunge als typisches Fluchttier gilt, wird das Rind bei Gefahr immer den Schutz der Herde suchen. Auf Weiden können wir gut beobachten, wie sich die Herde beim Fressen gemeinsam in die gleiche Richtung bewegt und dann auch eine gemeinsame Ruhepause einlegt. Im Stall merken wir, dass Tiere unter Stress versuchen, sich in einer Gruppe zu verstecken, was gerade beim Hitzestress als unsinnig erscheint. Zwei Tiere, die sich in eine Liegebox drängen, eine Gruppe Kalbinnen, die kaum zu trennen ist. Die Tiere fühlen sich sicher, sobald sie rechts und links ein weiteres Rind spüren. In unserer täglichen Arbeit müssen wir dieses Verhalten berücksichtigen, wenn wir Kühe untersuchen oder auch nur umtreiben wollen. Gerade bei Kalbinnen ist es oft schwieriger, die Tiere für einzelne Trächtigkeitsuntersuchungen zu fixieren, als sie einfach in der Gruppe zu lassen. Ein V-förmig aufgeklapptes Tor, hinter dem sich drei oder vier Tiere eng zusammendrängen bietet dabei oft eine einfache, stressfreie Möglichkeit mit den Tieren zu arbeiten.

Trächtigkeitsuntersuchungen auf der Weide: Die Kalbinnen werden ruhig in eine mit mobilen Gittern abgegrenzte Koppel getrieben und mit Kraftfutter belohnt. © WP

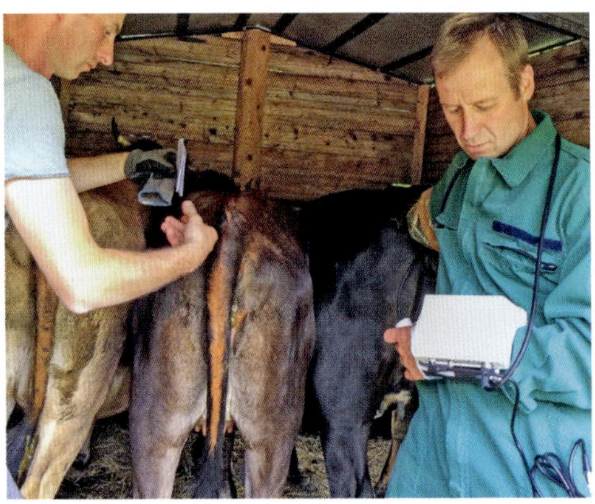

Gruppenweise werden die Tiere auf den Anhänger geleitet. Die Untersuchung ist bei den eng stehenden Kalbinnen ohne Fixierung möglich. © WP

Rangordnung

Die Hierarchie in einer Rinderherde ist klar geregelt und bei genauer Beobachtung der Tiere lassen sich sogar „Kuhfreundschaften“ feststellen. Das kann soweit führen, dass Kühe über Jahre immer wieder Fress- und Liegeplätze nebeneinander aufsuchen, selbst wenn sie in der Zwischenzeit aufgrund unterschiedlicher Gruppenzugehörigkeit getrennt waren. Andererseits führt die strenge Hierarchie auch dazu, dass einzelne Tiere sich neben ranghöheren Artgenossinnen absolut unwohl fühlen und jeglichen Kontakt meiden. Insbesondere in Melkständen kann diese Tatsache zu enormen Problemen führen, da gerade Erstkalbskühe mit Milchverhalten, Unruhe und Abschlagen der Melkzeuge auf Stresssituationen reagieren. Vielfach wird der Fehler begangen, die Herde vor dem Melkstand auf engem Raum zusammen zu sperren, um einen vermeintlich schnelleren Melkablauf zu gewährleisten. In einer solch beengten Situation können sich die Tiere aber nicht mehr nach ihrer Rangordnung bzw. ihren Vorlieben organisieren. Steigender Druck durch die Melker und Kühe, die nicht nebeneinander stehen wollen, führen zu enormem Stress. Die Folge sind längere Melkzeiten, schlechter Milchfluss und höhere Zellzahlen. Gibt man den Kühen je nach Größe und Rasse 1,3 bis 2 m^2 Warteraumplatz pro Tier, so werden sich viele Probleme von selbst lösen.

Individualdistanz

Ebenso wie wir Menschen wollen auch Kühe in verschiedenen Situationen Abstand zu ihren Artgenossinnen halten. Diese Individualdistanz ist bei horntragenden Tieren naturgemäß größer als bei enthornten Kühen. Dementsprechend müssen Gangbreiten und Durchgänge so gestaltet werden, dass zwei Kühe in angemessenem Abstand aneinander vorbeigehen können. Vor allem für rangniedrige Tiere entsteht ansonsten enormer Stress. In Beobachtungen konnte festgestellt werden, dass Kalbinnen aus diesem Grund im Laufe eines Tages ein Vielfaches des Weges von älteren Kühen zurücklegen, da sie oft ihren Gang zum Futtertisch oder Wassertrog ändern müssen, um an einer anderen Stelle zu passieren.

Beim Treiben von Tieren muss auch die Individualdistanz der Tiere bekannt sein. Stehen wir etwa zu nahe an jenem Punkt, an dem die Kuh abbiegen oder in die Liegebox gehen soll, so wird das Tier bereits davor stehen bleiben. Ein kleiner Schritt retour und schon biegt die Kuh am richtigen Punkt ab.

Lautstärke, Lernfähigkeit

Kühe sind durchaus in der Lage Dinge zu erlernen und haben eine gute Merkfähigkeit. Werden Kalbinnen beim Verladen oder auf dem Weg zur Weide lautstark und mit Stöcken zusammen getrieben, so führen Stöcke und laute Stimmen auch später zu erhöhtem Stress, was spätestens beim Eintreiben in den Melkstand zu Problemen führt. Umgekehrt lassen sich Tiere auch positiv konditionieren, wenn sie nach dem Klappern des Kraftfuttereimers mit einer Schaufel Getreide und ruhiger Stimme belohnt werden.

Unsere Aufgabe in der Herdenführung ist es, den Tieren genügend Zeit zu geben, Dinge zu erlernen und auch auszuführen. Oftmals ist es unsere Ungeduld, die uns vergessen lässt, dass eine 800 kg schwere Kuh nicht einfach aus dem Liegen aufspringen kann oder auf der Stelle eine Kehrtwendung vollbringt. Wenn wir mit tiergerechten Stallungen und einem gesunden Maß an Kuhverstand und Geduld an die Aufgaben herangehen, werden wir sehen, dass vieles schneller, ruhiger und stressfreier für Mensch und Tier vonstattengeht.

BERATER – VERTRAUENSVOLLE ZUSAMMENARBEIT

Doch nicht nur das ruhige Miteinander zwischen Tier und Mensch schafft ein angenehmes und erfolgreiches Arbeitsumfeld. Gute Betriebe zeichnen sich auch durch ein hervorragendes Netzwerk von Beratern und Freunden aus. Dies beginnt bei Nachbarn und befreundeten Landwirten. Gegenseitige Hilfe bei Geburten oder bei der Klauenpflege, gemeinsame Nutzung von Geräten und Maschinen oder die Weitergabe von Informationen oder interessanten Terminen. Dies alles sind wichtige Schritte auf dem Weg zu Erfolg und Zufriedenheit.

Arbeitskreise

Eine besondere Art der Beratung hat sich seit Jahrzehnten bewährt. Die sogenannten Arbeitskreise Milchproduktion sind öffentlich organisierte Beratungsringe. Innerhalb der regional agierenden Gruppen werden regelmäßige Treffen, Fortbildungsveranstaltungen und Lehrfahrten abgehalten. Durch gemeinsame Aktivitäten haben sich unter vielen Betrieben Vertrauen und Freundschaft aufgebaut, was einen ehrlichen Ideenaustausch ermöglicht. Neben zentral organisierten Futteruntersuchungen und Bewertungen ist die Aufzeichnung betriebswirtschaftlicher und produktionstechnischer Daten durch die Betriebe ein zentraler Punkt innerhalb der Arbeitskreise. Im Rahmen der jährlich durchgeführten Präsentationen kann das eigene betriebswirtschaftliche Ergebnis mit den übrigen

Betrieben verglichen werden. Durch den Vergleich einer Vielzahl unterschiedlicher Betriebsbereiche, können die eigenen Stärken und Schwächen erkannt werden. Aus den erhobenen Daten lassen sich auch sehr gut „Soll-Werte“ für das eigene Controlling-System ermitteln, da es sich in der Regel um gut vergleichbare Werte handelt, die am eigenen Betrieb auch vorhanden sind. Für ein stetiges Vorankommen eignet sich als „Soll-Wert“ die Grenze zum besten Viertel der Betriebe. Haben alle teilnehmenden Betriebe ähnliche Ziele, so wird sich diese Grenze auch ehrgeizig immer weiter verschieben.

Fütterungsberater

Weitere Partner und Berater auf unseren Rinderbetrieben sind unabhängige Fütterungsberater und Vertreter der Futtermittelindustrie. Ob es sich dabei um echte Berater oder nur Verkäufer handelt, erkennen wir spätestens, wenn am Betrieb Probleme auftreten. Berater werden versuchen, dem Problem auf den Grund zu gehen, in dem sie sich an Hand vorhandener Daten über den Betrieb informieren oder vielleicht noch einen Spezialisten hinzuziehen. Verkäufer reagieren meist, in dem sie einfach Produkt A durch Produkt B ersetzen und hoffen, dass sich dadurch das Problem von selbst löst. Es gibt mittlerweile viele gut ausgebildete Futtermittelvertreter und unabhängige Fütterungsberater, die in guter Zusammenarbeit mit den Betrieben ausgezeichnete Arbeit leisten.

Klauenpfleger

Eine wesentliche Rolle nimmt in unserer heutigen „Laufstallzeit“ auch der Klauenpfleger ein. Die Qualität und Regelmäßigkeit der Klauenpflege sind dabei ebenso wichtig, wie eine gute Dokumentation. Im Zuge der Ausbildung zum Klauenpfleger werden neben der funktionellen Klauenpflege angrenzende Fachbereiche wie Fütterung und Haltung gelehrt. Dadurch ist der erfahrene Klauenpfleger durchaus auch als Ansprechpartner in diesen Bereichen zu sehen. Da er in vielen Betrieben oft auch den ganzen Tag über zu arbeiten hat, sieht er verschiedenste Systeme und Arbeitsabläufe mit all ihren Vor- und Nachteilen. Daher sollte er stets auch in der Planungsphase von Neu- oder Umbauten als erfahrener Partner mitreden können.

Praktischer Wissenstransfer beim Klauenpflegekurs für Landwirte. Rasche Hilfe bei Klauenproblemen muss jeder Landwirt selbst beherrschen. © WP

Bauberatung

Bei der Beratung rund ums Bauen sind viele Experten gefragt. Neben Statik, Stallklima und Technik sind es vor allem die Bereiche Kuhkomfort und Arbeitsabläufe, die zu beachten sind. Unabhängige Berater haben zwar ihren Preis, doch sollte man diesen beim Stallbau einkalkulieren. Daneben sollten auch die bisher vertrauten Personen, wie Hoftierarzt, Klauenpfleger, Futtermittelberater und befreundete Landwirte regelmäßig mit dem Bauvorhaben konfrontiert werden. Aufgrund unterschiedlichster Erfahrungen können damit viele Fehler bereits im Zuge der Planung vermieden und ausgeräumt werden.

Tierärzte

Eine besondere Rolle im Rahmen der Beratung kann und sollte der bestandsbetreuende Tierarzt einnehmen. Durch seine regelmäßigen Besuche erkennt er Probleme häufig schon zu Beginn und wird darauf hinweisen. Durch das Messen der Rückenfettdicke und den Blick auf die LKV-Daten sind Fütterungsfehler frühzeitig zu erkennen. Ebenso sieht das geschulte Auge rasch, wenn sich die Lahmheitssituation wegen ansteigender Mortellaro-Infektionen verschlechtert. Nach genauer Analyse der Situation und der Suche nach den Ursachen sollte eine Lösungsstrategie mit allen Beteiligten erarbeitet werden. Der Tierarzt kann dabei die Rolle des Koordinators übernehmen und im Idealfall gemeinsam mit den beteiligten Partnern, z. B. Futtermittelberater oder Klauenpfleger, ein Konzept erstellen. Im Zuge dieser Zusammenarbeit muss sich dann eine sogenannte „Feedback-Schleife" – ein Rückmeldesystem – ergeben. Dies bedeutet: Tierarzt und Landwirt nehmen eine Veränderung (Problem) wahr – Tierarzt oder Landwirt nehmen Kontakt zum zuständigen Berater auf – ein gemeinsames Lösungskonzept wird erarbeitet – der Land-

Fortbildungsveranstaltungen für Landwirte führen neben der Wissensweitergabe auch zu interessanten Diskussionen. © Karin Ch. Taferner

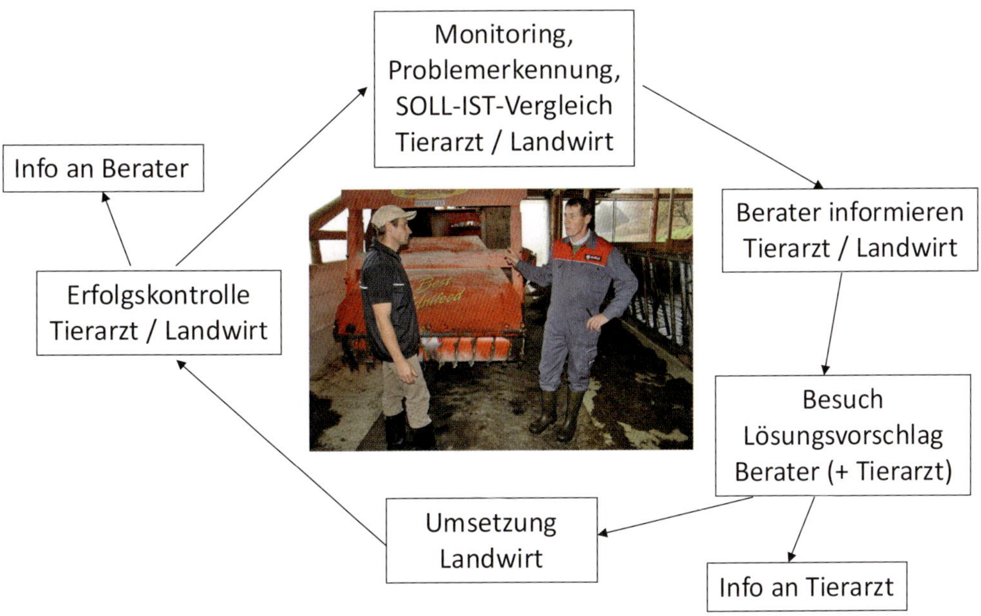

Feedback-Schleife: Tierarzt als Koordinator

wirt setzt die neue Strategie um – Tierarzt und Landwirt kontrollieren beim nächsten Besuch den Erfolg – Tierarzt oder Landwirt melden Erfolg oder Misserfolg an den Berater (= Feedback geben). Dieser Zyklus ist ein Controlling-System, in dem Landwirt und Tierarzt das Monitoring vornehmen. Der Zyklus wiederholt sich so oft, bis sich der „Ist-Wert" (= festgestelltes Problem) nahe genug an den „Soll-Wert" angenähert hat.

Aufgabenbereiche von Tierärzten

Welche Bereiche vom bestandsbetreuenden Tierarzt überwacht werden, hängt vom Wissen und Interesse des jeweiligen Tierarztes ebenso ab wie von den Bedürfnissen des Betriebes. So sind es in manchen Betrieben nur die tierärztlichen Kerngebiete wie Fruchtbarkeit und Eutergesundheit. In anderen Situationen kann der Tierarzt aber auch für Rationsgestaltung und Haltungsfragen ein kompetenter Ansprechpartner sein. Ein Motto dabei lautet: „Jeder Betrieb hat seine eigene Wahrheit!" Der wesentlichste Punkt einer solch individuellen Betreuung ist jedoch, dass die vereinbarten Tätigkeitsbereiche regelmäßig und systematisch abgearbeitet werden. Werden die Ursachen für Probleme einmal außerhalb des eigenen, tierärztlichen Tätigkeitsfeldes vermutet, so muss stets das persönliche Gespräch mit dem entsprechenden Berater gesucht werden. Schuldzuweisungen, ohne direkten Kontakt, sind höchst unprofessionell und führen im Regelfall nicht zu einer Verbesserung der Situation.

Vorbeugemaßnahmen und Behandlungen

Die Rolle des Tierarztes liegt natürlich auch in seiner kurativen (heilenden) Tätigkeit. Dabei muss betont werden, dass die meisten Erkrankungen nicht nur durch die Verabreichung der richtigen Medikamente abheilen. Einen ebenso wichtigen Anteil an der Genesung hat neben der richtigen Diagnose und Therapie auch die Nachsorge durch den Landwirt. Bereits beim Stellen der Diagnose ist der Tierarzt auf eine gute und ehrliche Zusammenarbeit mit dem Landwirt angewiesen. Je eher ein tierärztlicher Rat eingeholt wird, desto größer sind auch die Heilungschancen. Vertrauen bedeutet, dass im Zweifelsfall auch einmal telefonisch um Rat gefragt werden darf. Der Tierarzt wird durch gezielte Fragen nach speziellen Symptomen wie Fieber oder Milchveränderung dann entscheiden, ob eine sofortige Behandlung nötig ist, oder das eine oder andere Hausmittel zu einer Besserung führen sollte. Kommt der Tierarzt auf den Hof, so sind im Rahmen der Anamnese (Fragen nach dem bisherigen Verlauf der Erkrankung) auch diese Hausmittel zu erwähnen, da sie möglicherweise das Krankheitsbild verändert haben. Wird dann entsprechend der Diagnose therapiert, obliegt es wieder dem Landwirt, das Tier gesund zu pflegen. Dazu gehört neben der Verabreichung verordneter Arzneien auch eine regelmäßige Überprüfung des Krankheitsverlaufes. Nicht zu unterschätzen sind in diesem Zusammenhang auch gute Umweltbedingungen. So sind bei festliegenden Tieren eine weiche, rutschfeste Unterlage mit genügend Kopfraum und das regelmäßige Wenden der Tiere notwendig. Tiere mit Atemwegserkrankungen benötigen hingegen ausreichend Sauerstoff in zugluftfreier Umgebung. Gerade das Schaffen der geeigneten Umwelt für eine optimale Genesung ist nicht immer leicht. Hier sind oft Kreativität und Einsatzbereitschaft von Landwirt und Tierarzt gefragt – in der Regel wird diese aber mit Erfolg belohnt! Wie schon im Abschnitt „Gesunde Tiere – gesunde Lebensmittel" erwähnt, sind unsere Tätigkeiten auch stets unter dem Aspekt des Tierwohls zu betrachten. Daher muss vor Beginn einer Therapie auch die Möglichkeit einer guten Nachsorge diskutiert werden. Ist wegen baulicher oder auch arbeitswirtschaftlicher Gründe eine solche nicht durchführbar, so ist aus Tierschutzgründen ebenso wie aus ökonomischer Sicht eine Schlachtung oder Tötung des Tieres zu überlegen.

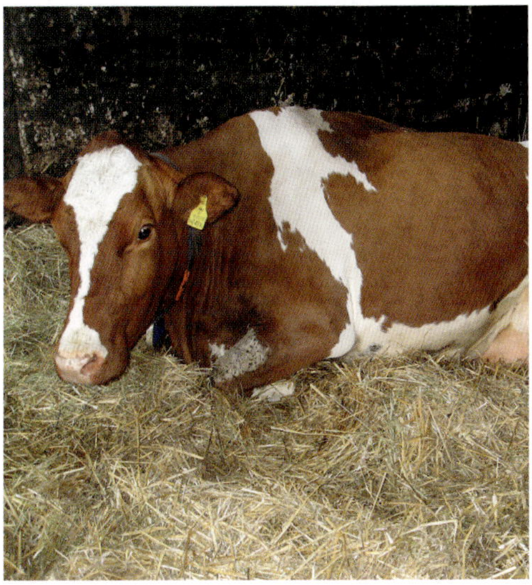

Gut eingestreute Krankenbox – optimale Bedingungen für eine festliegende Kuh! © WP

Sammeln und Auswerten von Daten

Die Arbeit des Tierarztes am Hof führt in der Regel zu einer großen Zahl nutzbarer Daten. Dazu gehört die Häufigkeit von Erkrankungsfällen wie etwa Euterentzündungen ebenso, wie diverse Fruchtbarkeitsparameter. Um diese Daten auch in der Herdenführung nutzen zu können, müssen sie systematisch dokumentiert werden. Zu diesem Zwecke wurden viele EDV-Systeme programmiert, sodass heute in den meisten Softwareprogrammen der Melktechnik- oder Fütterungsanlagefirmen die Möglichkeit der Aufzeichnung von Krankheiten besteht. Gut nutzbar sind diese Systeme allerdings nur, wenn sie die Erkrankungen in Form eines Codes standardisieren und auch eine Auswertung über bestimmte Zeiträume zulassen. Aber auch die lückenlose Eingabe der Daten in die entsprechenden Systeme lässt häufig zu wünschen übrig, sodass die Daten kaum nutzbar sind. In Österreich hat sich über das System des Gesundheitsmonitorings (GMON) ein sehr nützliches Instrument ergeben, das auf einfache Art und Weise die Daten direkt vom Tierarzt an den Leistungskontrollverband überträgt. Dadurch werden die codierten Diagnosen der Tierärzte im Kontrollbericht den einzelnen Kühen zugewiesen. Aus dem Internet abrufbare Auswertungen geben regelmäßig Einblick in Erkrankungshäufigkeiten und helfen dabei, die Ist-Situation zu bewerten.

Die Bestandsbetreuung bietet somit Landwirt und Tierarzt gemeinsam eine Möglichkeit die vorhandenen Daten zu nutzen. Dabei ist wieder der Tierarzt als zentraler Berater gefragt, unterschiedliche Datenquellen zusammenzuführen. Neben den Milchleistungsdaten des LKVs (Leistungskontrollverband) und den GMON-Daten sind es die regelmäßigen Informationen der Molkereien über Milchinhaltsstoffe und Milchqualität, die aktuell per Kurznachricht (z. B. SMS) übertragen werden. Klauenpflegeprotokolle mit entsprechenden Auswertungen und betriebseigene Aufzeichnungen über Erkrankungen ergänzen unsere Informationen. Abgestimmt auf die Bedürfnisse und Probleme des Einzelbetriebes werden Frequenz und „Soll-Werte" für das entsprechende Controlling-Programm festgesetzt. So dienen bei der Milchqualität vor allem die Molkerei-Mitteilungen mit den Parametern Zellzahl und Keimzahl als „Ist-Werte", die mit den erwarteten „Soll-Werten" verglichen werden. Der Arbeitsaufwand dabei ist kaum der Rede wert. Aufwendiger wird die Situation anhand der Auswertung der LKV-Daten. Hier sollte die Zellzahl auch auf Basis von Alter und Laktationsstadium der Tiere bewertet werden. Entsprechende Grafiken und Gruppierungen von Tieren erleichtern aber auch diese Arbeit, sofern Sie sich einmal genau mit den entsprechend aufbereiteten Daten vertraut gemacht haben. Vertiefende Details dazu finden Sie im Abschnitt „Daten richtig lesen und verstehen". Die Nutzung und Interpretation der Daten wird Schritt für Schritt gemeinsam mit Hilfe des Tierarztes zur Umsetzung eines Controlling-Planes führen. Die definierten Kontrollpunkte lösen dann bei Abweichungen entsprechende Vorbeugemaßnahmen aus, um Krankheiten zu vermeiden.

Letztlich ist es der bestandsbetreuende Tierarzt, der mit seinem „Blick aufs Ganze" in regelmäßigen Abständen dem Betrieb einen Spiegel vorhalten kann. Ein ehrlicher und respektvoller Umgang miteinander ist die Voraussetzung, um konstruktive Kritik zu ermöglichen. Dabei ist Negativkritik gepaart mit guten Lösungsvorschlägen ebenso wichtig wie Lob. Ein kurzer Blick auf Haarkleid, Pansenfüllung oder Liegeboxen, die sauber gereinigten Kälberiglus oder auch die mangelhaft geführten Aufzeichnungen – all das kann und soll bemerkt und entsprechend kommentiert, getadelt und gelobt werden. Neben diesem regelmäßigen Korrektiv von außen stellt dieser „Blick aufs Ganze" auch eine Hilfe dar, den Blick der Milchviehhalter zu schärfen und dadurch Fehler früher zu erkennen.

Glänzende Kühe, perfekter Kuhkomfort – ausgezeichnete Arbeit! © WP

BETRIEBSWIRTSCHAFTLICHE GRUNDLAGEN

Dieses Buch ist hauptsächlich den Fragen der Fruchtbarkeit, Tiergesundheit und Fütterung in unseren Milchviehherden gewidmet. Dennoch darf der Faktor „Wirtschaftlichkeit" niemals außer Acht gelassen werden. Schlussendlich ist es das Ziel, die strukturellen Gegebenheiten laufend zu verbessern, damit der Betrieb weiterhin über mehrere Generationen bestehen kann. Es ist kein Geheimnis, dass der durchschnittliche Milchpreis meist auf einem niedrigen Niveau liegt. Speziell aus diesem Grund müssen Entscheidungen klug durchdacht und kalkuliert werden. Leider werden viel zu häufig Entscheidungen aus dem Bauch heraus getroffen. Das darf in der heutigen Zeit nicht mehr der Fall sein. Es muss keine perfekte Bilanz erstellt werden, jedoch sollte jeder Betrieb seine spezifischen Kostenblöcke sowie Gewinnhebel kennen und beurteilen können. Anbei wird kurz auf die wichtigsten Parameter eingegangen.

Die wichtigsten Kostenblöcke

Die **Kälberaufzucht** ist ein sehr kontroverser Kostenblock. Hier muss häufig mehr Geld in die Fütterung investiert werden, um einen nachhaltigen, wirtschaftlichen Erfolg zu erzielen. Die Tatsache mehr Geld auszugeben, um anschließend mehr zu verdienen, klingt anfangs etwas paradox, ist jedoch eine ganz logische Schlussfolgerung. Die größten Kostenstellen sind nämlich Kälberverluste bzw. Behandlungskosten sowie zu geringe Tageszunahmen, welche in weiterer Folge zu einem erhöhten Erstkalbealter sowie geringeren Erstlingsleistungen führen. Speziell die Erstlingsleistung hat einen enormen wirtschaftlichen Einfluss. Eine suboptimale Kälberaufzucht führt durchaus zu einem Milchverlust von über 1.000 kg Milch pro Laktation. Dies alleine bedingt „Mehrkosten" von über 400 Euro pro Tier und Laktation. Diese „Mehrkosten" werden häufig in der Bewertung vernachlässigt. Schlussendlich werden meistens Kosten nur dann erfasst, wenn Geld direkt ausgegeben wird.

Wie eine optimale Kälberaufzucht aussehen kann und wie wir unsere Jungtiere gesund erhalten, wird im entsprechenden Kapitel ausführlich beschrieben.

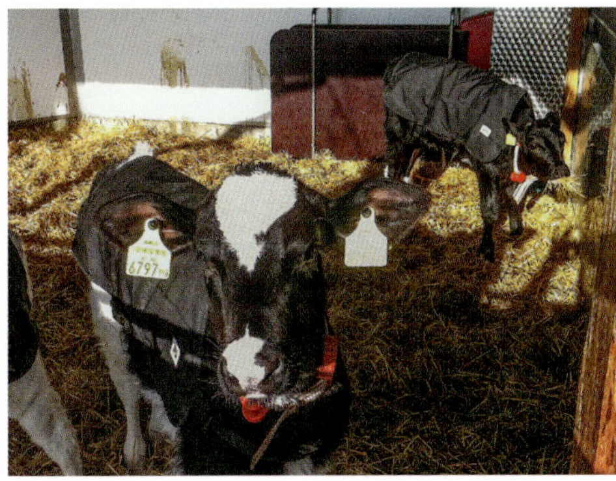

Die Investition in eine gute Kälberaufzucht wird mit deutlich mehr Milch belohnt. © WP

Die **Jungviehaufzucht** (vom 11. bis etwa zum 24. Lebensmonat) ist finanziell weniger belastend (kostenextensiv). Teuer wird dieser Part nur, wenn aufgrund einer fehlerhaften Fütterung (meist energetische Überversorgung) die Fruchtbarkeit der Tiere leidet.

Die **Fütterungskosten** bei Milchkühen machen rund 50 % der Gesamtkosten aus. Genau aus diesem Grund sollte man die Milchvieh-Fütterung genau durchleuchten und adaptieren. Beim Einsatz von Kraftfutter und Mineralfutter darf auf keinen Fall auf kostengünstige, aber minderwertige Komponenten gesetzt werden. Dies reduziert zwar die Ausgaben, führt aber gleichzeitig zu einer verminderten Tiergesundheit bzw. Leistung und ist somit niemals wirtschaftlich. Trotzdem muss man stets den Markt im Auge behalten, um die einzelnen Komponenten innerhalb der diversen Anbieter vergleichen zu können.

Beim Einsatz von Fertigfutter gestaltet sich dies nicht ganz einfach, da man meistens keinen genauen Einblick in die prozentuelle Rezepturgestaltung bekommt. Dennoch können zumindest die deklarierten Nährstoffwerte (Energiedichte sowie Rohprotein) verglichen werden. Dabei macht es einen großen Unterschied, ob ein Futtermittel 7,0 MJ NEL oder 7,2 MJ NEL aufweist. Leider muss hier ergänzt werden, dass die energetische Bewertung einzelner Komponenten einem gewissen „Spielraum" unterzogen ist. Daher ist es möglich, dass dasselbe Futtermittel bei zwei Herstellern mit leicht unterschiedlichen Energiedichten (+/– 0,1 MJ NEL) deklariert wird. Abschließend sollte zum Thema Kraftfutterkosten noch ergänzt werden, dass sich in den vergangenen Jahren der Einsatz von reinem Getreide bzw. Corn-Cob-Mix (CCM) wirtschaftlich sehr bewährt hat.

Der Kostenfaktor von **Zusatzstoffen** wird häufig unterschätzt. Hier sollte man sich immer die Frage stellen, wie hoch die Kosten pro Tier und Tag sind und welcher Nutzen bzw. tatsächliche Mehrwert gegeben ist. Dies ist selbstverständlich nicht ganz einfach zu beurteilen, da speziell die Milchleistung von mehreren Variablen beeinflusst wird. Im Endeffekt muss geklärt werden, welche genaue Verbesserung das Zusatzprodukt verspricht und ob die aktuelle Fütterungssituation einen Bedarf dieses Additivs überhaupt erfordert. Auch beim Verfüttern muss überprüft werden, ob die versprochenen Effekte eingetroffen sind.

Völlig vernachlässigt wird häufig die Bewertung der **Grundfutterkosten**. Speziell beim Grünland kommt es zu stark unterschiedlichen Kosten. Maschinenkosten sowie die Erträge pro Hektar haben einen entscheidenden Einfluss. Speziell in unseren kleinstrukturierten Gegebenheiten kommen Maschinen nur selten auf die benötigte Auslastung. Das treibt die Kosten entsprechend in die Höhe. Aus diesem Grund sollte immer verglichen werden, ob das Auslagern von bestimmten Tätigkeiten wirtschaftlich Sinn macht bzw. etwaige Maschinengemeinschaften möglich sind. Zudem kann man Grundfutter nicht verallgemeinern. Selbstverständlich ist eine Silage mit 18 % XP und 6,3 MJ NEL völlig anders zu bewerten als eine Silage mit 14 % XP und 5,7 MJ NEL.

Ein weiterer wichtiger Punkt ist die **Kuhgesundheit**. Diese umfasst die Remontierung, Fruchtbarkeit bzw. Tierarztkosten. Sollte eine der Positionen überschritten werden, müssen das Management, die Fütterung sowie der Kuhkomfort hinterfragt werden.

Abschließend sind natürlich noch die Kosten für **Stallgebäude** zu betrachten. Bei bestehenden Gebäuden kann eine Investition in den Kuhkomfort (z. B. Ventilatoren, Liegeboxen) durchaus den wirtschaftlichen Erlös fördern. Betreffend Neubauten sollte gesagt werden, dass es nicht immer eine großgebaute Halle mit Unmengen an Beton sein muss. Immer wieder sieht man Hochleistungsherden in sehr simplen Haltungsformen. Grundvoraussetzung bleibt natürlich immer, ein hohes Augenmerk auf den Kuhkomfort zu legen (ausreichend Fress- und Liegeplätze, Liegeboxen-Komfort, Ventilation, Laufgangbreiten).

Aber auch der Faktor **Arbeit** ist wegen der zunehmenden Tierzahl und einer Abnahme an Familienarbeitskräften wirtschaftlich zu bewerten. Somit sind technische Lösungen in Form von Melk- oder Fütterungsrobotern stets einer Arbeitszeitersparnis gegenüber zu stellen. Auch bei stallbaulichen Themen müssen Mehrkosten mit einer möglichen Arbeitserleichterung gegengerechnet werden.

Die wichtigsten Gewinnhebel

„Nur alte Kühe rechnen sich". Diese Aussage hört man immer wieder. Grund dafür liegt an den hohen Aufzuchtkosten. Durch eine hohe Nutzungsdauer reduzieren sich dementsprechend die Aufzuchtkosten pro Laktation. Jedoch wird dabei ein ganz wichtiger Punkt außer Acht gelassen. Alte Kühe machen tendenziell mehr Probleme und haben häufig eine reduzierte Milchleistung. Die verursachten Behandlungskosten (z. B. Milchfieber, Klauenprobleme, Mastitis) sowie der teilweise geringere Milcherlös führen dazu, dass eine „alte Kuh" durchaus auch unwirtschaftlich sein kann. Schlussendlich bleibt der begrenzende Faktor am Betrieb der **Stallplatz**. Dieser muss so effizient wie möglich durch gesunde, leistungsbereite Kühe genutzt werden. Daher macht es des Öfteren durchaus Sinn, eine alte Kuh durch eine neue vorzeitig zu ersetzen. Zusätzlich muss auch der eigene Zeitaufwand betrachtet werden. Bei fast jedem Milchviehbetrieb ist der Faktor **Zeit** ein rares Gut. Viel wichtiger als die durchschnittliche Nutzungsdauer ist daher die durchschnittliche **Lebensleistung**. Diese sollte über 30.000 kg Milch liegen.

Futterkosten versus Milcherlös

Das Verhältnis der Fütterungskosten zum Milcherlös ist ein ganz entscheidender Faktor. Diese Größe wird sehr präzise über den **IOFC** ermittelt. Der IOFC (Income Over Feed Costs) beschreibt, wie viel Milcherlös abzüglich der Fütterungskosten pro Tier und Tag übrigbleibt. Dieser Parameter kann mit ein paar einfachen Schritten und einem sehr überschaubaren Zeitaufwand berechnet werden. Wird dies in regelmäßigen Abständen gemacht, bekommt man selbst ein wesentlich besseres Gefühl für die betriebseigenen Zahlen. Speziell in Zeiten eines sehr volatilen Marktes bringt dies mehr Transparenz und Übersicht.

Die höchsten Erlöse generieren selbstverständlich immer Herden mit hohen Leistungen und guter Gesundheit. Wie viel Kraftfutter dafür eingesetzt werden soll, hängt von vielen individuellen Faktoren ab und ist schlussendlich auch immer vom persönlichen Zugang des Betriebsführers abhängig. Dennoch muss gesagt werden, dass der Einsatz von **Kraftfutter** definitiv ein sinnvoller Gewinnhebel ist. Die Auswertung vom IOFC zeigt auch, dass die Betrachtung vom Kraftfutteraufwand pro kg Milch nicht die tatsächliche Wirtschaftlichkeit widerspiegelt. So kann ein Betrieb mit einem Kraftfutteraufwand von 0,32 kg/kg Milch einen höheren IOFC erreichen als ein Betrieb mit einem niedrigen Kraftfutteraufwand von 0,25 kg/kg Milch.

Die Effizienz von Kühen hängt natürlich auch von ihrem Erhaltungsbedarf ab. Jersey-Kühe haben im Verhältnis zur Körpermasse eine sehr hohe Milchleistung, was jedoch nicht automatisch zu einem höheren IOFC führt! © WP

So wird der IOFC berechnet:
IOFC = Summe der Fütterungskosten pro Tier und Tag – durchschnittlicher Milcherlös pro Tier und Tag

Um den IOFC berechnen zu können, müssen zuerst die Fütterungskosten pro Tier und Tag kalkuliert werden. Für Kraftfutter, Mineralfutter, Zusatzstoffe sowie zugekauftes Grundfutter, ist dies sehr simpel. Es muss der Preis des jeweiligen Produkts mit der durchschnittlichen Einsatzmenge pro Tier und Tag multipliziert werden. Beim betriebseigenen Grundfutter gestaltet sich die Bewertung der tatsächlichen Kosten etwas schwieriger. Der Grund dafür liegt an den vielen unterschiedlichen Variablen, welche schlussendlich die tatsächlichen Gesamtkosten bilden.
Für eine möglichst genaue Auswertung des IOFC sollten unbedingt die eigenen Kosten für die Grundfutterproduktion erhoben werden.

Die Bundesanstalt für Agrarwirtschaft und Bergbauernfragen stellt unter https://idb.agrarforschung.at/verfahren/konventionell eine sehr breitgefächerte online Plattform zur Berechnung der eigenen Grundfutterkosten zur Verfügung.

		Betrieb 1		Betrieb 2	
Komponente	Preis/kg Frischmasse in Euro (brutto)	Einsatzmenge (Frischmasse)	Kosten in Euro pro Tier und Tag (brutto)	Einsatzmenge (Frischmasse)	Kosten pro Tier und Tag in Euro (brutto)
Grassilage	0,065	31 kg	2,10	36 kg	2,34
Maissilage	0,07	15 kg	1,05	16 kg	1,12
Eiweißkonzentrat 36 % XP	0,48	2,5 kg	1,20	1,5 kg	0,72
Gerste (gemahlen)	0,32	2 kg	0,46	1 kg	0,23
Leistungsfutter 18 % XP; 7,2 MJ NEL (Transponder)	0,36	5 kg	1,80	3,5 kg	1,26
Mineralstoff	1,35	0,18 kg	0,24	0,18 kg	0,24
Lebendhefe	4,00	0,05 kg	0,20	0,05 kg	0,20
Summe		**55,7 kg**	**7,05**	**58 kg**	**6,11**

Tabelle 1: Fütterungskosten pro Kuh und Tag auf Betrieb 1 und 2

Das nachfolgende Beispiel verdeutlicht die Vorteile des IOFC gegenüber den reinen Futterkosten. Um die Aussagekraft hinsichtlich der Bedeutung von Kraftfutteraufwand und Milchleistungsniveau zu unterstreichen, wurden dieselben Kosten für die einzelnen Futterkomponenten angenommen (siehe Tabelle 1).

Bei **Betrieb 1** beträgt die durchschnittliche Milchleistung pro Tier und Tag 32 kg Milch, der Milchauszahlungspreis inklusive Zu-/Abschläge liegt bei 53 Cent/kg Milch. Demnach ergibt sich ein Milcherlös pro Kuh und Tag von 16,96 Euro.
Berechnung Kraftfutteraufwand/kg Milch Betrieb 1:
9,5 kg Kraftfutter : 32 kg Milch → **297 g/kg Milch**
Berechnung IOFC: Milcherlös – Fütterungskosten: 16,96 – 7,05 = 9,91 Euro
In diesem Fall bleiben dem Betrieb 9,91 Euro pro Kuh und Tag abzüglich der Fütterungskosten übrig.

Bei **Betrieb 2** beträgt die durchschnittliche Milchleistung pro Tier und Tag 26 kg Milch, der Milchauszahlungspreis inklusive Zu-/Abschläge liegt ebenfalls bei 53 Cent/kg Milch. Demnach ergibt sich ein Milcherlös pro Kuh und Tag von 13,78 Euro.
Berechnung Kraftfutteraufwand/kg Milch Betrieb 2:
6 kg Kraftfutter : 26 kg Milch → **231 g/kg Milch**
Berechnung IOFC: Milcherlös – Fütterungskosten: 13,78 – 6,11 = 7,67 Euro
In diesem Fall bleiben dem Betrieb 7,67 Euro pro Kuh und Tag abzüglich der Fütterungskosten übrig.

Aus den beiden Beispielbetrieben ergeben sich folgende Erkenntnisse für die Praxis: Trotz des niedrigeren Kraftfutterverbrauchs pro kg Milch hatte Betrieb 2 einen geringeren IOFC! Er ist damit weniger wirtschaftlich. Es zeigt sich auch, dass der Einsatz von Zusatzstoffen wie z. B. einer Lebendhefe gut bedacht sein muss. Schließlich kostet diese fast gleich viel wie der Einsatz von 1 kg Getreide! Aus dem Beispielen lässt sich ableiten, dass der Milcherlös pro Tier und Tag eine entscheidende Größe ist! Neben den Faktoren Kuhkomfort und Rationsgestaltung spielen Fruchtbarkeit sowie die Kälber- und Jungviehaufzucht eine wesentliche Rolle.

Über die Faktoren Milcherlös und Futterkosten lässt sich die Wirtschaftlichkeit der Milchproduktion gut einschätzen. © Karin Ch. Taferner

GRUNDLAGEN DER FÜTTERUNG

GRUNDFUTTER

Die Milchkuh ist ein Wiederkäuer! Die Basis jeder Ration ist immer das Grundfutter. Die Variabilität des Grundfutters ist einer der Hauptgründe, weshalb es keine Standardration für Milchviehbetriebe geben kann und geben wird. Die Unterschiede zwischen den Betrieben sind teilweise immens. Dafür verantwortlich sind Faktoren, wie etwa Seehöhe, Klima, Exposition, Niederschlag, botanische Zusammensetzung, Schnittnutzung, Düngeintensität, Erntetechnik oder Silierqualität.

Auf vielen Betrieben liegt enorm viel Potenzial in einer Wertschöpfungssteigerung des eigenen Grundfutters. Wenn beispielsweise die Grundfutterleistung von 13 kg Milch auf 16 kg Milch angehoben wird, bedeutet dies eine Leistungssteigerung von rund 900 kg Milch pro Kuh und Jahr. Obendrein wirkt sich eine Verbesserung der Grundfutterqualität immer positiv auf die Tiergesundheit aus. Eine höhere Grundfutterqualität bringt dem Betrieb große ökonomische Vorteile (höherer Ertrag, gesteigerte Milchmenge, bessere Tiergesundheit, geringerer Kraftfutteraufwand). Die Optimierung muss aber gut durchdacht und geplant sein. Der Anbau von standortangepassten Gräsern sowie eine ertragsdynamische Nutzung und Düngung sind das A und O, um nachhaltig das eigene Grünland zu bewirtschaften. Eine ertragsdynamische Nutzung und Düngung bedeutet, dass die Anzahl der Schnittzeitpunkte sowie die Menge und Zusammensetzung des Düngers den Leitgräsern und den örtlichen Gegebenheiten entsprechen. Aktuelle Bodenanalysen sind dabei unerlässlich.

Silierprozess

Die allermeisten Milchviehbetriebe (Ausnahme Heumilchbetriebe und Weidebetriebe im Sommer) füttern ihren Rindern Silagen. Wie bereits erwähnt, ist die betriebseigene Grundfutterqualität eine der wichtigsten Faktoren, um die Milchviehfütterung erfolgreich betreiben zu können. Neben dem Futterbestand und der Erntetechnik ist dafür auch der Silierverlauf bzw. die Gärqualität von großer Bedeutung. Damit in der Praxis gewisse Vorgänge besser nachvollzogen werden können, werden folgend die wichtigsten Punkte im Gärprozess zusammengefasst.

Das Grundprinzip vom Silieren besteht darin, das Grundfutter stark verdichtet zu lagern. Durch die Verdichtung wird die Luft aus dem Grundfutter verdrängt, um ein anaerobes (ohne Sauerstoff) Klima zu erzeugen, welches für einen guten Siliererfolg ausschlaggebend ist. Anschließend fermentieren Bakterien das Erntegut. Als Abbauprodukt entstehen Gärsäuren, welche den pH-Wert absinken lassen. Durch das „Ansäuern“ der Silage wird das Grundfutter lagerstabil gemacht. Diesen Gärprozess können wir in vier, teilweise fünf Phasen untergliedern. Erst wenn der Gärprozess vollständig beendet ist, darf die Silage verfüttert werden. Dies nimmt vier bis sechs Wochen in Anspruch. Wird die Silage zu früh geöffnet, besteht ein großes Risiko für eine Fehlgärung.

Phase 1

Das Grundfutter wurde verdichtet und luftdicht abgeschlossen. Der Restsauerstoff wird von aeroben Bakterien (luftsauerstoffbenötigende Bakterien) veratmet. Je stärker die Verdichtung war, umso weniger Restsauerstoff befindet sich im Silo. In der Praxis passiert es häufig, dass vor allem bei der Zusammenarbeit mit schlagfertigen Ernteketten nicht ausreichend verdichtet wird. Der Sauerstoffentzug soll möglichst schnell erfolgen. Dauert diese Phase zu lange oder bleibt zu viel Restsauerstoff im Silo, gehen wertvolle Nährstoffe durch anschließende Nacherwärmungen verloren. Beim Silieren von Maissilage hat sich der Einsatz von Futterharnstoff als sinnvoll erwiesen. Harnstoff gehört zur Gruppe der Stickoxide und ist somit schwerer als Luft. Diese physikalische Gegebenheit unterstützt neben dem mechanischen Verdichten die Luftverdrängung aus dem Silo.

Phase 2

Nach dem erfolgreichen Sauerstoffverbrauch übernehmen anaerobe Bakterien die Vergärung. Als Stoffwechselprodukte dieser Bakterien entstehen anfangs hauptsächlich Essigsäure und Kohlendioxid (CO_2). Das CO_2 sorgt für das „Aufblasen“ des Silos. Die dadurch entstehende Gärhaube ist also ein positives Zeichen für eine gute Verdichtung. Auf keinen Fall darf versucht werden, das Gas entweichen zu lassen oder den Silo frühzeitig zu öffnen, da es sonst zu einer Fehlgärung kommt.

Anschließend beginnen die Milchsäurebakterien den Pflanzenzucker abzubauen und Milchsäure entsteht. Dadurch sinkt der pH-Wert der Silage weiter ab. Die bereits angesiedelten Essigsäurebakterien sind bei zu tiefen pH-Werten nicht überlebensfähig und sterben daher zugunsten der Milchsäurebakterien ab.

Phase 3

Dieser Abschnitt des Siliervorgangs ist auch als Hauptgärung bekannt. Der pH-Wert wurde bereits reduziert und die Milchsäurebakterien haben im Gärprozess die Oberhand. Es folgt ein kontinuierliches Absenken des pH-Werts, indem weiterhin der Restzucker aus den Pflanzen umgewandelt wird. Wie stark der pH-Wert abgesenkt wird bzw. wie lagerstabil die Silage schlussendlich sein wird, hängt in diesem Prozess von mehreren Faktoren ab, welche anschließend erläutert werden.

Phase 4

Der Ansäuerungsprozess durch die Milchsäurebakterien ist abgeschlossen. Dafür kann es zwei mögliche Gründe geben:

Variante 1: Der pH-Wert in der Silage konnte tief genug herabgesetzt ($< 4{,}6$) werden, weil das Grundfutter ausreichend verdichtet wurde. Zudem waren genug schnellverdauliche Kohlenhydrate vorhanden, um ausreichend Milchsäure produzieren zu können. Aus diesem Grund stellen die Bakterien die Milchsäureproduktion von selbst ein und die Silage ist lagerstabil.

Variante 2: Der gesamte verfügbare Restzucker wurde verbraucht. Somit kann der Fermentationsprozess nicht weiter fortgeführt werden. In diesem Fall wurde der pH-Wert noch nicht tief genug herabgesetzt. Die Silage ist nicht stabil und eine Nachgärung tritt ein.

Phase 5

Diese Phase ist auch als Nachgärung bekannt. Wurde der pH-Wert zu gering herabgesetzt, kippt die Silage. Dadurch startet der Gärprozess erneut. Dabei wird die vorhandene Milchsäure zu Essig- und oder Buttersäure umgewandelt. Der pH-Wert steigt folglich an.

Bei Nachgärungen gehen viele Nährstoffe verloren, die Silage verliert an Schmackhaftigkeit und im Extremfall kann es sogar zum totalen Futterverderb führen. Zusätzlich besteht bei einem erhöhten pH-Wert eine exorbitant höhere Wahrscheinlichkeit, dass es speziell in den Sommermonaten zu Nacherwärmungen kommt. Nachgärungen führen also in jeglicher Hinsicht zu wirtschaftlichen Schäden und müssen bestmöglich vermieden werden.

Zu bedenken ist, dass erhöhte Buttersäuregehalte im Grundfutter auch die Bildung von Ketonkörpern verstärken und somit Ketose hervorrufen können.

Ursachen für Fehlgärungen

Wird bei der Silage ein suboptimaler Gärverlauf festgestellt, muss die Ursache gefunden werden, um zukünftig bessere Silierqualitäten erzeugen zu können. Die wichtigsten Faktoren sind: trockene Silagen, geringe Verdichtung, geringer Zuckergehalt und Futterverschmutzung.

Trockene Silagen haben tendenziell höhere pH-Werte und sind daher instabiler. Zu trockenes Siliergut ist sperrig und lässt sich nicht gut verdichten. Das Ziel sollte immer ein Trockenmassegehalt zwischen 30 und 35 % sein. Nur bei Rundballensilage können trotz höherer Trockenmassegehalte gute Gärverläufe erzielt werden.

PRAXISTIPPS bei trockenen Silagen

- Schnittintervall von 4–6 Wochen einhalten.
- Bei Schönwetterperioden eventuell keinen Aufbereiter verwenden bzw. nicht zu oft zetten.
- Kurze Feldzeiten: Das Erntegut sollte möglichst an einem Tag eingefahren, verdichtet und luftdicht abgeschlossen werden.

Fehlgärungen können zu verminderter Futteraufnahme führen. © Karin Ch. Taferner

Vor allem beim Silieren mit schlagkräftigen Erneketten besteht die Gefahr, dass die **Verdichtung** nicht den gewünschten Anforderungen entspricht. Lang geschnittenes, sowie trockenes Siliergut lässt sich grundsätzlich schwerer verdichten. Wird nicht ausreichend verdichtet, bleibt zu viel Restsauerstoff im Silo und die Milchsäurebakterien können nicht optimal arbeiten.

PRAXISTIPPS bei schlechter Verdichtung

- Auf optimalen Trockenmassegehalt (30–35 %) achten.
- Das Siliergut kurz schneiden: Feldhäcksler erreichen hier die besten Ergebnisse; optimale Häcksellänge bei Grassilage etwa20–45 mm; optimale Häcksellänge bei Maissilage etwa5–8 mm; bei Trockenmassegehalten über 35 % eher an die unteren Grenzwerte halten.
- Ausgiebiges „Walzen" am Silo
- Sandwich-Silagen haben eine sehr gute Verdichtung.

Ist im Grundfutter **wenig Zucker** vorhanden, können sich die Milchsäurebakterien nicht stark genug vermehren und es erfolgt eine zu schwache Ansäuerung. Hierbei spielen die botanische Zusammensetzung sowie der Schnittzeitpunkt eine wichtige Rolle. Leguminosen (Klee, Luzerne) weisen generell sehr geringe Zuckerwerte auf und sind daher schwieriger lagerstabil zu silieren.

Die Zuckerkonzentration in der Pflanze wird über die Photosynthese gesteuert. Licht, Wasser und CO_2 (Kohlendioxid) werden zu Zucker und Sauerstoff umgewandelt. Länger andauernde Schlechtwetterperioden bzw. starke Bewölkung führen tendenziell zu sehr geringen Zuckergehalten. Auch die Tageszeit beim Schnittzeitpunkt wirkt sich auf den Zuckergehalt aus. Bei Schönwetter ist der Zuckergehalt in der Pflanze nachmittags ab etwa 15 Uhr am höchsten.

PRAXISTIPPS bei geringen Zuckergehalten

- Nachmittags oder abends mähen
- Kurze Feldzeiten
- Einsatz von Siliermitteln
- Rasches Verdichten und Zudecken der Silos

Erhöhte Verschmutzung beim Ernten schlägt sich in höheren Rohaschegehalten im Futter nieder. **Rohaschewerte** über 10 % stören den Gärverlauf. Die darin enthaltenen Clostridien und andere Schadstoffe führen zum Abbau der Milchsäure. Dadurch steigt der pH-Wert an und die Gefahr einer Nachgärung bzw. anschließender Nacherwärmung erhöht sich drastisch. Außerdem sind zu hohe Rohaschewerte schädlich für unsere Wiederkäuer. Die genauen Auswirkungen werden im Kapitel „Interpretation von Maisballenpresse © Göweil Maschinenbau GmbH" geschildert.

PRAXISTIPPS
bei erhöhter Futterverschmutzung

- Bekämpfung von Maulwurfhaufen: Sollten sich am Grünland sehr viele Maulwurfhaufen befinden, empfiehlt es sich etwas trockener zu silieren. Dadurch fällt die Erde beim Ernten eher vom Futter ab.
- Höheneinstellungen bei Maschinen (z. B. Mähwerk, Schwader, Ladewagen) kontrollieren und anpassen
- Schonende Futterwerbung
- Einsatz von Siliermitteln

Die folgenden Untersuchungsergebnisse unterstreichen die Bedeutung der Grundfutterqualität. Im ersten Fall wird sauberes Kleegras an Milchkühe verfüttert. Um eine Milchleistung von 35 kg zu erlangen, fressen die Tiere im Durchschnitt 15 kg Trockenmasse vom sauberen Grundfutter. Zusätzlich werden 2 kg Heu und 9,4 kg Getreide gefüttert (Tabelle 2).

Im zweiten Szenario handelt es sich um dieselbe Ration, jedoch mit verschmutztem Kleegras. Die Futterverschmutzung vermindert die Futteraufnahme. Wenn 35 kg Milch ermolken werden wollen, müssen 11,2 kg Getreide und 0,3 kg Rapsschrot dazu gefüttert werden, weil die Kühe nur 13,7 kg Trockenmasse vom verschmutzen Grundfutter aufnehmen (Tabelle 3).

Milchmenge kg	Grundfutter kg TM	Kleegras-silage kg FM	Heu kg FM	Rapsextr.-schrot kg FM	Triticale kg FM
35	15,0	36,1	2	0	9,4
30	15,5	37,4	2	0	6,7
25	15,9	38,5	2	0	4,0
20	16,4	39,9	2	0	1,3
15	16,2	39,3	2	0	0,0

Tabelle 2: Futteraufnahmen in der Ration mit sauberer Kleegrassilage in Abhängigkeit der Milchleistung (in Anlehnung an Resch et al., 2014)

Milchmenge kg	Grundfutter kg TM	Kleegras-silage kg FM	Heu kg FM	Rapsextr.-schrot kg FM	Triticale kg FM
35	13,7	32,6	2	0,3	11,2
30	14,1	33,6	2	0	8,7
25	14,6	35,0	2	0	6,1
20	15,0	36,1	2	0	3,4
15	15,4	37,2	2	0	0,8

Tabelle 3: Futteraufnahmen in der Ration mit erdig verschmutzer Kleegrassilage in Abhängigkeit der Milchleistung (in Anlehnung an Resch et al., 2014)

Einsatz von Siliermitteln

Wenn vor oder beim Silierprozess suboptimale Bedingungen herrschen (zu hoher Trockenmassegehalt, zu viel Rohasche usw.), macht es definitiv Sinn, Siliermittel einzusetzen. Diese unterstützen den Gärprozess und können die Silagequalität steigern – zum Teil sogar retten. Dabei sind die richtige Auswahl sowie die bedarfsgerechte Dosierung des Siliermittels (Herstellerangaben beachten) ausschlaggebend. Grundsätzlich gibt es chemische und biologische Siliermittel. Am Markt werden auch kombinierte Produkte angeboten.

Biologische Siliermittel bestehen aus unterschiedlichsten Bakterienstämmen und unterstützen den Gärverlauf. Grundsätzlich ist zwischen homo- und heterofermentativen Bakterienstämmen zu unterscheiden. Am Markt gibt es Mischprodukte (homo- und heterofermentativ) und Siliermittel, welche aus rein homofermentativen Stämmen bestehen. Homofermentative Bakterien sind für die Milchsäurebildung zuständig und unterstützen somit den Silierverlauf. Heterofermentative Bakterien sind speziell für die Bildung von Essigsäure und somit den Silierschutz zuständig. Nachteilig ist zu erwähnen, dass dabei immer etwas Energie vom Siliergut verbraucht wird. Die Auswahl des richtigen Produkts hängt davon ab, ob es tendenziell zu Nacherwärmungen am Silostock kommt. Bei Maissilage sollte stets ein Mischprodukt zum Einsatz kommen, da aufgrund der hohen Energiedichte immer ein erhöhtes Risiko zur Nacherwärmung am Silostock besteht. Neben der Unterscheidung zwischen den Bakterienstämmen sollte ebenfalls die Impfdichte der Bakterien in KbE pro Tonne Frischmasse verglichen werden.

Zu den **chemischen Siliermitteln** zählen organische Säuren (Ameisen-, Propion-, Sorbin- oder Benzoesäure), Salze von organischen Säuren (z. B. Formiat, Propionat, Benzoat) und chemische Konservierungsstoffe (z. B. Natriumnitrit, Kaliumsorbat, Hexamethylentetramin). Bei erschwerten Silierbedingungen haben chemische Siliermittel gegenüber den biologischen Siliermitteln tendenziell eine bessere Wirkung. Nachteilig sind die deutlich höheren Kosten. Speziell zur Behandlung von Oberflächen und Randflächen am Silostock eignen sich chemische Siliermittel sehr gut.

Bewertung der Gärqualität von Grassilage

Kennzahlen zur Bewertung der Gärqualität

- pH-Wert
- Ammoniak (NH_3)
- Ethanol
- Gärsäuremuster

Der **pH-Wert** gibt einen guten Aufschluss über den Siliererfolg und somit auch über die Lagerfähigkeit. Er sollte in Grassilagen unter 4,6 liegen. Wenn der pH-Wert der gezogenen Probe darüber liegt, muss großes Augenmerk auf mögliche Nacherwärmungen am Silostock sowie am Futtertisch gelegt werden. In diesem Zusammenhang spielt auch der Vorschub eine essenzielle Rolle. Dieser beschreibt die durchschnittliche Siloentnahme in Meter pro Woche. Dazu gibt es folgende Faustregel: **2,5 m Vorschub pro Woche im Sommer und 1,5 m pro Woche im Winter.** Nacherwärmungen können zu schweren Eutererkrankungen und Fruchtbarkeitsstörungen führen. Wird der Silo beim Anschnitt warm, sollten die Anschnittsflächen mit speziellen Säuren besprüht werden. Ist ein Mischwagen/ Fütterungsroboter im Einsatz kann das Futter über die Sommermonate mittels Zugabe von Futtersäuren stabilisiert werden.

Der Gehalt an **Ammoniak** (NH_3) ist ein weiterer Indikator für die Silierqualität. NH_3 entsteht im Zuge einer Fehlgärung, indem Rohprotein zu Ammoniak umgewandelt wird. NH_3-Gehalte unter 8 % zeigen einen sehr guten Gärverlauf an. Steigt dieser

Gehalt über 12 % an fand eine Nachgärung statt. Erhöhte Ammoniak Konzentrationen führen zu einem unangenehmen Geruch und reduzieren die Schmackhaftigkeit. Ein NH_3-Gehalt von bspw. 12 % bedeutet, dass 12 % des ursprünglichen Rohproteins zu NH_3 umgewandelt wurden. Ammoniak ist eine schnellverfügbare Eiweißquelle im Pansen und kann nur verdaut werden, wenn genug Energie im Pansen vorhanden ist. Andernfalls wird dieses nicht verwertet und muss über die Leber entgiftet werden.

Hohe **Ethanol**-Gehalte werden von hohen Konzentrationen an Hefen verursacht und sind unbedingt zu vermeiden. Als Grenzwert bei Grassilagen gilt ein Gehalt von 10 g/kg TM.

Gärsäuremuster

Milchsäure (MS) ist die wichtigste Säure und sollte bei Silagen mit etwa 73–80 % vertreten sein. Liegt der analysierte Wert darunter wurde der Gärverlauf gestört.

Essigsäure (ES) sollte mit 20–24 % in der Silage enthalten sein. Sie tötet Hefebakterien ab und erhöht somit den Konservierungsschutz bzw. die Lagerfähigkeit der Silage. Essigsäuregehalte über 25 % sind das Resultat einer Nachgärung und unerwünscht, da diese die Schmackhaftigkeit stark reduzieren und Energie- sowie Proteinverluste zur Folge haben.

Buttersäure (BS) ist in der Silage unerwünscht und sollte 2,5 % nicht überschreiten. Erhöhte Buttersäuregehalte im Grundfutter führen zur Bildung von Ketonkörpern und können somit Ketose hervorrufen. Mehr zum Thema Ketose wird im Kapitel „Ursachen und Prävention von Stoffwechselerkrankungen – Ketose“ zusammengefasst.

Die Aufschlüsselung des Gärsäuremusters wird von den Laboren entweder in Prozent oder in g/kg Trockenmasse angegeben.

Gärsäure	Gehalt in %	g/kg Trockenmasse
Milchsäure	73 bis 80	60 bis 90
Essigsäure	20 bis 24	15 bis 30
Buttersäure	0 bis 2,5	0 bis 3

Tabelle 4: Zielwerte der Gärsäuren, Milchsäuren und Buttersäuren in Grassilagen (in Anlehnung an AGRAVIS, 2024)

Bewertung der Gärqualität von Maissilage

Der **pH-Wert** von Maissilage sollte zwischen 3,8 und 4,2 liegen. In der Praxis werden häufig zu hohe pH-Werte festgestellt. Dies erhöht speziell im Sommer enorm das Risiko für eine Nacherwärmung am Silostock oder direkt am Futtertisch. Tritt dieses Szenario ein, sollten die Anschnittsflächen mit chemischen Siliermitteln behandelt werden. Gegebenenfalls können auch Futtersäuren zum Stabilisieren der Futtertischration in den Mischwagen bzw. Fütterungsroboter gegeben werden. Ein zu hoher pH-Wert ist immer ein Resultat aus einem suboptimalen Gärverlauf.

NH_3-Gehalte unter 8 % zeigen einen sehr guten Gärverlauf an. Steigt der Gehalt an Ammoniak über 12 % an, fand eine Nachgärung statt. Erhöhte Ammoniak-Konzentrationen führen zu einem unangenehmen Geruch und reduzieren die Schmackhaftigkeit.

Der Grenzwert des **Ethanol**-Gehalts ist gegenüber der Grassilage doppelt so hoch. Dieser sollte unter 20 g/kg Trockenmasse liegen. Hohe Ethanol-Gehalte werden von starken Konzentrationen an Hefen verursacht und sind unbedingt zu vermeiden. Hefen werden bereits durch das frisch gehäckselte Siliergut in unterschiedlich starken Konzentrationen in den Silo eingetragen. Ein suboptimaler Gärverlauf, insbesondere durch eine zu geringe Verdichtung, führt meistens zu erhöhten Ethanol-Gehalten.

Gärsäuremuster

Da bei der Maissilage gegenüber der Grassilage ein etwas niedriger pH-Wert angestrebt wird, ergeben sich auch bei dem gewünschten Gärsäuremuster geringfügige Abweichungen.

Milchsäure (MS) ist die wichtigste Säure und sollte bei Maissilagen mit etwa75–85 % vertreten sein. Liegt der analysierte Wert darunter, wurde der Gärverlauf gestört.

Essigsäure (ES) sollte mit 15–24 % in der Silage enthalten sein. Sie tötet Hefebakterien ab und erhöht somit den Konservierungsschutz bzw. die Lagerfähigkeit der Silage. Essigsäuregehalte über 25 % sind das Resultat einer Nachgärung und unerwünscht, da diese die Schmackhaftigkeit stark reduzieren und Energie- sowie Proteinverluste zur Folge haben.

Buttersäure (BS) ist in der Maissilage absolut unerwünscht und sollte fast nicht nachgewiesen werden (< 0,3 %). Erhöhte Buttersäuregehalte im Grundfutter führen zur Bildung von Ketonkörpern und können somit Ketose hervorrufen. Mehr zum Thema Ketose wird im Kapitel „Ursachen und Prävention von Stoffwechselerkrankungen – Ketose" zusammengefasst.

Die Aufschlüsselung des Gärsäuremusters wird von den Laboren entweder in Prozent oder in g/kg Trockenmasse angegeben.

Gärsäure	Gehalt in %	g/kg Trockenmasse
Milchsäure	75 bis 85	85 bis 105
Essigsäure	15 bis 24	15 bis 35
Buttersäure	0 bis 0,2	0 bis 3

Tabelle 5: Übersicht über die gewünschte Verteilung der Gärsäuren in Maissilagen

Die Maissilage neigt aufgrund des hohen Energiegehalts besonders in den Sommermonaten stark zur Nacherwärmung. Die fatalen Folgen von Nacherwärmungen wurden im Kapitel „Konservierung des Grundfutters – Ursachen für Fehlgärungen" erläutert. Auch wenn das Gärsäuremuster optimal ist, kann es bei einem zu geringen Vorschub sehr schnell zu Nachgärungen kommen. Vor allem auf kleineren Betrieben kommt es hier immer wieder zu starken Problemen. Mit Hilfe von Silomaisballen kann man diesem Risiko speziell über die heißen Monate gezielt ausweichen.

Maisballenpresse

© Göweil Maschinenbau GmbH

UNTERSUCHUNGSBEFUND

Futtermittellabor Rosenau
Landwirtschaftskammer
Niederösterreich

Gewerbepark Haag 3
3250 Wieselburg
www.futtermittellabor.at
futtermittellabor@lk-noe.at

Musterbefund

Probennummer	2021 02 0000
Kategorie	Wiederkäuerfutter
Probeneingang	---
Verpackung	ordnungsgemäß
Versiegelung	nein
Befundung	---
Projekt	

Probenbezeichnung: Grassilage 2021 1.Schnitt

ANALYSENERGEBNISSE

Nährstoffe (g/kg)		TM	Bew	UM
Trockenmasse (je kg Futter)	TM	338	✓	a
Rohprotein	XP	158	✓	a/b
Nutzbares Rohprotein	nXP	141		c
Unabgebautes XP 15 %	UDP	24		c
N-Bilanz im Pansen	RNB	3		c
Gerüstsubstanzen	NDF	409	↓ 1	a/b
Lignozellulose	ADF	272	✓	a/b
Lignin	ADL	31	✓	a
Rohfaser	XF	242	✓	a/b
Nicht-Faser-Kohlenhydrate	NFC	311		c
Stärke	XS	-		a/b
Zucker	XZ	30	✓	a/b
Rohfett	XL	35		a/b
Rohasche	XA	87	✓	a

Energiebewertung*		TM	Bew	UM
Verdaul. der org. Masse	% dOM	75,6		c
Umsetzbare Energie	MJ ME	10,69	✓	c
Nettoenergie Laktation	MJ NEL	6,44		c

Mengenelemente (g/kg)		TM	Bew	UM
Kalzium	Ca	6,2	✓	a
Phosphor	P	3,4	✓	a
Magnesium	Mg	2,7	✓	a
Kalium	K	29,8	✓	a
Natrium	Na	0,55	✓	a

Spurenelemente (mg/kg)		TM	Bew	UM
Eisen	Fe	496,6	✓	a
Mangan	Mn	56,4	✓	a
Zink	Zn	28,7	↓	a
Kupfer	Cu	7,2	✓	a

Gärqualität (g/kg)*		%	TM	Bew	UM
Milchsäure	MS	73	87,1	↓ 2	a
Essigsäure	ES	24	28,1	↑ 3	a
Propionsäure	PS	0	0,3		a
Buttersäure	BS	3	3,8	↑ 4	a
Gesamtsäure	GS	100	119,3		c
Ethanol	EtOH		4,4	✓	a
Ammoniak-N (% des N)	NH_3-N	7,9		✓	c
pH-Wert			4,2	(soll < 4,6)	a
Punkte Gärqualität (nach DLG 1997)			95		c
Note Gärqualität			1 sehr gut		c
Dichte	kg TM/m³		232	(soll > 205)	c

weitere Parameter			TM	UM
Stickstoff	N	(g/kg)	25,3	a/b
Ammoniak+Ammonium	NH_3+NH_4^+	(g/kg)	2,4	a
Schwefel	S	(g/kg)	1,5	a
Chlor	Cl	(g/kg)	3,9	a
Nitrat	NO_3	(mg/kg)	-	a
Selen	Se	(mg/kg)	-	a
Carotin		(mg/kg)	-	a
Salzsäureunlösliche Rohasche		(g/kg)	-	a
Enzyml. org. Substanz	ELOS	(g/kg)	-	a
Kationen-Anionenbilanz	DCAB		583	c

mikrobiologische Analyse (KBE/g)	FM	Bew	UM
präsumtive sulfitreduzierende Clostridien	1210	↑ 5	a

Informationen hierzu unter www.futtermittellabor.at

* Die Futterbewertung erfolgt auf Basis der DLG.

Nährstoff-, Gerüstubstanz- und Zuckeranalyse mit Infrarotmessung (NIRS).

Information

TM: Gehalt je kg Trockenmasse (/10 = Gehalt in %)

Bew: Bewertung – zusätzliche Information auf der Rückseite

UM: Untersuchungsmethode:
- **a** = nasschemisch nach dem VDLUFA-Methodenbuch
- **b** = Nah-Infrarot-Reflexionsspektroskopie (NIRS)
- **c** = Parameter wurde berechnet

KBE/g FM: kolonienbildende Einheiten je g Frischfutter

Auskünfte:

Befundinterpretation	DI Gerald Stögmüller	05/0259 – 42201
Befundverwaltung und Versand	Maria Schuster	05/0259 – 42200
Tarifauskünfte und Verrechnung	Anita Schwarz	05/0259 – 42202
Analytik	Ing. Thomas Kraushofer	05/0259 – 42204

Für die Richtigkeit der Angaben

DI Gerald Stögmüller
Laborleiter

GRUNDFUTTERANALYSEN INTERPRETIEREN

Grundfutteruntersuchungen sind die Basis und somit eine absolute Voraussetzung, um eine Ration gut einstellen zu können. Zusätzlich geben die Daten der Grundfutteruntersuchung wichtige Einblicke über betriebseigene Abläufe, wie Düngung, Schnittzeitpunkt, botanische Zusammensetzung oder Erntetechnik. Da die Unterschiede auf den einzelnen Betrieben sehr groß sind, kann man hier nicht auf Standardwerte zurückgreifen. Eine sachgemäße Probenziehung ist die Voraussetzung für ein aussagekräftiges Analyseergebnis.

Neue Versorgungsempfehlungen

Der Ausschuss für Bedarfsnormen der Gesellschaft für Ernährungsphysiologie hat im Jahr 2023 das Energie- und Protein-Bewertungssystem verändert. Ziel ist es, speziell bei höheren Milchleistungen ein präziseres Kalkulieren der tatsächlichen Energie- und Proteinzufuhr zu ermöglichen. Die ursprüngliche Energiebewertung in MJ NEL wird durch die Umsetzbare Energie in MJ ME ersetzt. Bei der Bewertung der Futtermittel in MJ ME wird ein dreistufiges Verfahren eingesetzt. Dieses setzt sich aus den Harnenergieverlusten, Methanenergieverlusten sowie der Verdaulichkeit der organischen Masse zusammen. Speziell die Verdaulichkeit des Futters hat beim neuen Bewertungssystem einen erheblichen Einfluss. Ein weiterer Vorteil des neuen Energiebewertungssystems ist die Vereinheitlichung. Nun können z. B. Stiermastrationen mit demselben Energiewert berechnet werden, wie es für laktierende Kühe der Fall ist. Bislang wurde noch in MJ NEL bei Milchkühen und MJ ME bei allen anderen Tiergruppen (Kälber, Jungvieh, Masttiere etc.) bewertet. Bei der Proteinbewertung werden statt dem nutzbaren Rohprotein (nxP) das dünndarmverdauliche Protein (sidP) sowie die dünndarmverdaulichen Aminosäuren (sidAA) verwendet. Dadurch wird eine noch präzisere Kalkulation der tatsächlichen Proteinversorgung ermöglicht.

Aktuell (2024) nutzen Rationsprogramme, Futtermittelfirmen sowie Futtermittellabore noch das herkömmliche Energie- und Proteinsystem (MJ NEL und nXP). Aus diesem Grund wird auch in diesem Buch auf jene Parameter eingegangen.

Grassilage

Grundfutteranalysen sind für jeden Betrieb unerlässlich! Doch genau genommen ist selbst das Analysieren vom Grundfutter nutzlos, wenn die gelieferten Daten nicht interpretiert werden. Dafür ist es, gleich wie bei den Milchinhaltsstoffen, notwendig, die Hintergründe zu den einzelnen Parametern zu verstehen. Zusätzlich sollte man unbedingt die Zielwerte (in Anbetracht zur geografischen Lage und der Nutzungsintensität) kennen, um die eigenen Ergebnisse besser einordnen zu können. Nachdem der Großteil der Betriebe Gras- und Maissilage verfüttert, wird auf die wichtigsten Parameter dieser zwei Grundfuttermittel näher eingegangen.

Nährstoffe

Der **Trockenmassegehalt (TM)** einer Grassilage sollte zwischen 30 % und 35 % liegen. TM-Werte über 35 % reduzieren die Milchsäurebildung und erhöhen somit das Risiko der Nacherwärmung. Wer einen Mischwagen oder Fütterungsroboter nutzt, kann einen zu hohen TM-Gehalt des Grundfutters ausgleichen, indem Wasser eingemischt wird. Zu nasses Grundfutter (‹ 30 %) wirkt sich negativ auf die Futteraufnahme aus. Die Gründe dafür liegen meist an einem erhöhten Rohaschegehalt sowie einem ungünstigen Gärsäuremuster. Zusätzlich gehen über den austretenden Sickersaft viele Nährstoffe verloren.

Je mehr **Rohprotein (XP)** über das Grundfutter geliefert wird, umso weniger teure Eiweißergänzer müssen zugekauft werden. Der Zukauf von Energie (z. B. Getreide) ist immer günstiger als der Zukauf von Eiweiß (z. B. Soja, Raps). Darum hat die Rohproteinversorgung aus dem Grundfutter einen erheblichen ökonomischen Anteil. Der angestrebte Proteingehalt hängt sehr stark von der Nutzungsintensität sowie der geografischen Lage ab. Grundsätzlich gelten beim Dauergrünland Proteingehalte ab 15 % XP als zufriedenstellend. Bei Ackergrünland, wie Kleegras oder Luzernemischungen, sind aufgrund des hohen Blattanteils etwas höhere Proteingehalte von etwa 17 % anzustreben. Wie daraus schnell abgeleitet werden kann, spielt der Gräserbestand (botanische Zusammensetzung) eine zentrale Rolle. Regelmäßige Nachsaaten oder auch Neuanlagen sind unerlässlich, um die gewünschten Qualitäten ernten zu können. Ein weiterer wichtiger Faktor ist das Schnittintervall. Grundsätzlich gilt: „Je früher gemäht wird, desto höher ist der Proteingehalt im Grundfutter“! Zudem muss auf eine schonende Futterwerbung geachtet werden. Vor allem beim Schwaden und Zetten führen erhöhte Drehzahlen zu hohen Verlusten. Je trockener das Futter ist, desto höher sind tendenziell die Bröckelverluste. Deshalb hat Heu meist nur Rohproteingehalte zwischen 11 und 14 %. Wie bereits erwähnt führen auch Nachgärungen sowie Nacherwärmungen zu reduzierten Protein- und Energiegehalten im Grundfutter.

Ein gewisser Proteinanteil passiert den Pansen und wird erst im Dünndarm verdaut. Dieses **unabgebaute Dünndarmprotein (UDP)** wird von den meisten Laboren nicht analysiert, sondern berechnet und ist somit nur ein Richtwert. Bei dem Beispielbefund zu Beginn des Kapitels wird von 15 % UDP des Gesamtproteins ausgegangen. Die tatsächlichen UDP-Gehalte können zwischen den Grassilagen stark variieren. Um den UDP-Gehalt feststellen zu können, muss die Proteinfraktionierung beim Futtermittellabor angefordert werden.

Der Gehalt an **Rohfaser (XF)** steuert die Nährstoffdichte im Grundfutter. Je höher der Rohfasergehalt liegt, desto niedriger sind die Energie- und Eiweißwerte. Bei den Grassilagen sollten in Gunstlagen Rohfaserwerte unter 25 % angestrebt werden. Jedoch ist Rohfaser nicht gleich Rohfaser! Die Verdaulichkeit der Rohfaser macht hierbei den entscheidenden Unterschied. Das Verhältnis zwischen leichtverdaulicher Rohfaser (innere Zellwand) und schwerverdaulicher Rohfaser (äußere Zellwand) muss individuell betrachtet werden. Die Parameter NDF, ADF und ADL geben genauere Auskunft über die Rohfaserqualität. Das ADL zeigt den Ligningehalt (schwerverdaulicher Bestandteil der Zellaußenwand) der Pflanze an und ist somit ein guter Indikator für den Verholzungsgrad des Futters. Alte Grünlandbestände, späte Schnittzeitpunkte, sowie Leguminosen weisen tendenziell hohe Ligninwerte auf. Schwerverdauliche Rohfaser kann von den Pansenmikroben schlecht bzw. gar nicht verdaut werden und ist somit ineffizient.

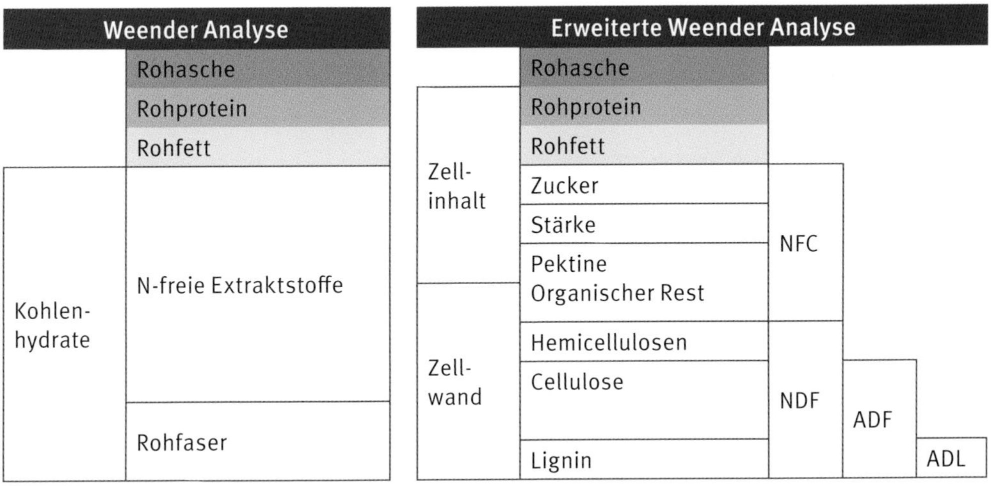

Überblick über die Verteilung der Rohfasersegmente – Vergleich verschiedener Weender-Analysen (nach Schuldt & Dinse, 2010)

Der Gehalt an **Nicht-Faser-Kohlenhydraten (NFC)** spiegelt die Energie des Grundfutters wider. Hohe NFC-Gehalte deuten auf energiereiche und schnellverdauliche Silagen hin. Grundsätzlich sollten Grassilagen zumindest 29 % NFC aufweisen. Die Gehalte an **Zucker (XZ)** variieren im Grundfutter sehr stark. Die Zuckerkonzentration in der Pflanze wird über die Photosynthese gesteuert. Licht, Wasser und CO_2 (Kohlendioxid) werden zu Zucker und Sauerstoff umgewandelt. Länger andauernde Schlechtwetterperioden bzw. stark bewölktes Wetter führen tendenziell zu sehr geringen Zuckergehalten. Auch die Tageszeit beim Mähzeitpunkt wirkt sich auf den Zuckergehalt aus. Bei Schönwetter ist der Zuckergehalt in der Pflanze nachmittags ab etwa 15 Uhr am höchsten. Leguminosen (Klee, Luzerne) weisen jedoch auch trotz optimalen Bedingungen nur sehr niedrige Zuckergehalte auf. In Grassilagen werden möglichst hohe Zuckergehalte von 5 bis 7 % angestrebt. Sehr häufig weisen Grassilagen jedoch nur 2 bis 3 % Zucker auf. Der Zuckergehalt in der Gesamtration ist wichtig für die Energieversorgung und die Schmackhaftigkeit, welche wiederum die Futteraufnahme beeinflusst. Eine Zuckerüberversorgung von über 7 % in der Gesamtration (Grundfutter plus Kraftfutter) führt zu Pansenazidosen und lässt das Milchfett sinken. Wenn vom Grundfutter zu wenig Zucker in die Gesamtration kommt, kann dies über die Beigabe von Melasse oder Futterzucker ausgeglichen werden.

Der Gehalt an **Rohasche (XA)** zeigt den Grad der Verschmutzung an. Generell gilt: „Je weniger Rohasche, desto besser“. Bei Grassilagen ist ein Rohaschegehalt unter 10 % das Ziel. Sollten die Analyseergebnisse darüber liegen, muss dringend die Ursache herausgefunden werden. Hohe Rohaschewerte können zu erheblichen ökonomischen Einbußen führen. Vor allem bei nassen Silagen besteht eine erhöhte Gefahr, da der Schmutz leichter am Futter festklebt.

Folgen von zu hohen Rohaschewerten

- Nachgärungen der Silage → Energie- und Eiweißverluste im Futter → Milchverlust bzw. wesentlich höhere Kraftfutterkosten

- Geringere Schmackhaftigkeit → reduzierte Futteraufnahme → Milchverlust, eventuell Ketosen
- Höherer Gehalt an schädlichen Bakterien → Schädigung der Darmwand → zusätzliche Belastung der Leber → erhöhte Zellzahl, Euterentzündungen → Milchverlust, Tierarztkosten
- Nacherwärmungen am Silostock und am Futtertisch → erhöhte Zellzahl, Euterentzündungen, Milchverlust, Tierarztkosten
- Eventuell erhöhter Gehalt an Buttersäure → vermehrte Bildung von Ketonkörpern → Milchverlust, Tierarztkosten

Energiebewertung

Die **Verdaulichkeit der organischen Masse (% dOM)** ist ein berechneter Wert. Dieser wird bestimmt durch den Proteingehalt, Rohfasergehalt und dem Rohfettgehalt. Grassilagen sollten zumindest eine Verdaulichkeit von 70 % erreichen. Hochverdauliche Grassilage erreichen bis zu 80 %.

Die Höhe an **Nettoenergie Laktation (NEL)** zeigt den Energiegehalt des Futters an. Energieschwache Silagen sind ein Hauptfaktor für unzufriedenstellende Ergebnisse, wie z. B. geringere Milchleistung, erhöhte Ketosebelastung, geringere Milcheiweißwerte, verminderte Fruchtbarkeit. Grassilagen für laktierende Kühe sollten in Gunstlagen zumindest 6,0 MJ NEL aufweisen.

Der Energiegehalt ist die Summe aus den bereits angesprochenen Parametern. Alte Grünlandbestände sowie eine zu geringe Düngung führen zu unterdurchschnittlichen Energiegehalten. In weiterer Folge wirken sich ein zu später Schnittzeitpunkt und ein dadurch erhöhter Rohfasergehalt ebenfalls negativ auf die Energiekonzentration aus. Rohaschegehalte über 10 % reduzieren die Energiedichte sehr stark und führen meistens zu Fehlgärungen oder Nacherwärmungen, welche wiederum Energie verbrauchen. Abschließend ist noch ein zu geringer Zuckergehalt von unter 4 % als möglicher energiereduzierender Faktor zu erwähnen.

Mengenelemente

Für die Kuh ist immer die gesamte Versorgung an Mengenelementen von Bedeutung. Dennoch sollten auch die einzelnen Elemente der Silage interpretiert werden, um Rückschlüsse auf Düngung oder botanische Zusammensetzung ziehen zu können.

Der **Kalziumgehalt** kann sehr stark (3,5 bis 12 g/kg TM) variieren. Demnach muss bei den laktierenden Kühen die Mineralstoffversorgung bzw. die Zugabe von Futterkalk an die gefütterte Silage angepasst werden. Bei den Trockenstehern spielt die Analyse des Kalziumgehaltes eine wichtige Rolle, um bei der Rationsberechnung der Stoffwechselerkrankung Milchfieber vorbeugen zu können.

Die **Phosphorgehalte** in den Grassilagen können sehr niedrige (2,5 g/kg TM) aber auch sehr hohe Konzentrationen (4,5 g/kg TM) aufweisen. Grundsätzlich ist die Phosphorversorgung aus den Grassilagen in den vergangenen Jahren stark angestiegen. Erhöhte Phosphorwerte im Grünland in Kombination mit höheren Mengen an Rapsschrot (› 2 kg) können dazu führen, dass eine Phosphorergänzung über die Mineralstoffmischung nicht mehr notwendig ist. In manchen Fällen tritt sogar eine Phosphorüberversorgung auf.

Auch die **Kaliumgehalte** sind speziell auf düngeintensiven Betrieben angestiegen. Die Zielwerte liegen bei 25–32 g/kg TM. Sehr häufig werden jedoch Kaliumwerte von über 33 g/kg TM analysiert. In Milchviehrationen sorgen Kaliumüberversorgungen immer wieder für Probleme. Kalium muss niemals ergänzt werden.

Spurenelemente

Die detaillierten Wirkungsweisen der einzelnen Spurenelemente werden im Kapitel Mineralstoffversorgung erläutert. Hervorzuheben ist jedoch die Bedeutung von Eisen und Mangan. Ähnlich wie beim Kalium verursachen Eisen-Überversorgungen Probleme bei den Wiederkäuern. Grassilagen sollten Eisengehalte unter 600 mg/kg TM aufweisen. Neben dem Eisengehalt im Boden spielt der Rohaschegehalt eine entscheidende Rolle. Hohe Konzentrationen vermindern die Aufnahme (Absorption) von Kupfer. Dieser Faktor muss bei der Mineralfutterauswahl beachtet werden. Der Einsatz von organisch gebundenen Spurenelementen ist bei hohen Eisenwerten sinnvoll. Beim Mangan variieren die Konzentrationen in Abhängigkeit des Bodens sehr stark (30–120 mg/kg TM). Das muss ebenfalls bei der Mineralfutterauswahl beachtet werden.

Kationen-Anionen-Bilanz

Das Säuren-Basen-Verhältnis ist bei den einzelnen Grassilagen sehr unterschiedlich und kann nur mittels einer Grundfutteruntersuchung festgestellt werden. Die DACB-Bilanz beschreibt das Verhältnis von Natrium und Kalium (Kationen) zu Chlor und Schwefel (Anionen). Die DCAB-Gehalte haben eine große Schwankungsbreite zwischen 200 bis 600 meq/kg TM. In der Regel nehmen die DCAB-Gehalte mit fortlaufender Schnittnutzung ab.

Maissilage

Maissilage wird auf sehr vielen Betrieben eingesetzt und ist ein sehr gutes Futtermittel. Sie liefert wertvolle Energie und reduziert gleichzeitig den Rohfasergehalt in der Gesamtration. Vor allem in niederschlagsarmen Gebieten bietet der Anbau von Silomais eine wesentlich höhere Ertragssicherheit gegenüber dem Grünland. Der wesentlich niedrigere Gehalt an Eiweiß und Mengen- sowie Spurenelementen muss in der Gesamtration mittels Eiweißergänzern und Mineralstoffmischungen ausgeglichen werden.

Ernteverfahren und Lagerdauer

Selbst bei Lohnernte sollte der Betriebsführer während des gesamten Silierprozesses in der Nähe des Silostocks sein, um regelmäßig die Häckselqualität überprüfen zu können. Dabei muss auf eine ausreichende Kornzerkleinerung sowie auf eine zufriedenstellende Häcksellänge geachtet werden. Gleichzeitig macht das Abzählen der eintreffenden Silierwägen Sinn. Dadurch kann der geerntete Ertrag abgeschätzt werden. Der Silierprozess ist in der Regel zwar bereits nach sechs bis acht Wochen abgeschlossen, jedoch benötigt der Stärkeaufschluss der Maiskörner rund drei bis vier Monate für eine ideale Stärkeverdaulichkeit. Sehr viele Betriebe halten diese Zeitspanne jedoch nicht ein, weil nicht genügend Maissilage vorrätig ist. Häufig wird die Silage bereits nach vier bis sechs Wochen geöffnet. Dies erhöht das Risiko einer Nacherwärmung und führt zu einer verminderten Energieversorgung aufgrund der verringerten Stärkeverdaulichkeit.

Für die **Kornzerkleinerung** sollte der einfache Leitsatz gelten: „Die Körner können nicht zu fein vermahlen werden“! Sehr häufig wird zu grob gehäckselt und die Körner sind nur mäßig zerkleinert. Ein Anbrechen oder Anreißen der Schale genügt vor allem im Hochleistungsbereich nicht, da die Passagerate (Verweildauer im Verdauungstrakt) gegenüber einer Kuh mit 20 l Milch pro Tag wesentlich höher ist. Daher wird vom Korn eine große Oberfläche benötigt, damit die Energie effizient genutzt werden kann. Ganze Körner dürfen auf keinen Fall

UNTERSUCHUNGSBEFUND

lk Futtermittellabor Rosenau
Landwirtschaftskammer
Niederösterreich

Gewerbepark Haag 3
3250 Wieselburg
www.futtermittellabor.at
futtermittellabor@lk-noe.at

Musterbefund

Probennummer	2021 01 0000
Kategorie	Wiederkäuerfutter
Probeneingang	---
Verpackung	ordnungsgemäß
Versiegelung	nein
Befundung	---
Projekt	

Probenbezeichnung: Maissilage 2021 linker Silo

A N A L Y S E N E R G E B N I S S E

Nährstoffe (g/kg)		TM	Bew	UM
Trockenmasse (je kg Futter)	TM	349	✓	a
Rohprotein	XP	64	↓ 1	a/b
Nutzbares Rohprotein	nXP	128		c
Unabgebautes XP 25 %	UDP	16		c
N-Bilanz im Pansen	RNB	-10		c
Gerüstsubstanzen	NDF	388	✓	a/b
Lignozellulose	ADF	239	↑	a/b
Lignin	ADL	27	✓	a
Rohfaser	XF	194	✓	a/b
Nicht-Faser-Kohlenhydrate	NFC	484		c
Stärke	XS	360	✓	a/b
Zucker	XZ	-		a/b
Rohfett	XL	29		a/b
Rohasche	XA	33	✓	a

Energiebewertung*		TM	Bew	UM
Verdaul. der org. Masse	% dOM	73,7		c
Umsetzbare Energie	MJ ME	11,02	✓	c
Nettoenergie Laktation	MJ NEL	6,67		c

Mengenelemente (g/kg)		TM	Bew	UM
Kalzium	Ca	1,9	✓	a
Phosphor	P	1,9	✓	a
Magnesium	Mg	1,3	✓	a
Kalium	K	9,2	✓	a
Natrium	Na	0,11	✓	a

Spurenelemente (mg/kg)		TM	Bew	UM
Eisen	Fe	66,6	✓	a
Mangan	Mn	14,1		a
Zink	Zn	16,2		a
Kupfer	Cu	5,0		a

Gärqualität (g/kg)*		%	TM	Bew	UM
Milchsäure	MS	79	41,3	↓ 2	a
Essigsäure	ES	20	10,3	✓	a
Propionsäure	PS	1	0,6		a
Buttersäure	BS	n.n.	n.n.	✓	a
Gesamtsäure	GS	100	52,2		c
Ethanol	EtOH		3,1	✓	a
Ammoniak-N (% des N)	NH_3-N		5,4	✓	c
pH-Wert			3,8 (soll < 4,6)		a
Punkte Gärqualität (nach DLG 1997)			100		c
Note Gärqualität			1 sehr gut		c
Dichte	kg TM/m³		217 (soll > 248)		c

weitere Parameter			TM	UM
Stickstoff	N	(g/kg)	10,2	a/b
Ammoniak+Ammonium	NH_3+NH_4^+	(g/kg)	0,7	a
Schwefel	S	(g/kg)	1,0	a
Chlor	Cl	(g/kg)	2,3	a
Nitrat	NO_3	(mg/kg)	-	a
Selen	Se	(mg/kg)	-	a
Carotin		(mg/kg)	-	a
Salzsäureunlösliche Rohasche		(g/kg)	-	a
Enzyml. org. Substanz	ELOS	(g/kg)	-	a
Kationen-Anionenbilanz	DCAB		113,8	c

mikrobiologische Analyse (KBE/g)	FM	Bew	UM
präsumtive sulfitreduzierende Clostridien	210	↑ 3	a

Informationen hierzu unter www.futtermittellabor.at

Nährstoff-, Gerüstsubstanz- und Stärkeanalyse mit Infrarotmessung (NIRS).

n.n. = erfolgreich untersucht, Wert unter der Nachweisgrenze

Information

TM: Gehalt je kg Trockenmasse (/10 = Gehalt in %)
Bew: Bewertung – zusätzliche Information auf der Rückseite
UM: Untersuchungsmethode:
- **a** = nasschemisch nach dem VDLUFA-Methodenbuch
- **b** = Nah-Infrarot-Reflexionsspektroskopie (NIRS)
- **c** = Parameter wurde berechnet

KBE/g FM: kolonienbildende Einheiten je g Frischfutter
* Die Futterbewertung erfolgt auf Basis der DLG.

Auskünfte:

Befundinterpretation	DI Gerald Stögmüller	05/0259 – 42201
Befundverwaltung und Versand	Maria Schuster	05/0259 – 42200
Tarifauskünfte und Verrechnung	Anita Schwarz	05/0259 – 42202
Analytik	Ing. Thomas Kraushofer	05/0259 – 42204

Für die Richtigkeit der Angaben

DI Gerald Stögmüller
Laborleiter

gefunden werden. Durch eine unzureichende Kornzerkleinerung geht Energie und damit bares Geld verloren.

Kurze **Häcksellängen** von 5–9 mm führen zu einer besseren Verdichtung und wirken sich gleichzeitig positiv auf den Gärverlauf aus. Bei dieser Häcksellänge ist auch noch eine ausreichende Strukturwirksamkeit gegeben.

Nährstoffe

Die optimale **Trockenmasse (TM)** liegt zwischen 32 % und 34 %. Die Trockenmasse wird hauptsächlich vom Erntezeitpunkt bestimmt. Je später gehäckselt wird, desto höher steigt der Trockenmassegehalt der Pflanze an. Es bedarf eines guten Urteilsvermögens des Landwirts und vor allem viel Geduld, um den optimalen Häckselzeitpunkt zu bestimmen. Dieser ist hauptverantwortlich für die Qualität und den Energiegehalt der Maissilage. Wird zu früh gehäckselt, haben sich die Maiskörner noch nicht ausreichend entwickelt und es fehlt dadurch an Energie. Ein zu später Erntezeitpunkt führt zwar zu sehr gut entwickelten Maiskörnern, jedoch sinkt durch die zunehmende Verholzung der Energiegehalt der Restpflanze stark ab. Dies hat zur Folge, dass der Gesamtenergiegehalt ab einem Trockenmassegehalt von über 36 % ebenfalls sinkt. Zusätzlich führen zu trockene Silagen zu einer geringeren Futteraufnahme. Mit dem sogenannten **SRI (Silomais-Reife-Index)** kann der Trockenmassegehalt der Maispflanze noch vor dem Silieren abgeschätzt werden. Dazu wird jedoch ein mobiles Analysegerät benötigt. Der Zielwert liegt bei 2,8.

Der SRI wird folgendermaßen berechnet:
SRI = Trockenmassegehalt Korn : Trockenmassegehalt der Restpflanze

Wird der SRI nicht bestimmt, sollte zumindest eine sensorische Beurteilung gemacht werden, um den geplanten Erntezeitpunkt bestimmen zu können. Der ideale Zeitpunkt zum Silieren liegt in der Teigreife. Gleichzeitig sollte der Großteil der Pflanze noch im Saft sein.

Der Gehalt an **Rohprotein (XP)** ist abhängig von der Sorte und der Stickstoff-Düngung. Maissilage sollte zumindest 7 % Eiweiß enthalten. Grundsätzlich spielt der Rohproteingehalt in der Maissilage aber eine untergeordnete Rolle.

Ein zu hoher Gehalt an **Rohfaser (XF)** reduziert die Energiedichte der Maissilage. Maissilage sollte einen Rohfasergehalt von 17–19 % aufweisen. Der Fasergehalt wird durch die Sorte, Wuchshöhe und Häckselhöhe beeinflusst. Es gibt Maissorten, die genetisch bedingt einen sehr hohen Masseanteil bilden, dafür aber einen erhöhten Rohfasergehalt aufweisen. Diese Pflanzen haben tendenziell auch niedrige Restpflanzenverdaulichkeiten. Andere Maissorten zeichnen sich durch die etwas geringere Wuchshöhe und dem damit niedrigeren Rohfasergehalt aus. In diesem Zusammenhang spielt auch der Erntezeitpunkt eine große Rolle. Je später gehäckselt wird, desto höher ist der Rohfasergehalt. Da sich im unteren Teil der Pflanze sehr viel schwerverdauliche Rohfaser befindet, sollte die Schnitthöhe bei etwa 25 cm liegen. Außerdem führt eine zu tiefe Häckselhöhe zu einem gesteigerten Rohaschegehalt, welcher ebenfalls unerwünscht ist.

Der Gehalt an **Nicht-Faser-Kohlenhydraten (NFC)** ist entscheidend für die Energiedichte in der Maissilage. Ein hoher Kornanteil sowie eine gut verdauliche Restpflanze liefern hohe NFC-Gehalte. Maissilage sollte zumindest 470 g NFC/kg TM enthalten.

Der Gehalt an **Stärke (XS)** zählt neben dem Rohfaser- und Trockenmassegehalt zu den bedeutendsten Analysedaten bei der Maissilage. Die Zielwerte variieren stark nach der geografischen Lage. Während in Grenzgebieten des Silomaisanbaus Stärkegehalte von knapp 30 % das Ziel definieren, sind beispielsweise in Silomaisgunstlagen Analyseberichte von Maissilagen mit rund 37 % Stärke nichts Außergewöhnliches. Beachtet werden muss der abnehmende Gehalt der Pansen beständigen Stärke. Frische Maissilage weist in etwa einen Gehalt von 19–23 % beständige Stärke auf. Das bedeutet, dass 25 % des gesamten Stärkeanteils den Pansen passiert und erst im Dünndarm aufgenommen wird. Dieser Anteil baut sich im Laufe des Jahres im Silostock kontinuierlich ab. Nach einem Jahr reduziert sich der Anteil auf etwa 15 %.

Der Gehalt an **Rohasche (XA)** soll unter 5 % liegen. Das wird beim Silomais in aller Regel erfüllt. Wird dieser Wert überschritten, haben vermutlich die Silierwägen über die Räder viel Schmutz eingetragen oder es wurde zu tief gehäckselt. Vor allem wenn es vor der Ernte stark geregnet hat, kann sich am Stamm der Pflanze Erde ansammeln und somit den Rohaschegehalt negativ beeinflussen.

Energiebewertung

Die **Verdaulichkeit der organischen Masse (% dOM)** ist ein berechneter Wert. Dieser wird bestimmt durch den Energiegehalt, Rohfasergehalt und dem Rohfettgehalt. Maissilagen sollten zumindest eine Verdaulichkeit von 70 % erreichen. Hochverdauliche Maissilagen erreichen bis zu 80 %.

Die Hauptaufgabe der Maissilage ist es, wertvolle Energie in die Ration zu bringen. Deshalb muss auf den Energiegehalt, ausgedrückt als **Nettoenergie Laktation (NEL),** größtes Augenmerk gelegt werden. Eine Maissilage sollte unbedingt 6,8 MJ NEL überschreiten. Der Energiegehalt ist das Ergebnis aus dem Zusammenspiel vieler verschiedener Faktoren. Wurde von der Sortenauswahl, über den Anbau, bis hin zur Ernte vieles richtig gemacht, ergeben sich hohe Energiedichten (vorausgesetzt das Wetter war in Ordnung). Vier Parameter beeinflussen den Energiegehalt wesentlich: Stärkegehalt, Rohfasergehalt, Trockenmassegehalt und die Silierqualität.

Liegt der Energiegehalt unter 6,8 MJ NEL, müssen alle Arbeitsschritte kritisch hinterfragt werden, um zukünftig höhere Energiekonzentrationen erzielen zu können.

Die **Mengen- und Spurenelemente** sollten vor allem ab Einsatzmengen von über 30 % des Grundfutters unbedingt analysiert werden. Jedoch spielen diese im Vergleich zu den Grassilagen eine eher untergeordnete Rolle, da die Mineralstoffkonzentration viel geringer ist. Daher müssen in Rationen mit hohen Maissilage-Anteilen auch höhere Mineralstoffmengen eingesetzt werden.

Maissilagen haben im Vergleich zu Grassilagen einen eher tiefe **DCAB-Werte.** Diese schwanken in der Regel zwischen 100 bis 160 meq/kg TM. Wird ein hoher Anteil an Maissilage verfüttert, muss darauf geachtet werden, dass sich die Kationen- Anionen-Bilanz nicht zu Gunsten der Anionen verschiebt. Ein zu tiefer DCAB-Wert führt zu einer metabolischen Azidose und lässt den Stoffwechsel übersäuern. Die Folgen sind eine verminderte Futteraufnahme sowie geringere Milchleistungen und reduzierte Milchinhaltsstoffe.

ÜBERSICHT DER KRAFTFUTTERMITTEL UND ROHSTOFFE

Kraftfutter wird eingesetzt, um das Grundfutter auszugleichen und die Milchleistung der Kühe zu steigern. Nachdem der Kraftfuttereinsatz einen Großteil der jährlichen Betriebsausgaben ausmacht, sollte man sich mit diesem Thema sehr intensiv beschäftigen, um die betriebseigene Rentabilität optimieren zu können. Folgend wird ein Überblick über die wichtigsten Rohstoffe gegeben, welche in Energie- und Eiweißfuttermittel untergliedert werden.

Energiefuttermittel

Sämtliche Getreidearten sind äußerst hochwertige Energiequellen für den Wiederkäuer. Diese haben unterschiedlichste Einflüsse auf den Verdauungstrakt des Tieres und sind an das betriebseigene Grundfutter und das jeweilige Fütterungssystem anzupassen. Entscheidend ist hierbei, ob die eingesetzten Energiequellen schnell oder langsam verfügbar sind. Der Einsatz von 3 kg Weizen pro Tier und Tag führt beispielsweise zu völlig anderen Ergebnissen als die Verfütterung der gleichen Menge Körnermais. In den meisten Rationen werden zwei bis drei Getreidearten benötigt, um das Grundfutter perfekt ausbalancieren zu können.

Schnelle Energiequellen sind Futtermittel, welche einen hohen Energiegehalt aufweisen und im Pansen verdaut werden. Sie sorgen für ein rasches Absinken des pH-Werts. Werden schnelle Energiequellen in einem zu hohen Maß eingesetzt, sind Pansenazidosen die Folge. Ein Mangel an schneller Energie kann hingegen zu einer Reduktion der Mikrobenaktivität sowie der Milchproduktion führen.

Langsame Energiequellen zeichnen sich durch eine hohe Pansenbeständigkeit aus und wirken daher dem raschen Absinken des Pansen pH-Werts entgegen. Der Indikator dafür ist der Anteil an beständiger Stärke. Ein Mangel an beständiger Stärke belastet den Pansen und reduziert somit die Tiergesundheit. Überschüsse an beständiger Stärke können nicht optimal verdaut werden. Daher ist ein alleiniger Einsatz von Feucht- oder Körnermais nicht zu empfehlen.

Nährstoffe	Roggen	Weizen	Triticale	Gerste	Feucht-mais, CCM	Körnermais
Rohprotein g/kg	100	120 bis 140	110 bis 120	110 bis 120	60 bis 70	75
Energie MJ NEL	7,50	7,60	7,45	7,15	7,25	7,35
Stärke g/kg	550	600	560	510	550 bis 600	650
Beständige Stärke g/kg	55	60	56	51	190 bis 290	240
Rohfaser g/kg	23	23	25	46	25 bis 45	21
Frischmasse g/kg	880	880	880	880	650 bis 720	880

Tabelle 6: Überblick über die wichtigsten Energiequellen inkl. Nährstoffangaben. Die Nährstoffangaben beziehen sich auf 88 % Trockenmasse.

Eiweißfuttermittel

Die Milchviehration muss je nach Grundfutter und Leistungsniveau der Tiere mit Eiweißträgern ausgeglichen werden. In den vergangenen Jahren kam es zu einem starken Preisanstieg im Eiweißsegment. Um einen optimalen Kosten-Nutzen-Faktor erzielen zu können, macht es meistens Sinn, unterschiedliche Proteinquellen zu kombinieren. Bei der Auswahl der geeigneten Eiweißfuttermittel müssen vor allem folgende Parameter beachtet werden: Rohproteingehalt, Energiegehalt, Anteil an UDP und Rohfett sowie das Aminosäuremuster.

Rohproteingehalt

Umso höher der Rohproteingehalt des jeweiligen Futtermittels ist, desto weniger Einsatzmenge wird benötigt, um den gewünschten Harnstoffwert in der Milch zu erreichen. Um die Preiswürdigkeit der einzelnen Futtermittel vergleichen zu können, müssen die Kosten pro kg Eiweißfuttermittel durch den Proteingehalt dividiert werden. Noch genauer wird dieser Vergleich, wenn auch der Energiegehalt berücksichtigt wird.

Energiegehalt

Der Energiegehalt der Eiweißfuttermittel kann sich stark unterscheiden. Grundsätzlich sollte die Energieversorgung über das Grundfutter und die Energiefuttermittel sichergestellt werden. Wenn der Betrieb offensichtliche Energiedefizite (Ketosen) oder ein sehr hohes Milchleistungsniveau hat, sollte sehr wohl der Energiegehalt der Eiweißfuttermittel berücksichtigt werden.

UDP – pansenstabiles Eiweiß

Unabgebautes Dünndarmprotein (UDP) wird auch als pansenstabiles Eiweiß bezeichnet. Gleich wie bei der beständigen Stärke passiert das UDP den Pansen und gelangt erst vom Dünndarm über die Schleimhäute ins Blut. Speziell in Hochleistungsrationen werden deshalb hohe UDP-Gehalte angestrebt, um den Pansen zu entlasten.

Rohfett

Die Erhöhung des Fettgehalts in der Ration führt tendenziell zu einem Milchleistungsanstieg. Durch den Einsatz von herkömmlichen Futtermitteln darf ein Rohfettgehalt von mehr als 4 % auf keinen Fall überschritten werden. Wird geschütztes Fett eingesetzt, können bis zu 6 % Fett in der Ration enthalten sein. Ein zu hoher Rohfettgehalt bindet die Pansenbakterien sowie Kalzium und Magnesium und führt zu Verdauungsstörungen.

Die Folgen zu hoher Fettgehalte in der Gesamtration können sein:

- Abfall des pH-Werts → erhöhtes Azidoserisiko
- geringerer Zelluloseabbau → weniger Milchfett
- erhöhte Leberbelastung
- Milchverlust

Aminosäurenmuster

Proteine bestehen aus verschiedensten Aminosäuren. Die Zusammensetzung der Proteine wirkt sich auf Fruchtbarkeit, Milchmenge und Milcheiweißgehalt aus. Hierbei gilt das Prinzip: „Die Kette ist nur so stark, wie ihr schwächstes Glied“. Wenn ein Mangel an einer Aminosäure auftritt, beeinflusst das gleichzeitig alle weiteren Aminosäuren. Die zwei bedeutendsten Aminosäuren in der Milchviehfütterung sind **Methionin** und **Lysin**. In aller Regel ist Methionin die erste limitierende Aminosäure.

Im Prinzip funktioniert das Zusammenspiel der Aminosäuren wie das Zusammenstellen eines Holzfasses. Jede Daube stellt eine essenzielle Aminosäure dar. Nachdem die Aminosäuren unterschiedlich stark vorkommen, haben die Dauben unterschiedliche Höhen. Wird nun Wasser in das Fass gefüllt, würde in diesem Fall bei der „Methionin-Daube“ das Wasser austreten und der Befüllvorgang enden. Wird diese Daube jedoch durch eine Methioninergänzung verlängert, kann das Volumen des Fasses effizienter genutzt werden. Im Fall der Milchkuh bedeutet es, dass durch eine Zugabe von Methionin die Milchleistung verbessert werden kann, sofern diese durch einen Mangel an Methionin begrenzt war.

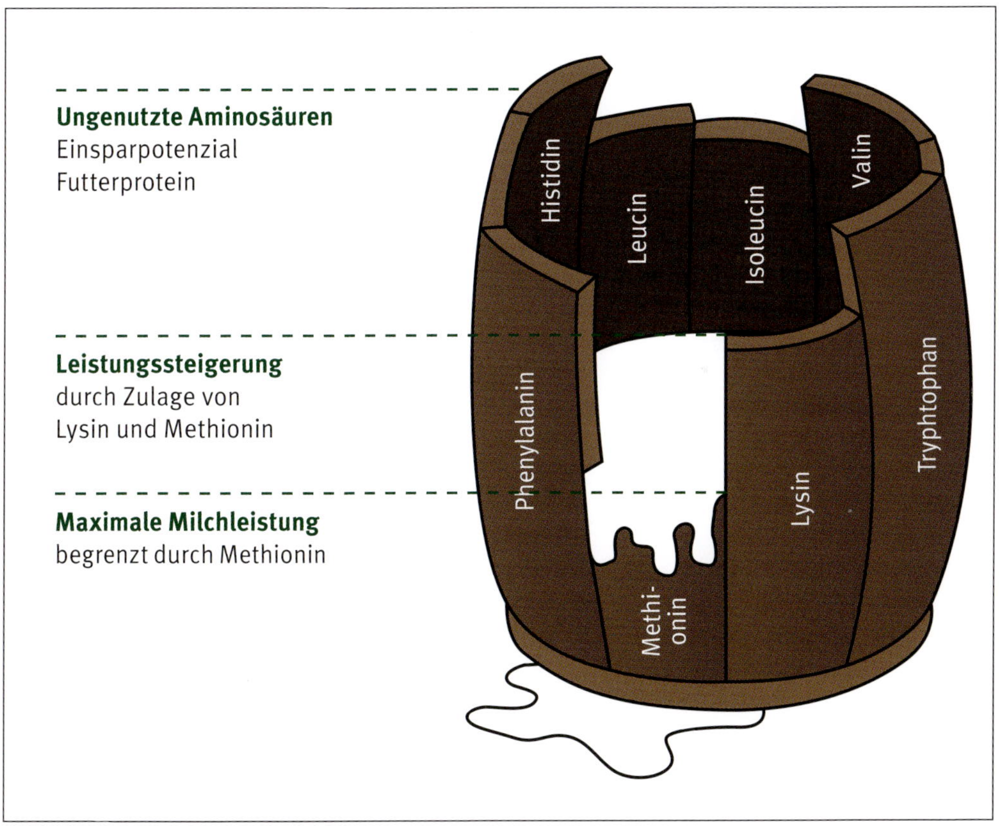

Minimumgesetz nach Liebig für die Aminosäurenversorgung der Milchkuh

Nährstoffe	Raps-schrot	Soja-schrot	Sojabohne getoastet	Trocken-schlempe ActiProt®	Mais-schlempe	Maiskle-berfutter	Sonnen-blumen-schrot	Biertreber siliert	Futter-harnstoff
Frisch-masse (g/kg)	880	873	900	900	900	940	890	260	995
Rohprotein (g/kg)	330 bis 345	420 bis 490	350 bis 380	280	270	190 bis 270	335	240	2800
Energie (MJ NEL)	6,35	7,75	9,1	7	7,1	7,2	5,15	6,4	0
Rohfaser (g/kg)	127	46	52	66	80	90	215	180	0
UDP (g/kg)	120	141	76	120	120	58	82	72	0
Rohfett (g/kg)	17	21,5	200	95	110	35	15	80	0
Lysin (g/kg)	18,5	28	24,1	7	7,1	6	11,5	8,45	0
Methionin (g/kg)	6,9	6,27	5,3	4,7	4,7	3,4	6,9	5	0

Tabelle 7: Die wichtigsten Eiweißquellen samt deren Nährstoffangaben. Die angeführten Deklarationen beziehen sich auf 88 % Trockenmasse.

Weitere mögliche Rohstoffe

Neben den bisher aufgezählten Rohstoffen gibt es in der Rinderfütterung noch viele weitere Kraftfuttermittel. Die Produkte Weizenkleie, Trockenschnitzel und Melasse sind weder den Energie- noch den Eiweißfuttermitteln klar zuzuordnen. Nachdem diese aber sehr oft eingesetzt werden bzw. fester Bestandteil in einigen Kraftfuttermischungen sind, sollte man auch hier über die Nährstoffwerte Bescheid wissen.

Nährstoffe	Weizenkleie	Trockenschnitzel	Melasse
Frischmasse (g/kg)	880	910	780
Rohprotein (g/kg)	140 bis 160	100	105
Energie (MJ NEL)	5,35	6,4	6,9
Rohfaser (g/kg)	115	180	0

Tabelle 8: Nährstoffangaben von Weizenkleie, Trockenschnitzel und Melasse

Fertigfutter

Fertigfutter wird auf den meisten Betrieben eingesetzt und bringt viele Vorteile mit sich. Beim Zukauf von Mischfutter muss jedoch großes Augenmerk auf die Nährstoffangaben sowie die Futtermittelzusammensetzung gelegt werden. Zu beachten ist ebenfalls, dass das Fertigfutter in den allermeisten Fällen bereits teilmineralisiert ist, d. h. es wurden bereits gewisse Mineralstoffe eingemischt. Um die Tiere bedarfsgerecht versorgen zu können, müssen meistens zwei Kraftfuttersorten kombiniert werden.

Nährstoffangaben

Die zwei wichtigsten Parameter zur Interpretation des zugekauften Kraftfutters sind der Gehalt an Rohprotein (XP) und Energie (NEL).

Proteinbewertung

Das zugekaufte Kraftfutter kann in unterschiedliche Rohproteingehalte untergliedert werden. Neben dem XP-Gehalt muss aber auch immer auf die eingesetzten Rohstoffe geachtet werden, um einen Eindruck über die Proteinqualität zu bekommen.

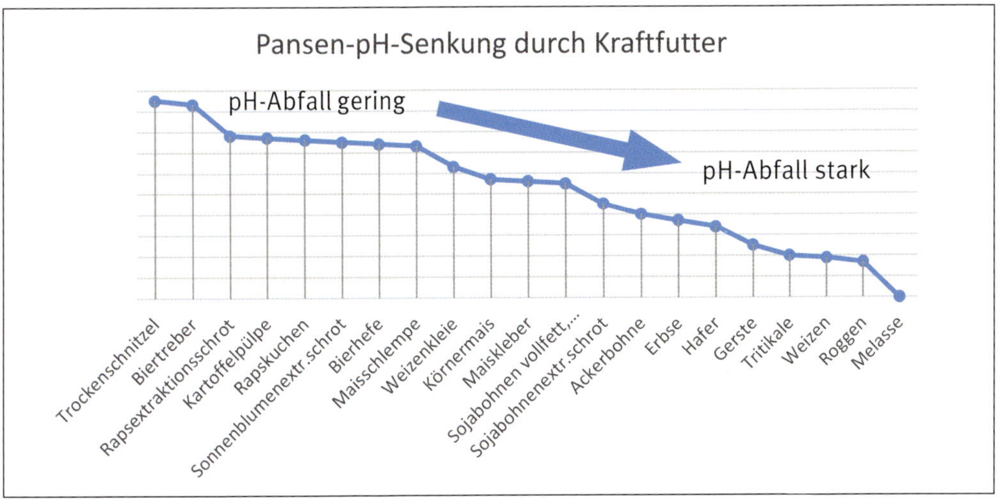

Überblick über die wichtigsten Kraftfuttermittel und deren Auswirkungen auf den Pansen-pH-Wert (Wurm K.; nach De Brabander et al. 1999)

XP-Gehalt	Bezeichnung	Bemerkung*
8 bis 10 %	Getreidemischung	gleicht starke Proteinüberschüsse aus
11 bis 14 %	Energiefuttermittel	gleicht einen Proteinüberschuss aus
15 bis 17 %	energiebetontes Ausgleichsfutter	gleicht einen minimalen Eiweißüberschuss aus
18 bis 19 %	Ausgleichsfutter	ergänzt eine ausgeglichene Ration
20 bis 25 %	eiweißbetontes Ausgleichsfutter	gleicht einen leichten Proteinmangel aus
26 bis 35 %	Eiweißfuttermittel	gleicht einen Proteinmangel aus
über 35 %	Eiweißkonzentrat	gleicht einen starken Proteinmangel aus

Tabelle 9: Einteilung von Mischfutter für Rinder nach Rohproteingehalt

Energiebewertung

Der Energiegehalt spielt vor allem beim Leistungskraftfutter eine wichtige Rolle. Hochwertige Futtermittel zeichnen sich durch einen Energiegehalt von über 7,2 MJ NEL aus. Sollten die Tiere energetisch gut versorgt sein, können bei den Eiweißfuttermitteln auch Produkte mit niedrigeren Energiedichten (‹ 7,0 MJ NEL) verwendet werden.

Energiegehalt	Bezeichnung	Bemerkung
7,0 MJ NEL	energieschwaches Futtermittel	hoher Anteil an Nebenprodukten (Weizenkleie), für leistungsstarke Tiere ungeeignet
7,0 bis 7,2 MJ NEL	„Standardfuttermittel“	Durchschnittliche Energiedichte, meist gutes Preis-Leistungsverhältnis
über 7,3 MJ NEL	sehr hochwertiges Futtermittel	bringt extrem viel Energie in die Gesamtration

Tabelle 10: Einteilung von Mischfutter für Rinder nach Energiegehalt

Futtermittelzusammensetzung

Neben den Nährstoffangaben spielen die einzelnen Rohstoffkomponenten bzw. deren prozentualer Anteil eine wesentliche Rolle. Beim Warenbegleitschein unter dem Punkt Zusammensetzung werden die enthaltenen Rohstoffe (Einzelkomponenten wie z. B. Getreidesorte, Soja, Viehsalz etc.) angegeben und nach deren Einmischrate in absteigender Reihenfolge gereiht. Der Rohstoff mit dem höchsten prozentualen Anteil wird an erster Stelle angeführt (siehe Beispiele nächste Seite).

Die Deklaration von Futtermitteln ist in der EU streng reguliert und wird durch die EU-Verordnung (EG) Nr. 767/2009 geregelt. Diese Verordnung stellt sicher, dass alle Futtermittel korrekt und vollständig gekennzeichnet sind und keine irreführenden Angaben gemacht werden.

* Die Bemerkungen beziehen sich auf den Einsatz von nur einer Kraftfuttersorte. Wenn zwei Futtersorten (z. B. Getreidemischung und Eiweißkonzentrat) miteinander kombiniert werden, ist diese Spalte hinfällig.

Mischfutter einschätzen
Bespiele für Rationskomponenten zweier Mischfuttermittel lt. Deklaration/Zusammensetzung:
Futter A: Körnermais, Rapsextraktionsschrot, Gerste, Sojaschrot, Weizen, Calziumcarbonat, Zuckerrübenmelasse, Magnesiumoxid, Natriumchlorid.
Futter B: Weizenkleie, Sonnenblumenextraktionsschrot, Roggenmischkleie, Trockenschlempe (z. B. ActiProt®), Gerste, Rapsextraktionsschrot, Körnermais, Calziumcarbonat, Zuckerrübenmelasse, Magnesiumoxid, Natriumchlorid.

Mischfutter A ist als hochwertiges Mischfutter einzuschätzen. Es besteht zum Hauptteil aus Mais. Minderwertiges Futter (B) hat hohe Anteile an Kleie (Weizenkleie als Hauptzutat, Roggenkleine an dritter Stelle) und anderen Nebenprodukten (z. B. Schlempe). Der Unterschied ist auch an einem höheren XF-Gehalt in Futter B auszumachen.

BEDEUTUNG DER WASSERVERSORGUNG

Kuhmilch besteht zu etwa 87 % aus Wasser. Wasser ist somit das wichtigste Futtermittel und spielt eine elementare Rolle. Die tägliche Wasseraufnahme steht in einem direkten Verhältnis zur Milchleistung und Tiergesundheit. Der tägliche Wasserbedarf ist abhängig von der erbrachten Milchleistung und der Außentemperatur. Damit die gewünschten Wassermengen aufgenommen werden können, müssen ein paar essenzielle Kriterien erfüllt werden. Die Tränkebecken müssen immer in kurzen Wegen für die Rinder erreichbar sein. Zudem sollten pro Becken mindestens drei Meter „freier Raum" vorliegen, damit vorbeigehende Kühe ihre Kolleginnen beim Saufen nicht stören.

Eine Kuh säuft im Durchschnitt 5–25-mal pro Tag und nimmt dabei etwa 5–8 l pro Trinkvorgang auf (max. Werte von 25 l pro Minute werden auch erreicht). Die Durchsatzleistung des Tränkers sollte deshalb mindestens 60 l pro Minute betragen. Kippbare Tränkebecken haben sich diesbezüglich bewährt. Beim Ausgang des Melkbereiches sowie in der unmittelbaren Nähe des Futtertisches sollten unbedingt Tränkebecken angebracht werden, da nach dem Fressen bzw. Melken der höchste Wasserbedarf vorliegt. Um herauszufinden, wie viele Tränkebecken nun ein Betrieb installieren muss, gibt es eine einfache Faustregel. An jeder Tränke sollten mindestens zehn Zentimeter Troglänge pro Kuh vorhanden sein. Jedoch dürfen maximal 20 Kühe pro Trog gerechnet werden.

Bei einer „Krankenbox" oder dem Trockensteherbereich sollten auch bei geringer Tieranzahl immer zwei Tränker angebracht werden, damit auch die rangniedrigeren Tiere ausreichend Wasser aufnehmen können. Um zu überprüfen, ob genug Wasser gesoffen wird, kann mit Hilfe einer Wasseruhr die tatsächliche Wasseraufnahme der Tiere ermittelt werden.

Neben der täglichen Wasseraufnahme muss auch die Wasserqualität überprüft werden. Die Tränkebecken müssen beim täglichen Stalldurchgang entleert und gegebenenfalls auch gereinigt werden. Die Wasserqualitäten können sehr stark variieren. Immer wieder kommen Schadstoffe, wie z. B. Clostridien, übers Wasser in den Verdauungstrakt der Tiere und richten dort großen

Schaden an. Aus diesem Grund wird eine regelmäßige Wasseruntersuchung empfohlen. Verschmutztes Wasser reduziert nicht nur die Wasseraufnahme, sondern belastet auch die Kuh und muss somit unbedingt vermieden werden.

Der tägliche Wasserbedarf einer Kuh verändert sich in Abhängigkeit der Milchleistung, und der Außentemperatur. Er erhöht sich nicht nur mit steigender Milchleistung, sondern auch mit steigender Außentemperatur, unabhängig von der Milchleistung. Hier liegt der Grund des erhöhten Bedarfs am zunehmenden Hitzestress.

Wasserbedarf in Liter/Kuh & Tag

Außentemperatur (°C)	Milchleistung			
	20 kg	30 kg	40 kg	50 kg
−5	55	75	90	105
5	70	80	95	110
25	90	105	120	135

Tabelle 11: Benötigte Wassermenge in Abhängigkeit der Milchleistung und der Außentemperatur (in Anlehnung an Hoffmann, 2022)

Inhaltsstoff	Kritischer Wert	Wirkung bei Überschreiten des kritischen Werts
Chlorid	500 mg/l	Verdorben
Eisen	3 mg/l	Ab 0,3 mg/l sinkt Futteraufnahme
Kalzium	500 mg/l	Durchfall
Mangan	4 mg/l	Futteraufnahme sinkt ab 0,05 mg/l
Kupfer	2 mg/l	Durchfall, Tod
Natrium	500 mg/l	Futteraufnahme sinkt, erhöhte Wasseraufnahme
Nitrat (NO_3)	300 mg/l	Krämpfe, Tympanien
Stickstoffdioxid (NO_2)	30 mg/l	Akute Vergiftung, Tod
Selen	0,05 mg/l	Futteraufnahme sinkt, Klauenkrankheiten
Zink	5 mg/l	Futteraufnahme sinkt
Sulfate	500 mg/l	Durchfall
Sulfide	0,1 mg/l	Futteraufnahme sinkt
Pestizide	gesamt 0,0005 mg/l	Bakterielle Aktivität
Coliforme Keime, *E. coli*	0	
Andere Keime bei 20 °C	‹ 1.000 KbE/ml	
Andere Keime bei 37 °C	‹ 1.0000 KbE/ml	

Tabelle 12: Höchstwerte einzelner Elemente und Keime, die Trinkwasser nicht überschreiten sollte, sowie mögliche Symptome bei einer Überversorgung (in Anlehnung an Hoffmann, 2022)

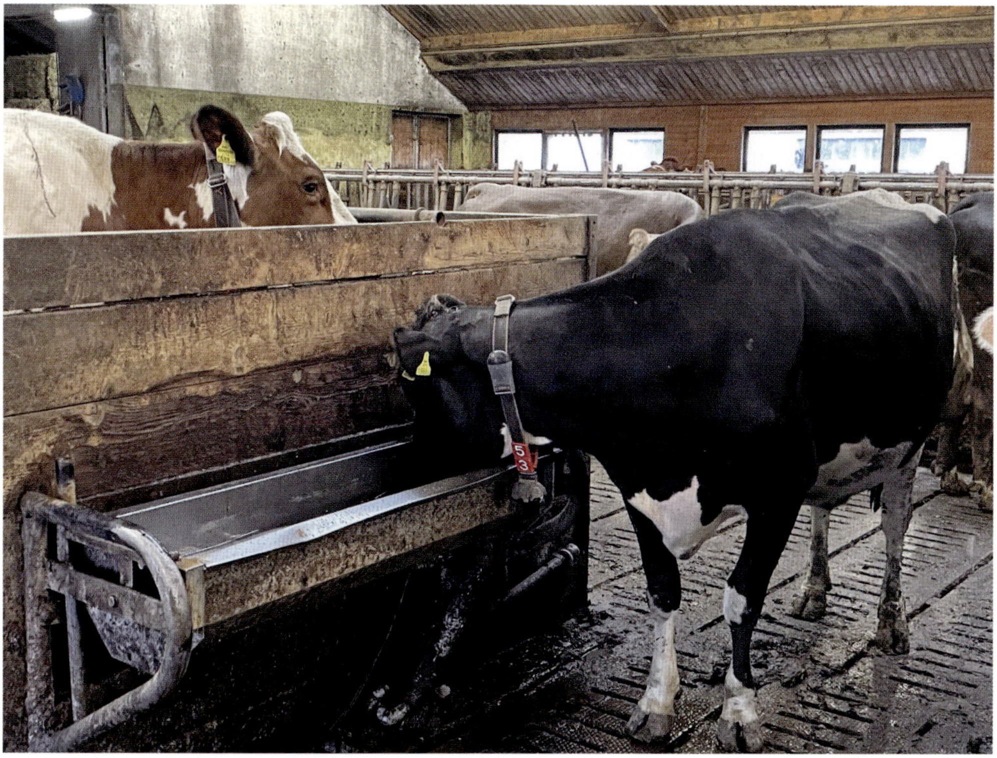

Sauberes Wasser und genügend freizugängliche Tränker sind für Gesundheit und Leistungsbereitschaft grundlegend. © JS

BEDEUTUNG DER MINERALSTOFFVERSORGUNG

Unter den Begriff Mineralstoffversorgung wird die Zufuhr an Mengenelementen, Spurenelementen sowie Vitaminen zusammengefasst. Die Mineralstoffversorgung des Tieres hat weitreichende Auswirkungen auf Tiergesundheit, Fruchtbarkeit und Milchleistung. Dennoch wird dieser Thematik in der Praxis häufig zu wenig Aufmerksamkeit geschenkt. Um die geeignete Mineralstoffmischung definieren zu können, müssen unbedingt die Mengen- und Spurenelemente vom Grundfutter untersucht werden. Häufig werden nur Standardwerte zur Rationsberechnung herangezogen. Davon ist klar abzuraten, denn selbst innerhalb eines Bezirks können die Konzentrationen der Mengen- und Spurenelemente im Grundfutter stark variieren. Neben der Auswahl des richtigen Produkts, spielt natürlich auch die Einsatzmenge eine wichtige Rolle. Hier gilt das Sprichwort: „Die Dosis macht das Gift“. Eine Über- oder Unterversorgung von nur einem Element kann weitreichende negative Folgen auf Milchleistung, Fruchtbarkeit und Tiergesundheit haben. In den meisten Fällen kommt es jedoch zu einem Mineralstoffmangel.

Die Mineralstoffe interagieren auch miteinander. Diese Interaktion zwischen den Elementen wird auch als Wechselbeziehung bezeichnet. Deshalb müssen sie immer gemeinsam betrachtet und ausgeglichen werden. Jedes Element hat nämlich einen oder mehrere Gegenspieler (Antagonisten). Das bedeutet, dass ein Überschuss bzw. Mangel eines Elementes, ein oder mehrere andere in deren Funktion einschränkt bzw. sogar blockiert. So kann zum Beispiel ein Eisenüberschuss aus dem Grundfutter die Kupferabsorption hemmen. Dadurch kommt es trotz bedarfsgerechter Kupferversorgung zu Mangelerscheinungen. In diesem Zusammenhang spricht man von einem sekundären Mangel. Ebenso bekannt ist die Wechselwirkung zwischen Kalium, Kalzium sowie Magnesium. Werden Trockensteher zu kaliumreich gefüttert, wird das Milchfieberrisiko um ein Vielfaches erhöht, da dadurch die Kalzium- und Magnesiumabsorption nach der Geburt beeinträchtigt wird.

Übersicht der Bedarfswerte

Die Bedarfswerte für Kälber, Jungvieh, Milchvieh (laktierend) sowie Trockensteher variieren sehr stark (siehe Tabelle 13). Demnach muss für jede Leistungsgruppe ein angepasstes Mineralfutter eingesetzt werden.

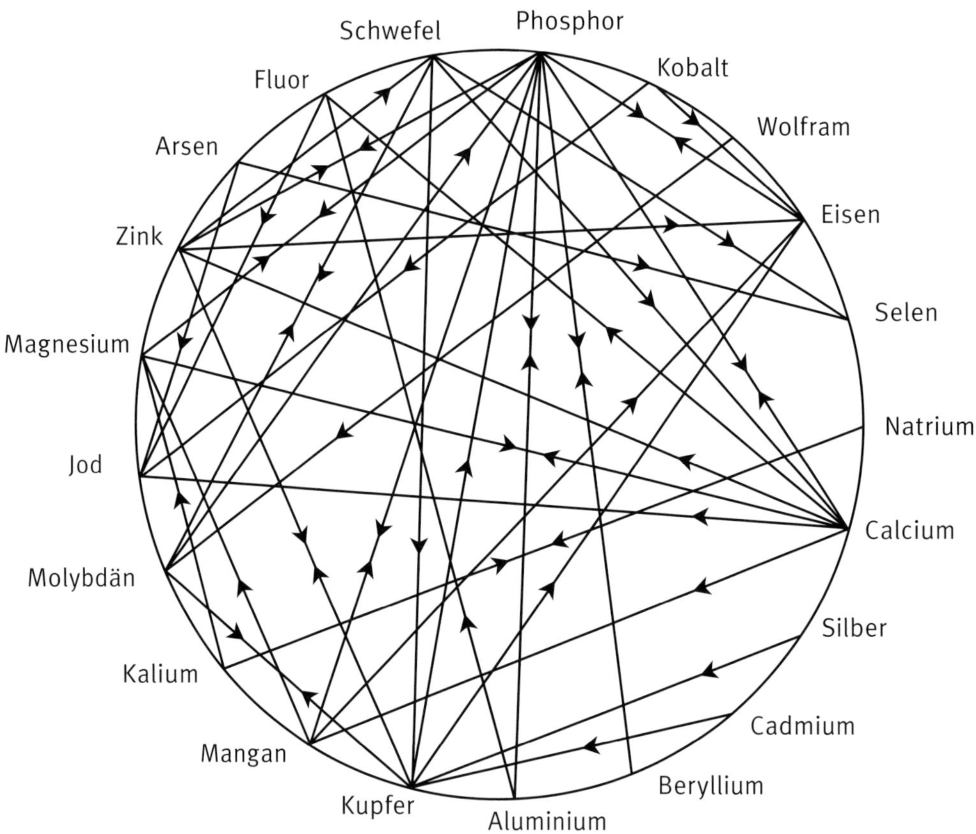

Wechselwirkung zwischen einzelnen Elementen (Gasteiner n. d.)

	Jungrinder			Milchkuh laktierend			Trockensteher
	200 kg	400 kg	600 kg	20 kg Milch	40 kg Milch	50 kg Milch	
Mengenelemente							
Kalzium (g/kg TM)	33–43	33–43	36–46	4,9	6,3	6,8	4,5
Phosphor (g/kg TM)	15–19	17–21	19–24	3,1	3,9	4,1	unter 3,5
Natrium (g/kg TM)	4–5	6–7	7–8	1,4	1,6	1,7	1,2–1,5
Magnesium (g/kg TM)	6–7	7–9	10–11	1,5	1,6	1,7	2,5–3,5
Kalium* (g/kg TM)	k. A.			10	10	12	unter 12
Schwefel (g/kg TM)	k. A.			1,3	2	2,2	k. A.
Spurenelemente							
Kupfer (mg/kg TM)	10			10 (max. 40)			10
Zink (mg/kg TM)	45			50 (max. 500)			40–60
Mangan (mg/kg TM)	45			50 (max. 500)			50
Jod (mg/kg TM)	k. A.			0,5 (max. 50)			0,5
Selen (mg/kg TM)	0,15			0,2 (max. 5)			0,2
Kobalt (mg/kg TM)	0,2			0,2 (max. 25)			0,2
Eisen (mg/kg TM)	50			50 (max. 500)			k. A.
Vitamine							
Vitamin A (I. E./kg TM)	4.000			5.000			10.000
Beta-Carotin (mg/kg TM)	k. A.			über 800			über 400
Vitamin D3 (I. E./kg TM)	500			1.250			3.000
Vitamin E (I. E./kg TM)	15			35			75

Tabelle 13: Richtwerte einer angepassten Mineralstoffversorgung je nach Tiergruppe bezogen auf die Futter-Trockenmasse (nach Hoffmann, 2022; GfE 2023; NRC 2005)

* ab 16,5 g/kg TM Überversorgung

Qualitätskriterien bei Mineralstoffmischungen

Die optimale Zusammensetzung eines Mineralfutters hängt von der Einsatzmenge sowie den Grundfutterverhältnissen ab. Bei den Spurenelementen muss genau auf die Bindungsform der einzelnen Elemente geachtet werden. Diese können organisch, anorganisch oder als Hydrox-Element enthalten sein. Die jeweilige Bindungsform bestimmt die Verfügbarkeit des Elements im Körper

Die eingesetzten Mineralstoffe müssen genau abgewogen werden, um Unter- sowie Überversorgungen zu vermeiden. © JS

des Tieres. In den allermeisten Mineralstoffmischungen für laktierende Kühe sind die Spurenelemente in gemischten Verfügbarkeiten eingemischt. Doch sowohl die „absolute Einmischrate je Element“ sowie das Verhältnis von anorganischen zu organischen bzw. Hydroxy-Spuren kann sehr stark variieren.

Anorganische Verbindungen werden als Oxide, Chloride, Carbonate oder Sulfate deklariert. Wird also in der Deklaration dem Kupfer, Zink oder Mangan eines dieser Begrifflichkeiten zugefügt, z. B. Zinkoxid oder Kupfersulfat, liegen die Spurenelemente in anorganischer Form dar. Wird Selen als Natriumselenit betitelt, ist dieses ebenfalls den anorganischen Verbindungen zuzuordnen. Der Vorteil dieser Elementverbindungen liegt ganz klar am günstigeren Preis. Nachteilig zu betrachten ist die schlechtere Verfügbarkeit für das Tier. Diese Elemente werden nur vom Körper aufgenommen, wenn ein Bedarf danach herrscht. Der Rest wird über Harn und Kot ausgeschieden. Des Weiteren ist eine verminderte Absorption die Folge, wenn es innerhalb der Elemente zu den zuvor beschriebenen Wechselbeziehungen kommt, oder wenn die Tiere zu starken pH-Wert Schwankungen (subklinische Azidosen) ausgesetzt sind.

Organische Verbindungen werden als sogenannte Chelate deklariert. Am Sackanhänger sind diese als Kupferchelat, Zinkchelat oder Manganchelat ausgewiesen. Wird Selen als Selenmethionin oder als Selenhefe angeführt, ist diese Verbindung ebenfalls den organisch gebundenen Elementen zuzuordnen. Bei den Chelatverbindungen werden die jeweiligen Spurenelemente an Aminosäuren (Proteinbausteine) gebunden. Diese Verbindungen sind wesentlich stabiler. Daher können diese auch besser im Körper eingelagert werden und weisen somit eine verbesserte Verfügbarkeit auf.

Unter folgenden Umständen sollte unbedingt auf einen hohen Anteil an organisch gebundenen Spurenelementen geachtet werden:

- Milchleistung > 9.000 l pro Kuh und Jahr
- Hohe Eisen- und/oder Kaliumwerte im Grundfutter
- Azidotische Bedingungen (z. B. Zuckerüberschuss, hohe Kraftfuttergaben, Kraftfutterteilgaben > 2 kg)
- Trockensteherfütterung (Chelatverbindungen versorgen den Fötus deutlich besser)

Hydroxy-Spurenelemente sind aufgrund der hohen Bioverfügbarkeit den organischen Verbindungen zuzuordnen. Dennoch sind die Elemente nicht an eine Aminosäure gekoppelt und daher gegenüber Antagonismen nicht so stabil. Ein Vorteil dieser Bindungsform kann eine verbesserte NDF-Verdaulichkeit im Pansen sein.

ZUSATZSTOFFE

Zusatzstoffe haben in den vergangenen Jahren extrem an Bedeutung gewonnen. Mittlerweile gibt es dutzende Anbieter, welche diverse Zusatzprodukte vermarkten. In gewissen Rationen machen diese Additive Sinn und bringen einen Mehrwert. Trotzdem wird die Bedeutung von Zusatzstoffen bei der Milchviehfütterung überschätzt. Wie das Wort schon sagt, dienen diese Produkte lediglich als Zusatz in einer Ration.

Niemals können solche Produkte Faktoren wie Grundfutterqualität, Rationsgestaltung, Herdenmanagement sowie Kuhkomfort ersetzen oder ausgleichen. Damit sich die Kosten von Zusatzprodukten rechnen, bzw. einen Mehrwert bringen, müssen diese zu den betriebsindividuellen Gegebenheiten passen. Deshalb muss ein gut fundiertes Wissen über die einzelnen Zusätze gegeben sein, um den größtmöglichen Nutzen daraus erzielen zu können.

Folgende Fragen sollten Sie vor dem Einsatz eines Zusatzproduktes klären:

- Was ist der Wirkstoff und worin liegt die Wirkung?
- Zu welchen Gegebenheiten macht der Einsatz dieses Produkts Sinn?
- Wie hoch liegt die Mindesteinsatzmenge pro Tier und Tag und wie lange muss dieses Produkt gefüttert werden, um erste Erfolge erkennen zu können?

Beta-Carotin

Beta-Carotin (ß-Carotin) ist eine Vorstufe von Vitamin A. Die Konzentration an Beta-Carotin in der Ration beeinflusst die Follikelqualität bzw. Follikelgröße (Eibläschen) sowie die Brunstdauer und spielt somit eine entscheidende Rolle bei der Fruchtbarkeit. Zusätzlich wirkt sich Beta-Carotin positiv auf die Kolostrumqualität aus.

Es gibt große Unterschiede in der Beta-Carotin-Konzentrationen in verschiedenen Futtermitteln. Wichtig ist die Erkenntnis, dass bei Rationen mit einem hohen Anteil an Maissilage oder Heu die Beta-Carotin-Versorgung häufig unter dem gewünschten Niveau liegt. Auch bei Grassilagen, die länger als sechs Monate im Silostock lagern, kann sich der Beta-Carotin-Gehalt extrem stark abbauen. Wenn hingegen die Tiere hohe Anteile von frischem Gras bzw. frischer Grassilage fressen, ist der Bedarf immer gedeckt und es muss kein Beta-Carotin ergänzt werden (z. B. Weide, Eingrasen).

Die Mindesteinsatzmenge richtet sich nach dem verwendeten Produkt und dem zu ergänzenden Bedarf. Beta-Carotin muss unbedingt drei Wochen vor dem Abkalben bis zur erfolgreichen Besamung gefüttert werden. Dies ist notwendig, weil sich die Follikel bereits in der Spättrockensteherphase ausbilden. Eine verbesserte Fruchtbarkeit sollte sich in derselben Laktation bemerkbar machen.

Futtermittel	Beta-Carotin in mg/kg TM
Junges Gras	500 bis 1.000
Überständiges Gras	200 bis 300
Grassilage	100 bis 150
Gärheu	50 bis 100
Heu	12 bis 35
Maissilage (Restpflanze nicht abgereift)	30 bis 90
Maissilage (Restpflanze ziemlich abgereift)	8 bis 20

Tabelle 14: Beta-Carotin-Gehalte in ausgewählten Grundfuttermitteln

Propylenglykol

1,2-Propandiol gehört zur Gruppe der Alkohole und wird umgangssprachlich als Propylenglykol bezeichnet. Dieser Zusatzstoff wird mittlerweile auf sehr vielen Betrieben erfolgreich eingesetzt, um die Energiebilanz der Tiere zu erhöhen und somit gleichzeitig das Ketoserisiko zu reduzieren. Nachdem die Kühe Propylenglykol nicht gerne fressen, wird das Produkt mit Glycerin oder Isomaltulose-Melasse gestreckt. Nachdem Versuche beim Einsatz von 1,2-Propandiol deutlich bessere Ergebnisse hinsichtlich der Ketosereduktion gegenüber den Produkten Glycerin oder Isomaltulose-Melasse zeigten, ist auf das Mischungsverhältnis zu achten. Ein hochwertiges Flüssigfutter besteht zu 50 % aus 1,2-Propandiaol. Propylenglykol sollte immer eingesetzt werden, wenn die Tiere nach dem Abkalben schleichende (subklinische) Ketosen anzeigen. Dies kann entweder durch Interpretation des FEQ anhand der LKV-Daten festgestellt werden oder indem der BHB-Gehalt im Blut mittels eines Ketose-Schnelltestgeräts eruiert wird. Die Einsatzempfehlungen der diversen Hersteller differieren etwas. Grundsätzlich besagt die Faustregel: Ab 14 Tage vor der Kalbung ca. 250 ml Propylenglykol pro Tier und Tag sowie ca. 500 ml Propylenglykol pro Tier und Tag nach der Kalbung in den ersten zwei bis drei Wochen, danach wieder 250 ml bis zum 60. Laktationstag oder bis zur bestätigten Trächtigkeit. Bei Einzeltieren mit besonderen Erschwernissen (Klauenprobleme, geringe Wiederkauaktivität, starker Energiemangel, BCS unter 2,5) können auch Propylenglykolgaben darüber hinaus sinnvoll sein. Bei richtiger Dosierung reduzieren sich die BHB-Gehalte im Blut bereits nach wenigen Tagen.

Natriumbicarbonat und Pansenpuffer

Natriumbicarbonat ist ein Natriumsalz. Dieses Produkt erhöht den DCAB-Gehalt in der Ration. Jedoch wird Natriumbicarbonat von manchen Quellen eine nur kurz anhaltende puffernde Wirkung nachgesagt. Daher wurden spezielle Pansenpuffer entwickelt. Auch hier ist der Wirkstoff reines Natriumbicarbonat. Der Unterschied liegt darin, dass diese Produkte noch Magnesiumoxid inkludieren, was die beschriebene puffernde Wirkung verbessern soll. Ob Pansenpuffer tatsächlich einen stärkeren Effekt erreichen, ist dennoch umstritten.

Diese Produkte sollten eingesetzt werden, wenn ein erhöhtes Risiko einer metabolischen Azidose besteht. Liegt der DCAB-Gehalt in der Ration unter 200 meq/kg TM, besteht ein erhöhtes Risiko, dass das Tier an einer Blutazidose erkrankt. Dies tritt ein, wenn zum Beispiel hohe Mengen an Rapsschrot oder Maissilage gefüttert werden. In seltenen Fällen haben auch Grassilagen sehr tiefe DCAB-Gehalte.

Unabhängig von den beiden beschriebenen Szenarien spielt auch Hitzestress im Sommer eine große Rolle. Durch das „Hecheln“ der Tiere wird sehr viel Speichel abgegeben. Das erhöht das Risiko einer Azidose, denn die im Speichel enthaltenen Bicarbonate haben die Aufgabe den pH-Wert zu stabilisieren. Außerdem wird durch das starke Ausatmen vermehrt Kohlendioxid (CO_2) abgegeben. Der Körper versucht immer ein bestimmtes Verhältnis zwischen Carbonat und Kohlendioxid zu halten. Um die vermehrte Ausscheidung von CO_2 bei Hitzestress zu kompensieren, wird über die Niere auch Carbonat ausgeschieden. Das kann dann zu einer metabolischen Azidose führen. Durch die Ergänzung von Natriumbicarbonat oder einem Pansenpuffer wird der Organismus dabei unterstützt.

Die genaueste Möglichkeit um die tatsächliche metabolische Stoffwechsellage zu eruieren, ist das Messen des Harn pH-Werts von mehreren Tieren. Natriumbicarbonat oder ein Pansenpuffer sollte unbedingt eingesetzt werden, wenn der Durchschnitt unter einem pH-Wert von 7,8 liegt.

Die Einsatzmenge beträgt je nach Fütterungssituation 80 bis 150 g. Sollte in der Ration zusätzlich Viehsalz eingesetzt werden, muss dieses unbedingt reduziert bzw. entfernt werden, da sonst der Natriumgehalt in der Gesamtration überschritten wird. Ein Natriumüberschuss führt mitunter zu einer verminderten Futteraufnahme sowie zu dünnem Kot.

Hefen

Der Einsatz von Hefen in der Rinderfütterung hat sich in den vergangenen Jahren etabliert. Aufgrund der positiven Effekte gibt es mittlerweile eine Vielzahl an Herstellern. Grundsätzlichen werden Hefen in tote Hefen, Lebendhefen und vorfermentierte Hefen untergliedert. Diese haben völlig unterschiedliche Wirkungsweisen und müssen deshalb mit Bedacht ausgewählt werden.

Tote Hefen „arbeiten" nicht im Pansen, sondern dienen dem Wiederkäuer hauptsächlich als Eiweißquelle. Die Bierhefe ist hierfür der bekannteste Vertreter. Darüber hinaus weist die Bierhefe einen hohen Anteil an B-Vitaminen auf und fördert die Darmgesundheit. Tote Hefen können grundsätzlich immer eingesetzt werden. Jedoch muss die Preiswürdigkeit hinterfragt werden. Die Einsatzmenge liegt bei 200 g pro Tier und Tag.

Lebendhefe ist die am stärksten verbreitete Gruppe der Hefen. Lebendhefen veratmen den Restsauerstoff im Pansen. Dadurch können die Pansenmikroben effektiver arbeiten. Dies kann zu einem gesteigerten Rohfaserabbau führen, wodurch das Milchfett ansteigt. Zusätzlich wird auch von einer verbesserten Nährstoffaufnahme berichtet, was wiederum die Milchleistung positiv beeinflusst. Lebendhefen machen vor allem dann Sinn, wenn im Pansen stärkere pH-Wert Schwankungen vorhanden sind. Dies tritt z. B. ein, wenn hohe Kraftfuttergaben (› 9 kg) am Transponder oder händisch gefüttert werden bzw. hohe Kraftfutterteilgaben (› 2,5 kg) erfolgen. Zusätzlich hat sich der Einsatz von Lebendhefen in sehr zuckerreichen Rationen (Weide, Heumilch) bewährt.

Durch ein spezielles Verfahren werden Lebendhefen verändert. Das Produkt daraus sind **vorfermentierte Hefen**. Diese haben nun nicht mehr die Funktion den Restsauerstoff im Pansen zu veratmen, sondern erhöhen die Rohfaserverdauung, stärken die Mikrobeneffektivität und unterstützen die Dünndarmgesundheit des Tieres. Vorfermentierte Hefen zeigen die stärkste Wirkung, wenn der Pansen pH-Wert der Tiere relativ konstant ist. Dies ist z. B. bei aufgewerteten sowie bei totalen Mischrationen (TMR) der Fall.

Lebendhefen und vorfermentierte Hefen werden sowohl als Einzelfuttermittel wie auch in Mineralstoffmischungen verkauft. Als Einzelfuttermittel werden meistens Bedarfsmengen von 50–70 g angegeben. Jedoch muss vor allem beim Kauf von Lebendhefen die Deklaration mit dem jeweiligen Stamm der Hefezellen, sowie die dazugehörigen Menge an KBE (koloniebildende Einheiten) beachtet werden.

Wird die Hefe in eine Mineralstoffmischung eingemischt, beträgt die empfohlene Einsatzmenge meist 200 g pro Tier und Tag, damit die Konzentration des Zusatzprodukts stark genug ist.

Wenn sich ein Betrieb dazu entschließt, Hefen jeglicher Art einzusetzen, müssen diese über die gesamte Laktationsdauer, sowie ebenfalls in der Trockenstehzeit gefüttert werden. Nur dann kann ein möglichst großer Effekt erzielt werden. Es dauert etwa sechs bis acht Wochen bis erste Verbesserungen bemerkt werden können.

Futterfett

Durch pansengeschütztes Futterfett kann die Energieversorgung mit Hilfe von kleinen Einsatzmengen verbessert werden. Etwa 90 % der Fettsäuren passieren den Pansen und schonen so die Mikroben. Es gibt eine Vielzahl an diversen Produkten. Geschützte Fette werden einerseits zwischen dem Herstellungsprozess sowie der zu verarbeiteten Fettquelle untergliedert. Beim Herstellungsprozess wird grundsätzlich zwischen fraktionierten/hydrogenierten Fetten und kalzium-verseiften Fetten unterschieden.

Fraktionierte/hydrogenierte Fette haben einen Fettgehalt von etwa 99 % und weisen daher einen etwas höheren Energiegehalt gegenüber den kalzium-verseiften Fetten auf. Daraus resultiert auch ein höherer Einkaufspreis. Bei **kalzium-verseiften Fetten** ist der hohe Restanteil an Kalzium zu beachten. Der Fettgehalt liegt bei etwa 85 %.

Als Rohstoffquellen kommen Palmfett (in Österreich verboten), Olivenfett oder Kokosfett zum Einsatz. Entscheidend ist dabei immer das Fettsäuremuster. Die Fettsäuren C16:0, C18:0 sowie C18:1 haben unterschiedliche Funktionen. **Palmitinsäure** (C16:0) wird zur Steigerung des Milchfettgehalts herangezogen. Diese Fettsäure ist vor allem in Palmfett enthalten. Beim Einsatz dieser Fettsäure kommt es zu keiner deutlichen Verbesserung der Energieversorgung. Daher sollte dieses Produkt nicht als Laktationsstarter eingesetzt werden. **Stearinsäure** (C18:0) ist hauptverantwortlich für eine Milchleistungssteigerung sowie eine verbesserte Energieversorgung. Aus diesem Grund eignet sich das Produkt sehr gut für Frischmelker. **Ölsäure** (C18:1) wirkt einem starken Gewichtsverlust nach der Kalbung entgegen. Jedoch führt diese Fettsäure aus aktueller Sicht zu keiner messbaren Leistungssteigerung. Der Einsatz von geschützten Fetten muss individuell geklärt werden. Grundsätzlich sind diese Additive aufgrund der sehr hohen Kosten, hauptsächlich für milchleistungsstarke Betriebe (über 10.000 Liter Milchleistung) interessant. Kommt Grundfutter von minderwertiger Qualität zum Einsatz, können sich diese Produkte auch unter der genannten Milchleistung rechnen. Um die erhofften Resultate erzielen zu können, muss beim Einsatz dieser Produkte immer das Fettsäuremuster beachtet werden. Die benötigte Einsatzmenge liegt bei 0,3 bis 0,5 kg pro Kuh und Tag. Bereits nach zwei bis drei Wochen sollten erste Wirkungen feststellbar sein. Wird Futterfett aus der Ration entfernt, sollte dies ebenfalls langsam, also über einen Zeitraum von zwei bis drei Wochen geschehen, damit sich der Verdauungstrakt an das neue Fettsäuremuster anpassen kann.

Phytogene Zusatzstoffe

Phytogene Zusatzstoffe sind Extrakte aus Kräutern und Pflanzen. Bekannte Substanzen daraus sind Tannine und Polyphenole. Diese Zusatzstoffe wirken sich positiv auf den Verdauungstrakt, die Milchleistung, die Fruchtbarkeit sowie auf die gesamte Tiergesundheit aus. Diese Additive werden meistens in hochwertigen Mineralstoffmischungen ergänzt. Die empfohlene Einsatzmenge dieser Produkte liegt meist bei 150–200 g.

Mykotoxinbinder

Mykotoxine werden von Schimmelpilzen gebildet und können übers Grundfutter (vor allem bei der Maissilage) oder übers Kraftfutter in die Ration kommen. Wird ein kritisches Maß überschritten, wird der Organismus der

Kuh stark belastet. Eine verminderte Milchleistung, Fruchtbarkeitsprobleme sowie steigende Zellzahlen sind die Folge. Schimmel an der Silage muss breitflächig entsorgt werden. Dennoch besteht die Gefahr, dass der Mykotoxingehalt im Futter deutlich zu hoch ist. Ein guter Indikator dafür kann die erhöhte Zellzahl sein. In diesem Fall sollte unbedingt ein Mykotoxinbinder zum Einsatz kommen. Dieser weist eine große Oberfläche auf und bindet diese Giftstoffe im Verdauungstrakt des Tieres. Sollten Mykotoxine die Ursache für die erhöhten Zellzahlen gewesen sein, muss sich die Zellzahl bei dem Einsatz eines Mykotoxinbinders binnen fünf Wochen reduzieren. Grundsätzlich können Mykotoxine auch per Futtermittelanalyse untersucht werden. Jedoch besteht hier eine große Lücke in der Datensicherheit. Schlussendlich werden bei der Probennahme nur Stichproben gezogen. Die tatsächlichen Mykotoxinwerte variieren innerhalb des Silos sehr stark.

Grundsätzlich kann die Kuh im Pansen potenzielle Giftstoffe durch eine sogenannte Detoxifizierung (Entgiftung) abbauen. Jedoch hat sich mit den steigenden Milchleistungen die Futterpassagerate durch den Pansen stark erhöht. Damit bleibt dem Pansen nicht mehr ausreichend Zeit, die Detoxifizierung angemessen durchzuführen. Demnach ist es eine logische Folge, dass Hochleistungstiere wesentlich sensibler auf erhöhte Mykotoxingehalte regieren als niederleistende. Zearalenon kommt v. a. in Mais und Getreide vor. Es wird von Fusarium-Pilzen gebildet und ist mit Fruchtbarkeitsproblemen assoziiert.

Mykotoxin	Grenzwert in ppb	Gruppe
DON (Deoxynivalenol)	1.000	Lagerpilz
ZEA (Zearalenon)	250	Feldpilz
Ochratoxin	20	Feldpilz

Tabelle 15: Die wichtigsten Mykotoxine für Rinder inklusive den jeweils zugehörigen empfohlenen maximalen Richtwerten in ppb (parts per billion). Die Orientierungswerte beziehen sich auf einen Trockenmassegehalt von 88 % in der Gesamtration pro Tier und Tag. (in Anlehnung an Hoffmann 2022)

DIE FÜTTERUNG DER MILCHKUH IM LAKTATIONSVERLAUF

Der Unterschied zwischen guten und herausragenden Betrieben zeigt sich darin, dass sehr gute Milchbauern die Fütterung der Tiere an jedem der 365 Tage im Jahr auf einem erstklassigen Niveau gewährleisten können und die Versorgung der Kühe kontinuierlich an die dementsprechende Leistungsgruppe anpassen.

Leistungsgruppen am Milchviehbetrieb

Trockensteher → Spättrockensteher → Frischmelker → Hochlaktation → Altmelker
Jede dieser Phasen, die eine Milchkuh während eines Jahres durchläuft, verändert auch ihre Nährstoffansprüche.

Trockensteher füttern

Häufig wird nichts so sehr unterschätzt, wie die Bedeutung der Trockensteherfütterung. Eine laktierende Kuh wird zu Recht immer wieder mit einem Leistungssportler verglichen. Im Wettkampf (in diesem Fall die Laktation) fällt die Entscheidung über Sieg oder Niederlage, doch ohne der richtigen Vorbereitung ist ein Sieg aussichtslos. Diese Wettkampfvorbereitung ist mit der Trockenstehzeit unserer Kühe zu vergleichen. Ein gutes Trockensteherkonzept trennt sprichwörtlich die Spreu vom Weizen. Milchleistung, Stoffwechselgesundheit sowie Fruchtbarkeit werden sehr stark von dieser Phase beeinflusst. Gleichzeitig muss man bei der Trockensteherfütterung nochmal zwischen den ersten vier Wochen der Trockenstehzeit (Frühtrockensteher) sowie dem Abschnitt von der 5. bis 8. Woche unterscheiden (Spättrockensteher).

Allgemeinte Ziele der Trockensteherfütterung

- Hohe Futteraufnahmen
- Milchfieberprophylaxe
- Angepasste Nährstoffversorgung
- Anreicherung an Spurenelementen und Vitaminen

Hohe Futteraufnahmen

Ab einer Trockenmasseaufnahme von über 13 kg pro Tier und Tag spricht man bei Trockenstehern von einer hohen Futteraufnahme. Speziell die Futteraufnahme bei den Spättrockenstehern ist von größter Bedeutung. Die durchschnittliche Futteraufnahme in diesem Zeitraum ist sogar von größerer Bedeutung als die Kalzium-Kalium-Reduktion. Tiere mit hohen Futteraufnahmen sind stoffwechselstabiler und leistungsbereiter.

Faktoren, die sich positiv auf die Futteraufnahme auswirken:

- Ausreichend Licht am Futtertisch
- Fressplatz-Kuh-Verhältnis mindestens 1 : 1
- Geräumige Tiefboxen
- Häufige Rangneuordnungen durch geblocktes Trockenstellen vermeiden
- Stress vermeiden
- Ausreichende Wasserversorgung
- Verwendung eines Mischwagens (wenn vorhanden)
- Nur kurz geschnittene Futterkomponenten (vor allem beim Stroh wichtig)
- Bedarfsgerechte Energieversorgung
- Schmackhaftes Futter (z. B. geringer Rohaschegehalt, kein Schimmel, keine Nacherwärmung)
- Zugabe von Futtersäuren falls es zu einer Nacherwärmung kommt (speziell im Sommer)
- mindestens jeden zweiten Tag frische Futtervorlage und mindestens dreimal täglich Futter nachschieben
- 5 % vom Futterrest ausputzen

Milchfieberprophylaxe

Die unterschiedlichsten Hilfsmittel (z. B. Ca-Boli, Vitamin D3-Spritze usw.) zur Milchfieberprophylaxe sind natürlich wichtige Hilfsmittel, um Milchfieber vorzubeugen. Diese Produkte haben einen großen Nutzen und sind in manchen Rationen unerlässlich. Jedoch bekämpfen sie immer nur das Symptom. Um einen nachhaltigen Erfolg erzielen zu können, muss die Ursache beseitigt werden. Darauf hat die Rationsgestaltung der Trockensteherfütterung einen großen Einfluss. Schlussendlich ist Milchfieber über ein gutes Fütterungsmanagement gut zu kontrollieren. Das A und O neben hohen Futteraufnahmen ist die Reduzierung des Kalzium- und Kaliumgehalts in der Trockensteherration.

Im Grundfutter gibt es sehr große Schwankungen im Bereich der Kalium- und Kalziumgehalte. Darum sind zur Berechnung einer Trockensteherration immer Grundfutteranalysen inklusive Mineralstoffuntersuchungen zu empfehlen.

Gut gedüngtes Dauergrünland und Feldfutter weisen zu hohe Kaliumwerte auf und sind deshalb nicht für Trockensteherrationen geeignet. Der Einsatz von Grundfutter aus extensiv bewirtschaftetem Grünland hat sich hier bewährt. Jedoch muss in diesem Fall meist Kraftfutter ergänzt werden, um die optimalen Energie- und Rohproteinwerte zu erreichen.

Maissilage ist das Grundfuttermittel mit den niedrigsten Gehalten an Kalium und Kalzium. Deshalb empfiehlt es sich, einen Maissilageanteil von mindestens 30 % in der Trockensteherration zu haben.

		Kalzium g/kg	Kalium g/kg
Dauergrünland	intensiv	4 bis 10	28 bis 38
Feldfutter	(Klee, Luzerne)	4 bis 10	25 bis 38
Dauergrünland	extensiv	4 bis 10	18 bis 25
Maissilage		1 bis 2,5	8 bis 12
Heu		4 bis 10	18 bis 34
Stroh	Gerste	2,5 bis 3	17 bis 20
Stroh	Weizen	2,5 bis 3	8 bis 9

Tabelle 16: Kalzium- und Kaliumgehalte ausgewählter Grundfuttermittel

Bedeutung des DCAB-Werts

Der DCAB-Wert gibt das Verhältnis von Kalium und Natrium (Kationen) zu Chlor und Schwefel (Anionen) wieder. Das heißt, dass dieser Wert die Säuren-Basen-Bilanz beschreibt. Mehr dazu wird im Kapitel „Interpretation von Grundfutterunteranalysen“ erklärt.

Eine Reduktion des DCAB-Werts bedeutet, dass das Säuren-Basen-Verhältnis zugunsten der Säuren verschoben wird. Ein niedriger DCAB-Wert (< 130 meq/kg) führt in weiterer Folge zum Absinken des pH-Wertes im Blut. Fällt der Blut-pH-Wert ab, wird das gefütterte Kalzium im Körper der Kuh nicht zur Gänze aufgenommen. Somit beugt ein niedriger DCAB-Wert, vor allem bei kalzium- und kaliumreichen Trockensteherrationen, Milchfieber vor.

Das Kationen-Anionen-Verhältnis lässt sich sehr gut über diverse Grund- und Kraftfuttermittel steuern. Innerhalb der verschiedenen Futtermittel gibt es große Schwankungsbreiten. Deshalb sollte der DCAB-Gehalt des Grundfutters unbedingt analysiert werden. Ein hoher Silomaisanteil in Kombination mit Rapsschrot führt tendenziell zu einem niedrigen DCAB-Wert und bietet daher einen natürlichen Milchfieberschutz.

Futtermittel	DCAB-Gehalt
Grassilage (Dauergrünland)	250 bis 450
Luzerne-, Kleegras	350 bis 600
Maissilage	100 bis 200
Sojaschrot	200 bis 350
Rapsschrot	-200 bis -50
Melasse	1.000 bis 1.200
Saure Salze	-6.500

Tabelle 17: DCAB-Gehalte ausgewählter Futtermittel

Saure Salze in Trockensteherrationen

Nicht jeder Betrieb hat die Möglichkeit, den DCAB-Wert durch die betriebseigenen Futtermittel auf ein optimales Niveau zu bringen. In diesem Fall kann das Verfüttern von sauren Salzen (Magnesiumsulfat oder auch Bittersalz genannt) eine gute Option sein. Saure Salze reduzieren bereits bei Einsatzmengen von 50 bis 100 g den DCAB-Wert der Ration stark und bieten so einen Milchfieberschutz. Diese sollten gezielt bei den Spättrockenstehern verfüttert werden. Nachdem saure Salze den Blut-pH-Wert sehr rasch Absinken lassen, sollte beim Einsatz dieser Produkte der Harn-pH-Wert wöchentlich kontrolliert werden, um ein zu starkes Absinken zu verhindern (wird in der Praxis leider selten gemacht). Sinkt der Harn-pH-Wert zu stark ab, wirkt sich das nämlich sehr negativ auf die Futteraufnahme nach der Abkalbung aus. Das kann wiederum das Ketoserisiko stark erhöhen und reduziert die Milchleistung.

Aus diesem Grund gibt es mittlerweile spezielle Trockenstehermineral, in welchen bereits saure Salze eingemischt sind. Umgangssprachlich spricht man von angesäuerten Mineralstoffen. Durch den Einsatz dieser Produkte wird der Blut-pH-Wert nur leicht angesäuert. Ein regelmäßiges Kontrollieren des Harn-pH-Werts ist dann nicht zwingend notwendig.

Angepasste Nährstoffversorgung

Trockensteher brauchen eine bedarfsgerechte Nährstoffversorgung, vor allem bezogen auf Energie, Rohprotein und Rohfaser. Überschüsse sowie Mängel an gewissen Nährstoffen haben weitreichende negative Folgen.

Die Kühe sollen in der Trockenstehzeit weder an Körpermasse verlieren noch verfetten! Selbst wenn die Tiere zu fett trockengestellt werden, dürfen diese in der Vorbereitungsfütterung nicht stark an Körpermasse abbauen. Durch ein zu starkes Reduzieren der Energiedichte nehmen die Tiere ab und die Futteraufnahme sinkt. Die Folge sind stoffwechselinstabile Frischmelker mit Einsatzleistungen unter deren Potenzial. Leichte Fettreserven sind dringend notwendig, um in der Folgelaktation wichtige Energie aus dem Fettgewebe mobilisieren zu können. Trotzdem darf es in der Trockenstehzeit nicht zum Verfetten kommen.

Der Vergleich der Körperkondition mittels Body Condition Score (BCS) der Tiere, die sich kurz vor dem Trockenstellen befinden, mit jenen, die sich kurz vor der geplanten Abkalbung befinden, gibt einen guten Aufschluss über die Energieversorgung in der Trockenstehzeit. Sollten die Trockensteher zu mager oder zu fett sein, muss die Energiedichte verändert werden.

Die Energiedichte in der Ration, angegeben in MJ NEL, wird über die Zugabe von Heu oder Stroh gesenkt, währenddessen der Einsatz von Kraftfutter oder Maissilage die Energiedichte hebt.

Speziell bei den Spätlaktierenden muss die Energiedichte deutlich angehoben werden. Die Kühe benötigen einiges an Energie, da sich die Futteraufnahme aufgrund des stark wachsenden Kalbes deutlich reduziert und Energie für die Milchproduktion bereitgestellt wird. In der Regel müssen diesen Tieren 2–3 kg Kraftfutter zusätzlich gefüttert werden, um den energetischen Bedarf abzudecken.

Wird dies nicht gemacht, starten die Tiere bereits bei der Abkalbung mit einem Energiedefizit. Dies hat wiederum weitreichende negative Auswirkungen auf Milchleistung und Fruchtbarkeit.

Ein Eiweißmangel (12 % XP) in der Trockensteherration führt zum Absterben der proteinabbauenden Pansenbakterien. In der darauffolgenden Laktation kann das gefütterte Eiweiß anfangs nicht optimal verwertet werden, da sich die eiweißzersetzenden Bakterien erst wieder aufbauen müssen. Zusätzlich führt ein Proteinmangel in der Trockensteherration zu signifikant niedrigeren Einsatzleistungen.

Deshalb sollte bei Maissilage betonten Trockensteherrationen Rapsschrot als Proteinergänzung eingesetzt werden. Ein Eiweißüberschuss (> 15 % XP) belastet die Leber und kostet unnötig Geld.

Der Rohfasergehalt fördert das Wiederkauen und somit die Pansen- und Tiergesundheit. Um den Rohfaserbedarf zu decken, muss vorzugsweise gehäckseltes (Weizen-)Stroh oder Heu ergänzt werden.

Anreicherung an Spurenelementen und Vitaminen

Vor allem in der Trockenstehzeit sollte eine hochwertige Mineralstoffmischung (hoher Anteil an Chelatverbindungen) in ausreichender Menge verfüttert werden. Das Ziel ist es, die Reserven im Körper der Kuh vor der Abkalbung aufzufüllen, um den Grundstein für eine erfolgreiche Laktation legen zu können.

Eine hohe Versorgung an Spurenelementen sowie Vitaminen ist ausschlaggebend für die Kuhgesundheit und die Fruchtbarkeit. Die Mineralstoffauswahl richtet sich ganz nach der betriebsindividuellen Trockensteherration. Dabei ist wichtig, dass alle Bedarfswerte gedeckt sind. Meistens sind dafür Einsatzmengen von 130–200 g notwendig.

Trockenstehersysteme

Die Rationsgestaltung hängt neben den verfügbaren Grundfuttermitteln davon ab, ob der Betrieb alle Tiere in einer Gruppe hält oder einen eigenen Bereich für die Trockensteher hat. Ist dies der Fall, muss wiederum zwischen einer einphasigen und einer zweiphasigen Trockensteherfütterung unterschieden werden.

Trockensteher und laktierende Kühe in einer Gruppe zu halten, entspricht nicht mehr dem Standard und führt tendenziell zu Problemen. Der Grund dafür liegt darin, dass Trockensteher gegenüber den Laktierenden ganz andere Ansprüche haben. Vor allem bei Milchleistungen ab 8.000 l besteht eine sehr hohe Gefahr, dass es zum Auftreten von Milchfieber kommt. Fütterungstechnisch liegen die Hauptprobleme meist in einem Kalium- und/oder Kalziumüberschuss sowie einer zu hohen Energieversorgung in der Frühtrockenstehzeit. Neben den fütterungstechnischen Grundlagen darf der Faktor Stress nicht vergessen werden. Es handelt sich hierbei schließlich um hochträchtige Tiere. Vor allem wenn die Ställe bereits überbelegt sind, werden die Auswirkungen vom Stress deutlich.

Wenn es keine andere Möglichkeit gibt, als die Trockensteher mit den Laktierenden mitlaufen zu lassen, dann muss der Mineralstoff für die Kühe in Milch über einen Transponder oder den Melkroboter gefüttert werden. Sollte kein Mineralstoffdosierer vorhanden sein oder dieser sich immer wieder verstopfen, kann auch ein vollmineralisiertes Kraftfutter über die bereits genannten Geräte gefüttert werden. Die Trockensteher müssen natürlich ein eigenes Trockenstehermineral am Transponder oder per Hand bekommen. Ein Silomaisanteil von rund 50 % führt zu einer passablen Verdrängung von Kalium und Kalzium. Ist ein Mischwagen oder ein Fütterungsroboter im Einsatz, dürfen max. 2 kg Kraftfutter eingesetzt werden (dieses sollte natürlich unmineralisiert sein). Sonst werden die Trockensteher zu fett. Auch wenn all diese Punkte berücksichtigt wurden, ist ein zusätzlicher Milchfieberschutz durch die Eingabe von Kalzium-Boli sowie weiteren Maßnahmen wie Kalziumbindern zu empfehlen.

Beim **einphasigen** Fütterungssystem bekommen die Tiere über die gesamte Trockenstehzeit bis zum Abkalben dieselbe Ration. Dieses Fütterungsmodell ist vor allem in Österreich aufgrund der kleinen Betriebsstrukturen weit verbreitet. Natürlich muss hierbei bezüglich der Nährstoffgestaltung ein Kompromiss gemacht werden. Denn der Energiebedarf steigt ab vier Wochen vor dem Kalben stark an. Aus diesem Grund ist eine individuelle Kraftfuttergabe bei den Spättrockenstehern unerlässlich.

Beim **zweiphasigen** Fütterungssystem werden die Trockensteher in zwei Gruppen unterteilt und unterschiedlich versorgt. Bei einer achtwöchigen Trockenstehzeit dauert die Frühtrockensteherphase etwa vier bis fünf Wochen. Sie beginnt mit dem Zeitpunkt des Trockenstellens. Sollten Kühe länger als acht Wochen trockengestellt sein, verlängert sich diese Phase. Daran schließt die drei bis vierwöchige Spättrockensteherphase an.

Die **Frühtrockensteher** sollten sehr nährstoffarm gefüttert werden. Die Ration muss rohfaserreich aufgebaut sein, um die Pansengesundheit der Tiere zu erhalten und ein Verfetten zu vermeiden. Vitamine und Spurenelemente müssen dennoch über eine Mineralstoffmischung in ausreichender Menge ergänzt werden. Drei bis vier Wochen vor dem Kalben werden die Tiere in die zweite Trockenstehergruppe (**Spättrockensteher**) umgestallt. In dieser Ration sollte die Nährstoffkonzentration wesentlich höher sein. Zusätzlich muss der Kalziumgehalt nochmals bewusst reduziert werden, um die Kuh zur Kalziummobilisation anzuregen und somit Milchfieber vorzubeugen. Wird der Anteil an sauren Salzen bewusst erhöht, muss eventuell auch der Kalziumgehalt gesteigert werden.

Auf manchen Betrieben kommen die Trockensteher bereits zwei bis drei Wochen vor dem Abkalben zur laktierenden Gruppe hinzu, wo diese dieselbe Ration fressen. Diese Strategie ist ebenfalls als zweiphasiges Trockenstehersystem zu bewerten, jedoch besteht in diesem Fall ein erhöhtes Milchfieberrisiko.

Energiedichte in MJ NEL*	5,8 bis 6,1 MJ NEL
Rohprotein in % der Gesamtration	12,5 bis 14,5 %
Rohfaser in g der Gesamtration	über 2.800 g

Tabelle 18: Empfohlene Nährstoffangaben bei einer einphasigen Trockensteherfütterung

	Frühtrockensteher	Spättrockensteher
	ab dem Trockenstellen	3 bis 4 Wochen vor der Kalbung
Energiedichte in MJ NEL	5,5 bis 5,8 MJ	6,4 bis 6,7 MJ
Rohprotein in % der Gesamtration	11 bis 12 %	13 bis 15 %
Rohfaser in g der Gesamtration	über 3.200 g	über 2.300 g

Tabelle 19: Empfohlene Nährstoffangaben bei einer zweiphasigen Trockensteherfütterung

* Die benötigte Energiedichte hängt stark von der Kondition der Altmelker ab und ist somit individuell zu ermitteln.

Frischmelker füttern

Als Frischmelker wird die Phase von der Kalbung bis zur dritten Laktationswoche beschrieben. In dieser kritischen Phase wird speziell der Stoffwechsel der Tiere stark beansprucht. Aus Sicht der Fütterung liegt in diesem Zeitraum die oberste Priorität an hohen Futteraufnahmen, einer möglichst guten Energieversorgung sowie einer adäquaten Mineralstoffversorgung. Die Futteraufnahme lässt sich mittels Sensoren (Halsbänder, Boli) anhand der Wiederkauminuten bzw. Fressminuten gut beurteilen. Ist dieses technische Hilfsmittel nicht vorhanden, muss die Hungergrube der Tiere bzw. das Wiederkauverhalten regelmäßig überwacht werden. Ein ganz entscheidendes Thema ist in dieser Phase die Energieversorgung. Auch wenn Kühe bereits nach wenigen Laktationstagen sehr hohe Leistungen vollbringen, sollte die Kraftfuttermenge nur langsam gesteigert werden. Andernfalls droht die Gefahr einer Pansenübersäuerung. Aus diesem Grund sollte je nach Kraftfutterintensität erst am 21. bis 25. Laktationstag die maximale Kraftfuttermenge verabreicht werden. In diesem Zeitraum sollte die Ketonkörperkonzentration unbedingt mittels Bluttests überwacht werden. Deuten die Werte auf klare Ketosen hin, ist der Einsatz von hochwertigem Propylenglykol ratsam.

Betreffend der angepassten Mineralstoffversorgung tritt vor allem das Kalzium in den Vordergrund. Auch hier sind stichprobenartige Blutanalysen von Vorteil, um die tatsächliche Kalziumversorgung überprüfen zu können. Einem leichten Kalziummangel (auch subklinisches Milchfieber genannt) kann durch die Ergänzung von Futterkalk vorgebeugt werden.

Fütterung in der Hochlaktation

Die Hochlaktation beschreibt den Zeitraum von der dritten Woche nach dem Abkalben bis zum 100. Laktationstag. In dieser Phase ist es das Ziel, unter den vorhandenen Rahmenbedingungen die Milchleistung der Tiere zu optimieren und die Kuh in diesem Zeitraum erfolgreich zu belegen. Ein ganz zentrales Thema in dieser Phase ist die Energieversorgung. Es sollte ausschließlich hochwertiges Kraftfutter in angepassten Mengen verfüttert werden. Zusätzlich sollten auch bei diesen Tieren regelmäßig Bluttests hinsichtlich der Ketosebelastung gemacht werden. Steht ein solches Hilfsmittel nicht zur Verfügung, muss zumindest mit Hilfe der LKV-Daten das Ketose-Risiko eingeschätzt werden. Sehr häufig zeigen Tiere in dieser Phase eine zu hohe Stoffwechselbelastung. Aus diesem Grund ist auch hier die Ergänzung von Propylenglykol bis zur bestätigten Trächtigkeit von Vorteil. Beim Mineralfutter muss ein hochwertiges Produkt eingesetzt werden. In vielen Fällen bedarf es zusätzlich noch einer Ergänzung von Futterkalk. Neben der Fütterung spielt speziell in dieser Phase das Management eine entscheidende Rolle. Faktoren wie Kuhkomfort, Klauengesundheit oder Stallklima sind von größter Bedeutung.

Altmelker füttern

Die Milchleistung der Altmelker ist hauptsächlich das Resultat aus den bisher genannten Leistungsgruppen. Wurden die Tiere in nur einer dieser Phasen mangelhaft versorgt, bekommt man spätestens bei den Altmelkern die Rechnung präsentiert. Natürlich hat auch die Genetik einen gewissen Einfluss auf die Persistenz. Doch selbst bei bester genetischer Persistenz werden Altmelker bei suboptimalen Bedingungen nur moderate Milchleistungen vollbringen. Ist die Trockensteherfütterung nicht ideal, fehlt es bei den Tieren an Einsatzleistungen. Nachdem eine Kuh im Laufe der Laktation aus natürlichen Gründen die Milchproduktion reduziert, führen demnach verminderte Einsatzleistungen auch zu verminderten Milchleistungen der Altmelker.

Werden die Frischmelker sowie die Tiere in der Hochlaktation nicht optimal versorgt, treten Stoffwechselprobleme auf, welche in den meisten Fällen zu einer verminderten Fruchtbarkeit führen. Fruchtbarkeitsprobleme führen immer in weiterer Folge zu erhöhten Laktationstagen und drücken somit den Herdenschnitt. Gute Milchleistungen bei den Altmelkern haben nicht nur einen wichtigen wirtschaftlichen Aspekt, sondern sind auch hinsichtlich Kuhgesundheit ein elementares Thema. Schlussendlich neigen Kühe mit reduzierten Milchleistungen viel stärker zum Verfetten. Solche Tiere sind anfällig dafür, in der Folgelaktation an Stoffwechselstörungen zu erkranken. Es ist somit unschwer zu erkennen, dass bei den Altmelkern bereits in den vorherigen Leistungsgruppen die Weichen für Erfolg oder Misserfolg gestellt werden. Dennoch muss natürlich auch die Fütterung angepasst sein. Das Ergebnis einer guten Fütterung der Altmelker führt im Gegenzug zu den Frischmelkern bzw. den Tieren in der Hochlaktation nicht zu einer deutlich messbaren Leistungssteigerung. Eine gute Fütterung der Altmelker verbessert jedoch die Persistenz, was bedeutet, dass die Tiere weniger stark mit der Milch abfallen. Dies führt langfristig zu einem höheren Herdendurchschnitt.

Hinsichtlich der Altmelker-Fütterung ist das Verhältnis von Energie zu Protein entscheidend. Die Energiezufuhr, im Besonderen der Stärkegehalt, darf nicht zu hoch sein. Wird das Kraftfutter über einen Transponder bzw. Melkroboter verabreicht, ist dies einfach mit Hilfe einer Milchleistungstabelle umzusetzen. Bei stark aufgewerteten Rationen oder auch totalen Mischrationen (TMR) ist es die Kunst, dass die Tiere bereits mit hohen Milchleistungen in diese Leistungsgruppe kommen. Sollte eine Kuh deutlich mit der Milch abgefallen sein, macht es Sinn, dieses Tier schon vorzeitig trockenzustellen.

Die Proteinversorgung ist ein ganz entscheidender Faktor in dieser Phase. Gute Persistenzen sind nur möglich, wenn ausreichend Eiweiß ergänzt wird. Dies kann mit Hilfe vom LKV-Bericht ermittelt werden. Der Harnstoffgehalt der Gruppe „Tiere über 200 Laktationstage" sollte einen Harnstoffwert von 24–28 aufweisen.

FÜTTERUNGSSYSTEME

Händische Futterzuteilung

Die Anbindehaltung ist ein auslaufendes Modell und eher in kleineren Betriebsstrukturen anzutreffen. Dennoch gibt es viele Betriebe, die mit diesem System arbeiten. Folgende Punkte müssen in der Anbindehaltung unbedingt beachtet werden: Kraftfutterteilgaben, bedarfsgerechte Fütterung und Pansensynchronisation.

Kraftfutterteilgaben

Die angepasste Kraftfutterzuteilung ist häufig ein Knackpunkt in diesem Fütterungssystem. Kraftfutterteilgaben über 2 kg pro Tier und Tag reduzieren drastisch den pH-Wert im Pansen und führen zu subklinischen Pansenazidosen. Im Extremfall kommt es auch zu akuten Azidosen. Werden z. B. pro Kuh 8 kg Kraftfutter täglich gefüttert, müss-

Kraftfutterautomaten, die auf Schienen den Futtertisch entlang fahren, teilen das Kraftfutter individuell über mehrere Gaben pro Tag im Anbindestall zu. © Wasserbauer Fütterungssysteme

te mindestens viermal, besser sechsmal, täglich das Kraftfutter händisch vorgelegt werden. Dies ist ein enormer Zeitaufwand für den Landwirt. Eine gute Lösung bieten Kraftfutterautomaten, welche auf Schienen den Futtertisch entlangfahren und das Kraftfutter mehrmals täglich zuweisen.

Bedarfsgerechte Fütterung

Häufig fressen ranghöhere Tiere das Futter der Nachbarin mit. Abtrennungen am Futtertisch sorgen hier für mehr Ordnung. Zusätzlich sollten die Tiere nach Laktationsabschnitt zusammengestellt werden (Frischmelker, Altmelker). Trockensteher sollten unbedingt einen eigenen Bereich haben, wo diese separat gefüttert werden können.

Pansensynchronisation

Die Pansensynchronisation beschreibt einerseits die ausgeglichene Zufuhr an schnell und langsam verfügbarer Energie zu schnell bzw. langsam abbaubarem Eiweiß. Andererseits versteht man darunter auch die nahezu gleichzeitige Verfütterung von Energie- und Proteinquellen (Grundfutter und Kraftfutter). Werden beispielsweise 2 kg Getreideschrot und 2 kg eines Eiweißkonzentrats gefüttert, sollten die Kraftfutterteilgaben immer aus beiden Komponenten bestehen.

Mehr dazu finden Sie im Kapitel „Synchronisation der Milchviehration“.

Transponder OHNE Mischwagen bzw. Fütterungsroboter

Transponderstationen haben den Vorteil, dass die Kraftfuttermengen individuell zugeteilt werden können. Genau eingestellte Kraftfuttertabellen ermöglichen eine kraftfuttereffiziente Fütterung. Bei diesem Fütterungssystem muss vor allem darauf geachtet werden, dass das Kraftfutter möglichst schonend gefüttert wird und die berechneten Mengen auch vollständig aufgefressen werden.

Jede Kraftfuttergabe führt zu einem Absinken des Pansen-pH-Werts. Vor allem wenn keine Mischration vorhanden ist, muss besonders stark darauf geachtet werden. Bei Kraftfuttermengen über 9 kg pro Tier und Tag steigt das Risiko einer Pansenazidose erheblich an. In so einem Fall muss im Kraftfutter unbedingt ein hoher Körnermaisanteil enthalten sein, da die beständige Stärke vom Körnermais den Pansen passiert und so die Kuh vor Pansenazidosen schützt. Des Weiteren sollte die maximale Kraftfuttermenge pro Besuch auf 1,5 kg eingestellt werden. Das Anfüttern kann am Transponder mittels Fütterungskurve hinterlegt werden. Erst 28 Tage nach dem Abkalben sollten die Tiere die maximale Kraftfuttermenge erhalten. Wenn der Transponder mit einer Milchmengenmessung gekoppelt ist, kann eine Milchleistungskurve erstellt werden. Die maximale tägliche Änderung der Kraftfuttermenge muss auf 300 g pro Tag beschränkt werden. Sollte der Transponder nicht mit einer Milchmengenmessung gekoppelt sein, muss die Kraftfutterzuteilung monatlich nach den LKV-Kontrollen angepasst werden. Die Kraftfutterzuteilung sollte sich nach der berechneten Kraftfutterzuteilungstabelle und der Körperkondition des Tieres richten. Zum Beispiel sollten fette Tiere nach dem 200 Laktationstag weniger bzw. kein Kraftfutter bekommen, um das Ketoserisiko zu minimieren und gleichzeitig Kosten zu sparen. Häufig wird gegen Ende der Laktation zu viel Kraftfutter gefüttert. Eine hohe Kraftfuttergabe am Ende der Laktation erhöht nicht die Milchleistung, sondern lässt die Tiere verfetten.

Hohe Futterreste sind in diesem System immer wieder anzutreffen und werden häufig in deren Bedeutung unterschätzt. Durch die verminderte Kraftfuttermenge geht einerseits Milchleistung verloren, andererseits wird auch die Energieversorgung des Tieres reduziert. Das kann in weiterer Folge zu Fruchtbarkeitsproblemen und Ketosen führen. Ein guter Indikator dafür ist der Futterrest pro Kuh und Tag. Grundsätzlich sollte es kaum Futterreste geben (‹ 0,3 kg pro Kuh und Tag). Durch das Ablesen der Transponderdaten kann der individuelle Futterrest ermittelt werden. Futterreste über 1 kg müssen kritisch hinterfragt werden.

Gründe für erhöhte Futterrestmengen bei Transponderfütterung:

- Klauenprobleme
- Brunst
- Überbelegung
- Kuh verweigert den Transponder (vor allem bei Jungkühen)
- Stoffwechselprobleme
- Schlechter gesundheitlicher Zustand
- Kühe werden von ranghöheren Tieren aus dem Transponder getrieben
- Zu geringe Schmackhaftigkeit (tritt evtl. bei der Beimischung von Propylenglykol auf)
- Schlechte Troghygiene

Das sollte jeder Kraftfutterautomat haben

Jeder Kraftfutterautomat sollte Türen haben, welche sich beim Betreten einer Kuh automatisch schließen. Andernfalls werden dominante Tiere ständig versuchen, ihre Kolleginnen aus der Transponderstation zu vertreiben, um das anfallende Kraftfutter „stehlen" zu können. Das bringt Unruhe und macht ein gezieltes Füttern unmöglich. Wird das gesamte Kraftfutter über den Transponder gefüttert, werden unbedingt zwei Futtersorten benötigt. Mit nur einer Kraftfuttersorte muss man in der Rationsgestaltung immer einen Kompromiss machen, da Frischmelker andere fütterungstechnische Bedürfnisse haben als Altmelker. Zusätzlich ergibt sich der Nachteil, dass bei einem Grundfutterwechsel das Kraftfutter nicht sofort angepasst werden kann.

Ein Mineralstoffdosierer macht grundsätzlich Sinn, jedoch rutscht das Mineralfutter aufgrund von Kondensation im Behälter nicht immer gut nach. Das Füttern von pelletiertem Mineralfutter schafft dem zwar Abhilfe, jedoch ist meist die Qualität von diesen Mineralstoffmischungen minderwertig.

Der Einbau eines Flüssigdosierers ist zielführend, wenn der Landwirt Propylenglykol nicht händisch eingeben möchte. Wird Propylenglykol am Transponder gefüttert, muss die Akzeptanz der Tiere beobachtet werden. Manchmal führt die Beimischung von Propylenglykol zu einer verminderten Kraftfutteraufnahme.

Transponder MIT Mischwagen bzw. Fütterungsroboter

Man spricht von einer aufgewerteten Grundfutterration (AGR), wenn Kraftfutter in den Mischwagen bzw. Fütterungsroboter gegeben wird und gleichzeitig händisch oder am Transponder Kraftfutter ergänzt wird. Grundsätzlich sollte immer ein gewisser prozentueller Anteil des Kraftfutters in den Mischwagen oder Fütterungsroboter kommen. Voraussetzung ist dabei natürlich, dass die Trockensteher nicht in derselben Herde mitlaufen. Wäre dies der Fall, liegt die absolute Obergrenze bei 1,5 kg Kraftfutter pro Tier und Tag, welche in den Mischwagen bzw. Fütterungsroboter eingemischt werden sollten.

Die Vorteile einer AGR liegen darin, dass der Pansen pH-Wert durch die gleichzeitige Aufnahme von Grund- und Kraftfutter stabilisiert wird. Zusätzlich bringt die Schmackhaftigkeit des Kraftfutters häufig eine gesteigerte Trockenmasseaufnahme mit sich. Das verbessert die Kuhgesundheit und kann zu einem Anstieg der Milchleistung und des Milchfettgehalts führen.

Die richtige Auswahl des Kraftfutters

Auf die Frage, welches Kraftfutter in den Mischwagen bzw. Fütterungsroboter kommen soll, kann aufgrund der variablen Grundfutterverhältnisse keine allgemein gültige Antwort gegeben werden. Grundsätzlich muss es aber immer das Ziel sein, die Grundration eiweißlastig zu gestalten. Vorteilhaft ist es, sich ein System mit zwei Kraftfuttersorten für den Mischwagen bzw. Fütterungsroboter anzuschaffen. Vor allem bei einem Grundfutterwechsel ist man sonst zu unflexibel in der Rationsgestaltung.

Ob ein idealer Ausgleich des Grundfutters gelungen ist, wird am LKV-Bericht ersichtlich. Die dort enthaltene Tabelle „Fütterung und Stoffwechsel" zeigt unter anderem den Harnstoffverlauf der Leistungsgruppen. Wenn der Harnstoffgehalt kontinuierlich im Laufe der Laktation ansteigt, wurde der Rohproteingehalt in der Mischration richtig eingestellt. In den meisten Fällen genügt eine mittlere Energiedichte beim Kraftfutter, welches in den Mischwagen bzw. Fütterungsroboter kommt. Das reduziert die Kosten und verringert das Risiko, dass die Altmelker verfetten. Das Kraftfutter selbst muss unbedingt fein vermahlen sein. Gequetschtes oder pelletiertes Futter ist nicht optimal. Wie viel Kraftfutter in den Mischwagen bzw. Fütterungsroboter gegeben wird, hängt von der Milchleistung sowie der Persistenz der Tiere ab. Grundsätzlich gilt, je mehr vom Kraftfutteranteil in den Mischwagen bzw. Fütterungsroboter gegeben wird, desto pansenverträglicher wird die Ration. Gleichzeitig steigen aber auch die Anforderungen an die Kühe und den Tierhalter. Denn die Tiere sollten auf keinen Fall verfetten. Das bedarf wiederum einer sehr guten Genetik der Tiere – durch gezielte Selektion wird die Herde einheitlich; das braucht allerdings Zeit – sowie einem extrem guten Fruchtbarkeitsmanagement. Selbst bei bester Genetik verfettet eine Kuh mit über 400 Laktationstagen, wenn diese beispielsweise 9 kg Kraftfutter über die Mischration frisst. Die Kraftfuttermenge muss also betriebsindividuell festgelegt werden. Als Leistungsfutter für den Transponder sollte ein hochwertiges Kraftfutter mit mehr als 7,2 MJ/NEL eingesetzt werden, um die Frischmelker bestmöglich zu versorgen. Der Rohproteingehalt dieses Futtermittels sollte 18 % XP nicht übersteigen. Gute Erfahrungen aus der Praxis gibt es mit Hochleistungsrationen, wenn die Ration im Mischwagen bzw. Fütterungsroboter stark aufgewertet wird und nur mehr 3 kg Kraftfutter am Transponder gefüttert werden.

Mischwagen oder Fütterungsroboter ohne Transponder

Bei diesem System wird die gesamte Kraftfuttermenge in den Mischwagen bzw. Fütterungsroboter gegeben. Somit frisst jede Kuh dieselbe Ration. Natürlich ergeben sich trotzdem Unterschiede in der Nährstoffaufnahme, da Frischmelker bis zu 28 kg TM pro Tag fressen, während Altmelker nur etwa 21 kg TM pro Tag zu sich nehmen. Die Kunst bei diesem System ist es, zwei grundsätzlich kontroverse Faktoren miteinander zu vereinen. Einerseits muss die Ration eine hohe Energiedichte aufweisen, damit die Frischmelker optimal versorgt und wieder rasch trächtig werden, andererseits dürfen die Altmelker auf keinen Fall verfetten. Eine Unterteilung in zwei Leistungsgruppen (Frischmelker und Altmelker) erleichtert diese Anforderung. Dann werden zum Beispiel 10 kg Kraftfutter pro Tier und Tag in Gruppe 1 (Frischmelker) gefüttert und in Gruppe 2 (Altmelker) wird das Kraftfutter auf 6 kg pro Tier und Tag reduziert. (Hierbei handelt es sich um keine grundsätzliche Empfehlung, sondern nur um ein mögliches Beispiel!). Die Unterteilung in zwei Gruppen ist sinnvoll, jedoch in der Regel erst ab Herdengrößen über 100 Kühen praktisch durchführbar. Da wir in Österreich meist deutlich kleinere Herden vorfinden, ist dieses System in der Praxis kaum anzutreffen. Werden die Tiere in einer Gruppe gehalten, stellt diese Situation hohe Anforderungen an die Genetik der Kühe sowie an den Tierhalter. Die Tiere müssen extrem einheitlich sein und eine hohe Persistenz aufweisen. Vor allem beim Füttern einer TMR sollte der Harnstoffgehalt in der Milch nicht unter 20 mg/dl absinken. Die Ausnahme stellen Rationen dar, in denen mit geschützten Aminosäuren gearbeitet wird. Ein zu niedriger Milchharnstoffgehalt bei den Altmelkern erhöht die Gefahr der Verfettung und führt relativ rasch zum Absinken der Milchleistung. Um die Proteingehalte schnell ausgleichen zu können, sollten deshalb mindestens zwei Kraftfuttersorten zur Auswahl stehen. Harnstoffgehalte über 30 mg/dl haben negative Folgen auf die Tiergesundheit.

In weiterer Folge muss das Fruchtbarkeitsmanagement am Betrieb sehr gut funktionieren. Ab dem 300. Laktationstag sinkt selbst bei bester Genetik die Milchmenge stark ab (Ausnahmen bestätigen die Regel). Deshalb ist die erfolgreiche Umsetzung einer totalen Mischration die Königsklasse der Fütterung. Einige Betriebe haben in den vergangenen Jahren den Schritt zur TMR gewagt und viele sind davon wirklich begeistert. Folgende Vorteile sprechen für den Einsatz einer TMR: geringere Schwankungen im Pansen-pH-Wert, mehr Ruhe im Stall, verbesserte Persistenz und gesteigerte Futteraufnahme.

Stabilisierter pH-Wert im Pansen

Mit jedem Bissen nimmt die Kuh gleichzeitig Kraftfutter und Grundfutter auf. Das stabilisiert den pH-Wert im Pansen und wirkt sich somit positiv auf die Tiergesundheit (vor allem Klauengesundheit) aus. Dadurch kann es zu einem Anstieg der Milchleistung sowie dem Milchfettgehalt kommen.

Mehr Ruhe im Stall

Da die Tiere nicht mehr zum Transponder gehen, herrscht viel mehr Ruhe. Das reduziert den Stress der Kühe und es kommt zu längeren Liegezeiten (sofern die Liegeboxenqualität in Ordnung ist). Das wiederum fördert die Tiergesundheit und die Milchproduktion.

Steigerung der Persistenz

Die grundsätzlich hohen Kraftfuttermengen gegen Ende der Laktation können bei einer gut eingestellten Ration in Kombination mit einer hohen genetischen Persistenz zu einer extrem flachen Laktationskurve führen.

Steigerung der Futteraufnahme

Der hohe Kraftfutteranteil wirkt sich generell positiv auf die Schmackhaftigkeit und somit auf die Futteraufnahme aus. Natürlich müssen aber viele weitere Faktoren bezüglich Futteraufnahme berücksichtigt werden.

Fütterung mit dem Melkroboter

Melkroboter nehmen immer mehr an Bedeutung zu und sind für viele Betriebe nicht mehr wegzudenken. Damit das Melken der Tiere bestmöglich funktioniert, gilt es bei der Fütterung sowie dem Management einiges zu bedenken. Sollte ein Betrieb mit dem Gedanken spielen, sich einen Melkroboter anzuschaffen, muss vorab genau durchdacht werden, ob ein freier oder ein gelenkter Kuhverkehr von Vorteil ist.

Ein **freier Kuhverkehr** bedeutet, dass die Tiere fressen, saufen und melken können, wann immer sie wollen. Dieses System bietet den Tieren einen hohen Tierkomfort, weil sich diese stressfrei im gesamten Stall bewegen können. Bei Altmelkern, Problemkühen sowie bei Überbelegungen kann es jedoch sein, dass mehrere Tiere tagtäglich zum Roboter getrieben werden müssen. Das bedeutet einen erheblichen Zeitaufwand und mindert die Vorteile des Melkroboters.

Beim **gelenkten Kuhverkehr** befinden sich im Stall Selektionstore, durch jene die Kühe zwar in die eine Richtung ungehindert gehen können, aber von dort aus nur mehr über einen bestimmten Weg zurückkommen. In der Regel gelangen die Tiere ohne Einschränkung nach dem Melken in den Liegeboxenbereich. Wenn die Kühe anschließend wieder fressen wollen, müssen diese über ein Tor hindurch zum Futtertisch gehen. Die Kuh kommt in diesem Fall nur über den Weg zum Roboter erneut zum Liegeboxenbereich zurück. Der Vorteil an diesem System sind die häufigen Roboterbesuche, welche sehr geringe Kraftfuttergaben (‹ 2 kg pro Tier und Tag) ermöglichen. Der Nachteil liegt darin, dass die Kühe in ihrer Bewegungsfreiheit eingeschränkt sind.

So oft sollten die Kühe gemolken werden

Die gewünschten durchschnittlichen Melkungen sind abhängig von der produzierten Milchmenge. Als Richtwert gelten hierfür 10 l pro Melkung. Wenn ein Betrieb beispielsweise einen Tagesdurchschnitt von 30 l Milch pro Kuh hat, sollten die Kühe im Schnitt drei Melkungen pro Tag erreichen. Liegt der Wert darunter, müssen mögliche Ursachen analysiert werden. Die häufigsten Problemfelder sind: Klauenprobleme, Schmackhaftigkeit des Kraftfutters, Einsatz von Propylenglykol, stark aufgewertete Grundfutterration, Altmelker, Krankheiten, Platzierung des Melkroboters, Überbelegung.

Kühe mit Klauenproblemen: Lahme Tiere liegen vermehrt und gehen weniger oft fressen bzw. melken. Betroffene Tiere müssen unverzüglich behandelt werden. Sind mehrere Tiere lahm, müssen mögliche Faktoren kritisch hinterfragt werden. Mehr dazu finden Sie im Kapitel „Wichtigste Controllingpunkte – Beurteilung der Klauengesundheit".

Kraftfutter mit geringer Schmackhaftigkeit: Kraftfutter, das im Melkroboter eingesetzt wird, sollte einen hohen Getreideanteil aufweisen. Körnermais sollte zu einem Anteil von mindestens 25 % im Futter eingemischt sein. Der Energiegehalt ist ein guter Indikator dafür. Das Futter sollte einen Energiegehalt von 7,1 MJ NEL überschreiten. Industrielle Nebenprodukte, wie z. B. Getreideschlempe oder Weizenkleie, aber auch Futterharnstoff verringern die Schmackhaftigkeit.

Propylenglykol mit geringer Schmackhaftigkeit: Propylenglykol kann über den Melkroboter dosiert werden. Es sollte unbedingt eine für Propylenglykol hohe Schmackhaftigkeit aufweisen. Die Akzeptanz der Tiere wird über die Zugabe von Glycerin sowie gewissen Aromastoffen gesteigert.

Stark aufgewertete Grundration: Je stärker die Mischwagenration mit Kraftfutter aufgewertet wird, desto uninteressanter ist das Kraftfutter am Roboter für die Kühe. Dadurch können die Melkbesuche pro Tag sinken. Vor allem hohe Körnermaismengen am Futtertisch (> 1.000 g beständige Stärke) führen zu einem starken Sättigungsgefühl bei den Tieren und reduzieren somit die Roboterbesuche.

Altmelker mit geringer Milchleistung: Teilweise fallen Altmelker auf unter 15 l Milch pro Tag ab. Diese Tiere haben einen sehr geringen Euterdruck und deshalb auch keinen Drang melken zu gehen.

Gesundheitliche Probleme: Stoffwechselprobleme, Infekte, Klauenprobleme und allfällige Belastungen des Tieres reduzieren natürlich ebenfalls die Roboterbesuche. Betroffene Tiere müssen unverzüglich behandelt werden.

Platzierung des Melkroboters: Dieser Punkt kann zwar im Nachhinein schwer verändert werden, dennoch hat die Platzierung des Melkroboters einen großen Einfluss auf die durchschnittlichen Melkintervalle. Der Roboter sollte im Stall möglichst zentral liegen und für alle Kühe über kurze Wege erreichbar sein.

Überbelegung am Roboter: Die Kuhanzahl pro Melkroboter muss ebenfalls berücksichtigt werden. Mit steigender Kuhanzahl sinken tendenziell die durchschnittlichen Melkungen.

Melkroboter OHNE Mischwagen oder Fütterungsroboter

Ohne automatische Fütterungssysteme wird die Grundfütterung einfacher und der Fokus auf die Ergänzungsfütterung im Melkroboter gelegt. Dabei sollten die

Kühe ständig Zugang zu Grundfutter wie Gras- oder Maissilage haben. Es hat sich bewährt, mehrmals täglich frisches Futter vorzulegen, um die Kühe zu motivieren, sich zu bewegen und den Melkroboter öfter zu besuchen. Dieses System bietet meist den Vorteil, dass die Tiere gerne melken gehen. Da die Grundration nicht mit Kraftfutter ausgeglichen werden kann, sollten am Roboter unbedingt zwei verschiedene Futtersorten installiert werden. Zusätzlich muss die Tatsache beachtet werden, dass pro Besuch maximal 1,5 kg Kraftfutter pro Kuh täglich gefüttert werden sollten. Kraftfuttermengen darüber hinaus führen tendenziell zu Azidosen. Wenn über 5 kg Kraftfutter gefüttert werden, sollte zusätzlich eine Transponderstation installiert werden. Hierbei hat es sich bewährt, einen Transponder zu kaufen, welcher mit dem Melkroboter synchronisiert ist.

Melkroboter MIT Mischwagen oder Fütterungsroboter

Die Grundration sollte über den Mischwagen bzw. Fütterungsroboter eiweißlastig ausgeglichen werden. Ob zusätzlich noch ein Transponder benötigt wird, hängt von der gewünschten Kraftfuttermenge, sowie der Herde ab. Wenn z. B. 10 kg Kraftfutter gefüttert werden sollen, müssen zumindest 5 kg Kraftfutter pro Tier und Tag in den Mischwagen kommen. Sollten sich die Trockensteher in derselben Herde befinden, oder die Fruchtbarkeit bzw. die Persistenz schlecht sein, sind 5 kg Kraftfutter im Mischwagen zu viel. In diesem Fall sollte weniger Kraftfutter in den Mischwagen gegeben werden und die zusätzlich benötigte Kraftfuttermenge über einen Transponder gefüttert werden. Sollte die Mischwagenration mit zwei Futtersorten ausgeglichen werden können, genügt meist eine Futtersorte am Melkroboter.

FÜTTERUNG UND KLAUENGESUNDHEIT

Die Fütterung hat einen großen Einfluss auf die Klauengesundheit. Vor allem, wenn durch Fütterungsfehler Endotoxine entstehen, leidet die Klauengesundheit. Diese Giftstoffe wandern übers Blut in die Lederhaut der Klaue und schädigen dort die Blutgefäße. Die Lederhaut hat die Aufgabe die Klaue mit Nährstoffen zu versorgen. Dadurch kommt es lokal zu einem Mangel an Nährstoffen und Klauenprobleme sind die Folge. Eine ausgewogene Ernährung kann dazu beitragen, Klauenerkrankungen zu verhindern, während Fehlfütterungen das Risiko von Problemen wie Klauenrehe, Mortellaro (Dermatitis digitalis) und Sohlengeschwüren erhöhen können. Besonders Zink, Biotin und Kupfer sollten in der Fütterung berücksichtigt werden, um eine optimale Hornqualität zu gewährleisten.

Häufige Ursachen für Klauenerkrankungen sind:

- Stoffwechselerkrankungen
- Stress, Hitzestress
- Abrupte Futterumstellungen
- Fehlgärungen, erhöhte Rohaschegehalte, erhöhte Mykotoxingehalte
- Überschuss von Nitrat, Clostridien, biogenen Aminen
- Mineralstoffmängel

MODERNES FORTPFLANZUNGS-MANAGEMENT IM MILCHVIEH-BETRIEB

Die Fruchtbarkeit zählt im Rahmen der Rinderhaltung zu den am meisten diskutierten Themen. Sie ist sowohl in der Mutterkuhhaltung wie auch in der Milchviehhaltung entscheidend für den ökonomischen Erfolg. Die Tatsache, dass Fruchtbarkeitsprobleme stets die Hauptabgangsursache auf Milchviehbetrieben sind, zeigt eindrücklich, wie brisant dieses Thema ist.

Gute Fruchtbarkeit ist die Voraussetzung für hohe Herdenleistungen. Die Lebensleistung der Kühe ist von der Anzahl der Laktationen und somit von der Fruchtbarkeit abhängig und vor allem der Zuchtfortschritt und die Erlöse aus dem Zuchtviehverkauf sind nur möglich, wenn ausreichend Tiere zur Selektion zur Verfügung stehen.

Aber auch die Eutergesundheit wird von der Fruchtbarkeitsleistung der Herde beeinflusst. Die Zellzahl steigt im Laufe der Laktation an, wodurch sich bei langen Zwischenkalbezeiten die Tankmilchzellzahl erhöht.

In vielen Betrieben wird die „Fruchtbarkeitsarbeit" auf die Brunstbeobachtung und die Besamung reduziert. Gute Fruchtbarkeit kann erarbeitet werden. Diese Arbeit umfasst jedoch viel mehr als nur Brunstbeobachtung und Besamung. Sie beginnt bei Kühen bereits vor der letzten Kalbung und muss auf die Bereiche Trockenstehzeit, Geburt, Nachgeburtsphase, Besamung und Befruchtung sowie auf die Tragzeit ausgedehnt werden.

GRUNDLAGEN DER FRUCHTBARKEIT

Anatomie und Funktion des weiblichen Genitaltrakts

Der Genitaltrakt des weiblichen Rindes kann in drei große Regionen eingeteilt werden:

1. Schamlippen, Scheidengewölbe und äußerer Muttermund
2. Muttermund (Gebärmutterhals, Cervix), Gebärmutterkörper, Gebärmutterhörner, Eileiter (inklusive Fimbrientrichter)
3. Eierstöcke mit ihren Funktionskörpern (Gelbkörper, Eibläschen, Zysten)

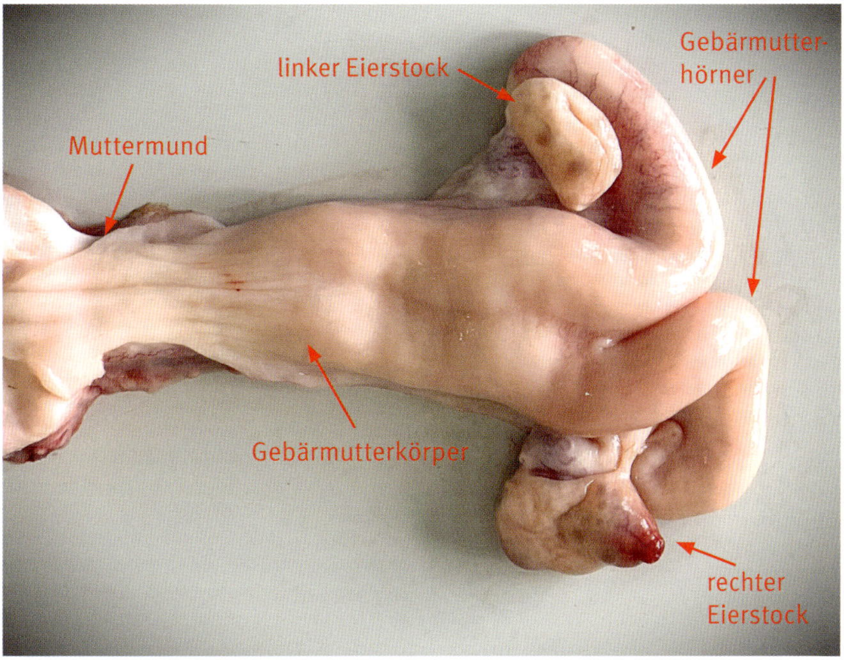

Der Genitaltrakt der Kuh © WP

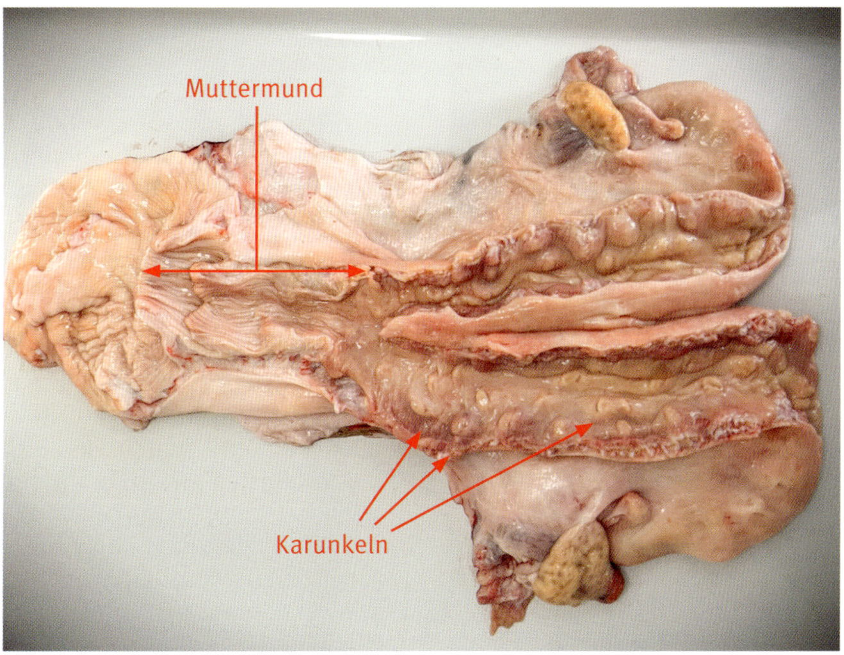

Der Genitaltrakt der Kuh – aufgeschnitten © WP

Äußere Genitale

Schamlippen, Scheidengewölbe und äußerer Muttermund stellen das äußere Genitale dar. Es kann von außen (Schamlippen) bzw. unter mithilfe eines Röhrenspekulums genau untersucht werden. Die Schamlippen stellen die erste Barriere dar, die das Eindringen von Schmutz und Keimen verhindert. Die Schamspalte sollte sich in einer vertikalen Linie befinden und keine Verletzungen aufweisen. Tiere mit anatomischen Fehlstellungen oder einem starken Gewichtsverlust weisen häufig eine Schrägstellung der Scham auf, wodurch Kot direkt auf oder sogar in die Scham gelangt und zu Entzündungen des Scheidengewölbes führt. Geburtsverletzungen in Form von Dammrissen verschlimmern diese Situation. Aber auch Narbenbildungen entlang der Scham ermöglichen Keimen ein leichteres Eindringen in den Vaginalraum.

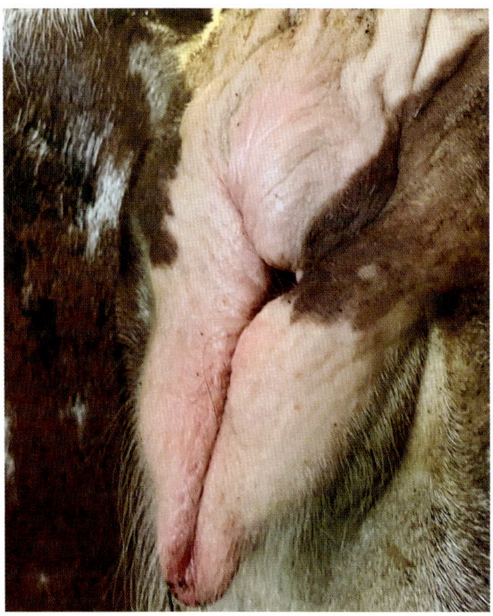

Die Narbenbildung nach einer Geburtsverletzung führt zu einem unvollständigen Verschluss der Schamspalte. © WP

Muttermund

Der Muttermund, auch Gebärmutterhals (Cervix) genannt, ist die Abgrenzung zum inneren Genitale und stellt eine noch bessere Barriere gegen das Eindringen von außen dar. Beim gesunden erwachsenen Rind ist sie je nach Alter des Tieres zwischen 6 cm (Kalbinnen) und 15 cm (ältere Kühe) lang und hat einen Durchmesser von 3 bis 5 cm. Zwischen den Brunsten und während der Trächtigkeit ist die Cervix verengt und durch einen zähen Schleimpfropf verschlossen. Der Muttermund selbst ist an seiner Innenseite mit Querfalten ausgestattet, was vor allem bei Kalbinnen das Einführen der Besamungspistole erschweren kann.

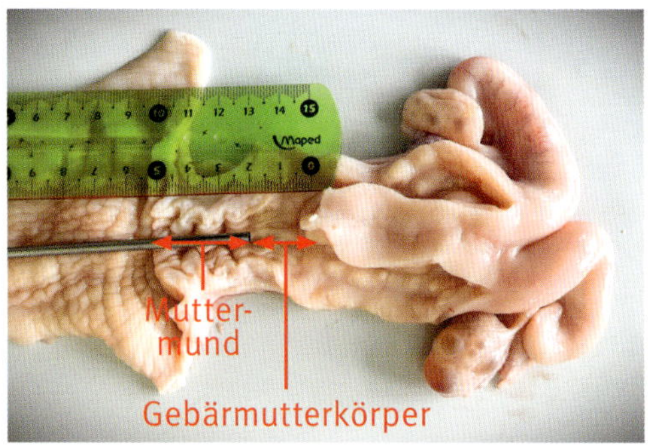

Querfalten im Muttermund; der Gebärmutterkörper ist sehr kurz. © WP

Während der Brunst öffnet sich die Cervix und Schleim aus der Gebärmutter kann abfließen. In dieser Phase ist die Abwehrbereitschaft der Gebärmutter aufgrund hormoneller Veränderungen (Östrogen) deutlich erhöht. Außerdem wirkt der Schleimabfluss nach außen einem Eindringen von Erregern entgegen. Während dieser Zeit ist auch das Einführen einer Besamungspistole wesentlich leichter, da die zusammengezogene (kontrahierte) Cervix am Beckenboden gut zu fühlen und fixieren ist und das Besamungsgerät problemlos in die Gebärmutter gleitet. Beim Natursprung (Stier) wird Sperma nur in den Scheidenraum gebracht und die Spermien müssen ihren Weg „stromaufwärts" aktiv durch den Muttermund in die Gebärmutter und weiter in den Eileiter finden.

Im Zuge der Geburt kommt es zu einem völligen Aufweichen des Cervixgewebes, wodurch dieses extrem dehnbar wird. Die Öffnung des Muttermundes ist allerdings ein passiver Vorgang. Das bedeutet, dass die weiche Cervix durch die, von der Gebärmutter nach hinten gepresste Fruchtblase und das Kalb aufgedehnt wird. Kommt es durch eine Wehenschwäche oder eine Gebärmutterdrehung nicht zu einer Austreibung des Kalbes, öffnet sich der Muttermund kaum. Wird diese Phase in der Geburtshilfe übersehen, verfestigt sich das Gewebe wieder und eine spätere Aufweitung ist kaum mehr möglich, sodass nur noch ein Kaiserschnitt möglich ist. Neben dieser zu spät erkannten Geburt stellt aber vor allem die zu früh eingeleitete Geburtshilfe Gefahren dar. Wird das Kalb zu rasch aus der Gebärmutter gezogen, führt eine unvollständige Eröffnung des Muttermundes meist zu Verletzungen und Einrissen. Diese haben neben möglichen Blutungen vor allem eine spätere Narbenbildung zur Folge. Diese Vernarbungen sind infolge für einen unvollständigen Verschluss des Muttermundes verantwortlich. Dadurch kann es auch in der Zwischenbrunst oder während der Trächtigkeit zum Eindringen von Keimen in die Gebärmutter kommen. Die Folge sind dann Gebärmutterentzündungen oder sogar Aborte.

Gebärmutter

Die Gebärmutter wird auch in die Bereiche **Gebärmutterkörper** und **Gebärmutterhörner** unterteilt. Dabei stellt der Gebärmutterkörper den Abschnitt vom inneren Muttermund bis zur Aufteilung in die beiden Hörner dar. Dabei ist es wichtig zu wissen, dass diese Aufteilungsstelle von außen nicht tastbar ist und bereits wenige Zentimeter vor dem Muttermund beginnt. Somit kann es passieren, dass bei zu weit eingeführter Besamungspistole, das Sperma nur in einem Gebärmutterhorn landet.

Im vorderen Teil der Gebärmutter sind die beiden Hörner gut abzugrenzen. Diese sind widderhornartig nach unten eingerollt. Durch diese anatomische Besonderheit muss jeder Inhalt der Gebärmutter durch aktive Kontraktionen der Gebärmutterwand gegen die Schwerkraft nach außen befördert werden. Dies spielt sowohl bei der Geburt eines Kalbes wie auch später bei der Reinigung in der Nachgeburtsphase eine große Rolle.

Eileiter und Eierstöcke

Die Spitzen der Gebärmutterhörner gehen in die beiden **Eileiter** über, die sehr feine, schlauchförmige Organe sind und mit ihren Fimbrientrichtern bis zu den Eierstöcken reichen. Beim Eisprung werden die Eier dann vom Fimbrientrichter aufgefangen und gelangen bis zu einer kleinen Erweiterung des Eileiters, der sogenannten Ampulle. Dort findet dann auch die Befruchtung durch die Samenzelle statt, ehe das befruchtete Ei weiter in das entsprechende Gebärmutterhorn absteigt.

Die beiden **Eierstöcke** des Rindes befinden sich in der Nähe der Gebärmutterhornspitzen und sind bei der rektalen Untersuchung nach einiger Übung auch gut zu tasten und zu beurteilen. Die Eierstöcke sind das Reservoir aller, bereits bei der Geburt des weiblichen Rindes vorhandenen, Eizellen. Diese befinden sich in mikroskopisch kleinen Eibläschen. Im Laufe der Pubertät kommt es unter hormonellem Einfluss zum wellenförmigen Heranwachsen mehrerer

Eibläschen. Aus dieser Welle entwickelt sich dann meist nur ein Eibläschen zum sprungreifen Follikel (Eiblase) mit einer Größe von rund 2 cm, während die übrigen Eizellen absterben. Diese großen Follikel sind für die Bildung des Hormons Östrogen verantwortlich, das unter anderem auch für die Brunsterscheinungen sorgt. Findet nun ein Eisprung statt, so gelangt die Eizelle, wie bereits beschrieben über den Fimbrientrichter in den Eileiter, um dort befruchtet zu werden. Am Eierstock kommt es in den nächsten Tagen an der Ovulationsstelle zur Ausbildung des sogenannten Gelbkörpers, der für die Bildung des Hormons Progesteron verantwortlich ist. Progesteron ist auch unter dem Namen „Trächtigkeitshormon“ bekannt.

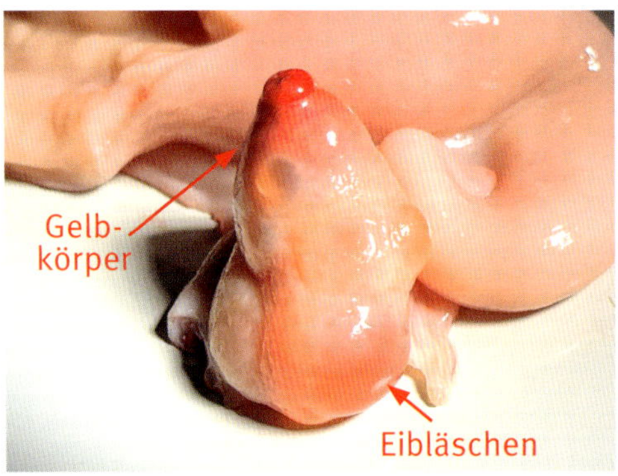

Eierstock mit den Funktionskörpern „Eibläschen“ und „Gelbkörper“ © WP

Wegen hormoneller Störungen kann der **Eisprung** auch ausbleiben. In diesem Fall sind zwei Szenarien möglich. Einerseits werden immer neue Eibläschen herangebildet, die dann absterben. Die Eierstöcke zeigen dabei permanent das Bild einer beginnenden Brunst und durch den Östrogeneinfluss der Eibläschen kommt es auch äußerlich zu brunstähnlichen Erscheinungen in Form einer etwas geschwollenen, feuchten Scham. Andererseits kann es auch zum Weiterwachsen der Eiblasen kommen. Ab einer Größe von 2,5 cm Durchmesser sprechen wir dann von einer Follikelzyste. Diese Zysten sind hormonell sehr aktiv und führen bei längerem Bestehen zu einer starken Dauerbrunst („wildes Stieren“). Neben den dünnwandigen Follikelzysten sind am Eierstock auch dickwandige Zysten möglich, die aus progesteronbildenden Zellen bestehen und als Gelbkörperzysten bezeichnet werden.

Hormonelle Zusammenhänge im Fruchtbarkeitsgeschehen

Um den Einfluss von Fütterung, Entzündungen oder Stress auf die Fruchtbarkeit zu verstehen, ist es wichtig, zunächst die wesentlichen hormonellen Zusammenhänge in der Fortpflanzung von Kühen zu betrachten. Vereinfacht gibt es drei Ebenen, auf denen es über Hormonausschüttung und Rückkopplung zur Steuerung der Fruchtbarkeit kommt. Dabei liegen die übergeordneten Steuerbereiche Hypothalamus und Hypophyse im Gehirn, während Eierstöcke und Gebärmutter für die Hormonproduktion in der Peripherie (Außenbereich) verantwortlich sind.

Folgende fruchtbarkeitsrelevante Hormone werden in den jeweiligen Organen gebildet:

1. Hypothalamus:
   - GnRH (Gonadotropes Releasing-Hormon)
2. Hypophyse (Hirnanhangdrüse):
   - FSH (Follikel stimulierendes Hormon)
   - LH (Luteinisierungshormon)
3. Eierstock und Gebärmutter:
   - Gelbkörper: Progesteron
   - Eibläschen (Follikel): Östrogen
   - Gebärmutterwand: Prostaglandin

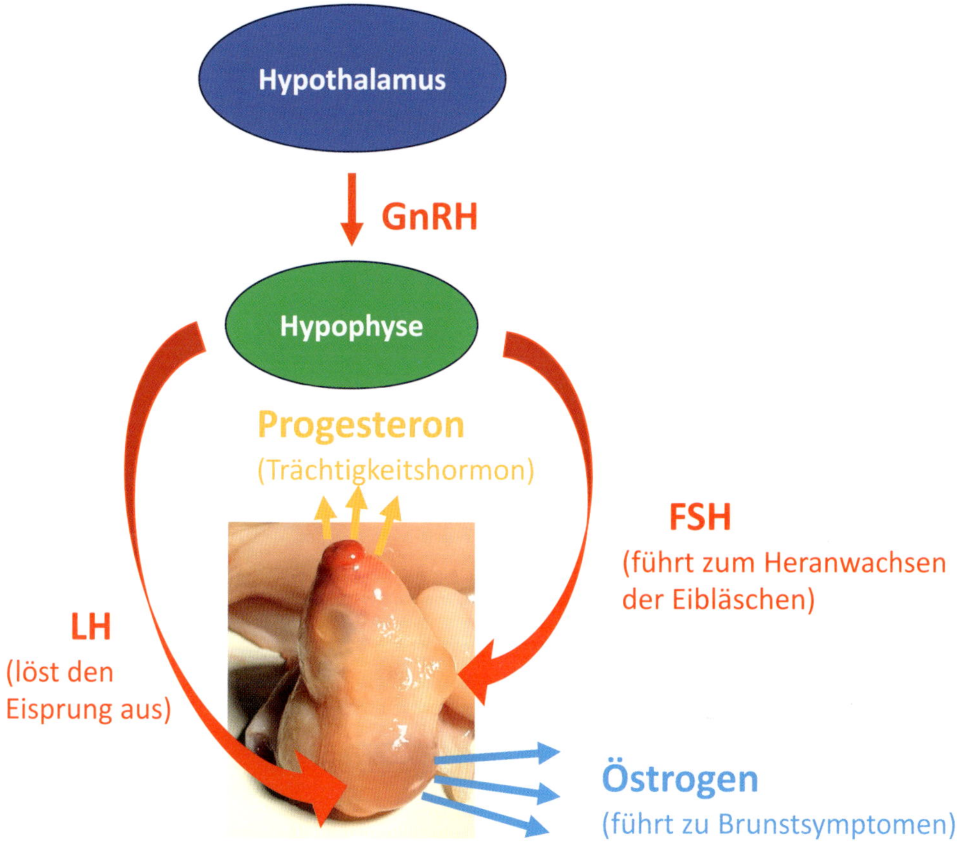

Hormonelles Zusammenspiel von Hypothalamus, Hypophyse und Eierstock © WP

Das Zusammenspiel der unterschiedlichen Hormone ist dabei weitestgehend für die Entstehung des Fruchtbarkeitszyklus beim weiblichen Rind verantwortlich. Dieser dauert im Durchschnitt 21 Tage, wobei Kalbinnen eher zu einem kürzeren Zyklus (19 Tage) neigen.

An der Spitze der hormonellen Steuerung steht der **Hypothalamus**, der mit seinem Hormon GnRH die Hypophysenhormone FSH und LH steuert. FSH und LH werden nach ihrer Freisetzung von der **Hypophyse** über die Blutbahn bis zu den Eierstöcken befördert. Dort hat FSH die Aufgabe für das Heranwachsen der Eibläschen bis zum sprungreifen Follikel zu sorgen. LH ist dann für die Auslösung des Eisprungs verantwortlich.

Am **Eierstock** sorgt FSH dafür, dass nun mehrere Eibläschen zu wachsen beginnen. Erreicht eines davon eine bestimmte Größe, hemmt es die anderen in ihrem Wachstum und wird so zum alleinigen, dominanten Follikel. Dieser produziert selbst ein Hormon, das Östrogen, welches für die Brunstsymptome verantwortlich ist. Unter dem Einfluss von Östrogen wird nun der Hypothalamus wieder stimuliert und sein Hormon, GnRH, signalisiert der Hypophyse LH auszuschütten. Dieses LH ist dann für den Eisprung (Ovulation) verantwortlich.

Nach der Ovulation beginnen sich am Eierstock neue Zellen zu bilden, die den **Gelbkörper** formen. Dieser produziert ebenfalls ein Hormon, das **Progesteron**. Progesteron ist das Trumpf-Ass unter den Hormonen, da es alle anderen in Schach hält. Obwohl gleich nach dem Eisprung unter dem Einfluss von FSH wieder neue Eibläschen zu wachsen beginnen und diese ebenfalls einen dominanten Follikel hervorbringen, verhindert Progesteron den Eisprung. Der dominante Follikel degeneriert und eine neue Welle von Eibläschen startet ihr Wachstum. So kann es innerhalb eines 21-Tage-Zyklus bis zu drei solcher Anläufe geben, bis wir einen neuerlichen Eisprung sehen. Auch das, vom dominanten Follikel produzierte Hormon Östrogen führt zu keinen deutlichen Brunstsymptomen, solange Progesteron wirksam ist.

Auch in der **Gebärmutter** läuft parallel zum Eierstock ein 21-Tage-Zyklus ab. So produziert die Schleimhaut während der Brunst unter Östrogeneinfluss den Brunstschleim. Nach der Ovulation kommt es zu einer Schleimhauterneuerung, wodurch wir das sogenannte „Abbluten" (ein bis zwei Tage nach der Brunst) sehen können. Die neue Schleimhaut ist nun bereit eine befruchtete Eizelle aufzunehmen und zu ernähren.

Nun gibt es zwei mögliche Szenarien: trächtig oder nicht trächtig.

Szenario **„nicht trächtig"**: Kommt es zu keiner Befruchtung oder stirbt die befruchtete Eizelle frühzeitig ab, bildet die Gebärmutter das Hormon Prostaglandin (PGF), welches als Jolly-Joker nun den Abbau des Gelbkörpers einleitet und somit auch die Progesteron-Produktion stoppt. Nun kann der nächste dominante Follikel wieder durch LH zum Eisprung gebracht werden, sein Östrogen führt zu Brunstsymptomen und ein neuer Zyklus beginnt.

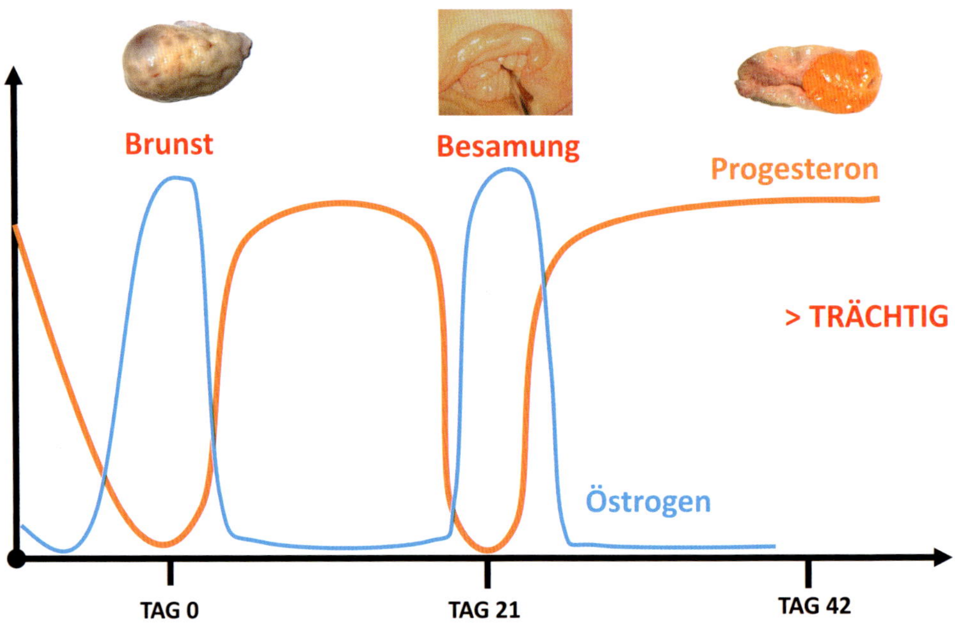

Zyklus der Hormone Östrogen und Progesteron. Sobald es zu einer Trächtigkeit kommt, bleibt der Gelbkörper bestehen und der Progesteronspiegel bleibt konstant hoch. © WP

Szenario „**trächtig**“: Falls es jedoch zu einer Trächtigkeit gekommen ist und die befruchtete Eizelle in der Gebärmutter zu einem Embryo heranwächst, wird kein PGF ausgeschüttet und der Gelbkörper mitsamt seiner Progesteron-Produktion bleiben bestehen. Wir sprechen nun von einem Trächtigkeits-Gelbkörper, der das oft zitierte „Trächtigkeitshormon“ (Progesteron) produziert.

Hormone benötigen zur Entstehung bestimmte Grundbausteine und unterliegen auch einem natürlichen Abbau im Stoffwechsel. Dabei sind vor allem die beiden Hauptakteure Östrogen und Progesteron von großer Bedeutung. Beide Hormone entstehen im Fettstoffwechsel über die Zwischenstufe des Cholesterins. Ihr Abbau erfolgt in der Leber und die Geschwindigkeit des Abbaus wird maßgeblich vom Leberblutfluss und von der Futteraufnahme beeinflusst. Bei hochleistenden Tieren mit hoher Futteraufnahme werden diese Hormone deutlich rascher abgebaut.

Hormonelle Beeinflussung der Fruchtbarkeit

Im Laufe der letzten Jahrzehnte hat das Wissen um die hormonellen Abläufe im Fruchtbarkeitsgeschehen dazu geführt, dass mit Hilfe synthetischer oder natürlicher Hormone Einfluss genommen wird.

Dabei sind es die vier Hormone PGF, GnRH, FSH und Progesteron, die heute in der Veterinärmedizin beim Rind hauptsächlich Verwendung finden.

Prostaglandin (PGF) wird eingesetzt, um einen Gelbkörper aufzulösen und seine Progesteron-Produktion zu beenden. In der Folge kann der nächste dominante Follikel zum Eisprung kommen und es folgt wenige Tage nach der PGF-Verabreichung eine Brunst.

Das **gonadotrope Releasing-Hormon (GnRH)** wirkt nach Injektion hauptsächlich auf die LH-Freisetzung aus der Hypophyse. Dieses LH ist dann in der Lage einen Eisprung auszulösen. Auf diese Weise findet es vor allem bei der Brunst als sogenannte „Eisprungspritze“ seine Anwendung. Aber auch bei komplexen Synchronisationsprogrammen wird GnRH eingesetzt.

Das **follikelstimulierende Hormon (FSH)** wird beim Embryotransfer verwendet, wo es über mehrere Tage zweimal täglich verabreicht wird. Dadurch werden beim Spendertier mehrere dominante Follikel gleichzeitig zur Reifung gebracht. Unter Einsatz von PGF und GnRH kommt es dann zum Eisprung bei mehreren Follikeln, sodass mehrere Eizellen befruchtet werden können.

Progesteron wird genutzt, um einen Gelbkörper zu simulieren. Dazu muss es über mehrere Tage in einer bestimmten Konzentration zugeführt werden. Dies kann über die Verabreichung von Tabletten oder den Einsatz eines vaginalen Implantats, einer sogenannten Spirale, erfolgen.

Dem Einsatz von Hormonen muss immer eine exakte Diagnose vorausgehen und die Wirksamkeit hängt neben der korrekten Anwendung auch von anderen Faktoren wie Umwelt und Fütterung ab. In Österreich ist der Einsatz der meisten Hormone nur durch den Tierarzt erlaubt.

Fruchtbarkeitskennzahlen und nützliche Grenzwerte

Zur Bewertung der Fruchtbarkeit einer Herde werden verschiedene Daten herangezogen und in Computerprogrammen ausgewertet. Um diese Zahlen auch richtig interpretieren zu können, ist es wichtig zu verstehen, wie diese Werte definiert sind und welche Kühe in die Auswertung einbezogen werden.

Der Zeitraum zwischen zwei aufeinanderfolgenden Kalbungen wird als **Zwischenkalbezeit (ZKZ)** bezeichnet. Diese kann in zwei Abschnitte unterteilt werden, wobei die Zeit bis zum Tragendwerden als **Güstzeit (GZ)** oder auch **Serviceperiode (SP)** bezeichnet wird und sich daran die Trächtigkeit anschließt.

Die Güstzeit selbst besteht aus der **Rastzeit (RZ)** und der **Verzögerungszeit (VZ)**. Dabei beschreibt der Begriff der Rastzeit die Zeitspanne von der Kalbung bis zur ersten Besamung. Unter Verzögerungszeit versteht man die Zeit von der ersten bis zur erfolgreichen Besamung. Sie beträgt im Idealfall null Tage, nämlich dann, wenn das Tier bereits mit der ersten Besamung tragend wird.

Bei der Rastzeit kennen wir noch den Begriff der „freiwilligen Rastzeit". Das ist jener Zeitraum ab der Geburt, in dem der Tierhalter freiwillig auf eine Belegung verzichtet, um eine Kuh nicht zu früh tragend zu bekommen und dadurch die Laktation zu verkürzen. Nach dem Ende der freiwilligen Rastzeit werden Brunsten zur Besamung genutzt. Im Idealfall sollten alle Kühe somit innerhalb der ersten drei Wochen nach Ende der freiwilligen Rastzeit besamt werden.

Zwischenkalbezeit

Die Zwischenkalbezeit wird stets als eine der wichtigsten Zahlen im Fruchtbarkeitsgeschehen gehandelt. Dabei ist jedoch zu beachten, dass gerade dieser Wert keinen Aufschluss über die aktuelle Fruchtbarkeit gibt.

Die Berechnung dieses Wertes auf Herdenbasis bedeutet, alle Abkalbungen des abgelaufenen Jahres zu betrachten und die Zeitspanne zur davor erfolgten Kalbung zu errechnen. Vor allem bei schlechter Fruchtbarkeit und einer daraus resultierenden langen Zwischenkalbezeit bedeutet das, dass es notwendig ist, zum Teil über zwei Jahre zurückschauen müssen. Die Ursachen, die damals zur Verlängerung der Zwischenkalbezeit geführt haben, sind damit kaum noch zu finden und spielen in den meisten Fällen zum jetzigen Zeitpunkt keine Rolle mehr.

Ein weiterer Aspekt, der bei der Beurteilung der Zwischenkalbezeit nicht übersehen werden darf, ist die Auswahl der Tiere, die in die Berechnung mit einbezogen werden. Da es sich um die Zeit zwischen zwei tatsächlich erfolgten Kalbungen handelt, scheinen nur jene Tiere auf, die auch tragend geworden sind. Kühe, die nach erfolglosen Besamungsversuchen abgemolken und nicht mehr besamt werden, sind nicht in dieser Berechnung enthalten. Daher muss bei der Bewertung der Zwischenkalbezeit immer auch die Zahl der Schlachtkühe, deren Abgangsursache Unfruchtbarkeit war, mit beurteilt werden.

Gerade beim Vergleich der Zwischenkalbezeiten entsteht oft der Eindruck, dass Herden mit höherer Milchleistung eine schlechtere Fruchtbarkeit aufweisen. Dabei ist zu beachten, dass Kühe mit hoher Leistung auch am 150. Laktationstag noch 40 l Milch geben können und damit eine Nachbesamung noch wirtschaftlich sinnvoll ist, während Tiere mit niedriger Leistung zu diesem Zeitpunkt keine neuerliche Chance mehr erhalten. Damit erhöht sich automatisch die Zwischenkalbezeit in Hochleistungsherden gegenüber Herden mit geringerer Milchmenge.

Bei der Betrachtung des Grenzwertes für die Zwischenkalbezeit sind verschiedene Aspekte zu berücksichtigen. Die früher propagierten 365 Tage Zwischenkalbezeit, also jedes Jahr ein gesundes Kalb, gilt nach wie vor als Zielwert. Dennoch kann aus betriebswirtschaftlicher Sicht davon ausgegangen werden, dass bei steigender Milchleistung auch längere Zwischenkalbezeiten tolerierbar sind. Abhängig vom Wert des Kalbes und der momentanen Marktsituation bei Milch und Zuchtvieh, ist zum Teil eine längere Laktationsdauer sogar von Vorteil.

Problematisch kann es bei der Beurteilung der durchschnittlichen Zwischenkalbezeit in kleinen und mittleren Herden werden, wenn die einzelnen Werte nicht entsprechend einer Normalverteilung um den Mittelwert gestreut sind. So können einzelne Tiere mit sehr langer Zwischenkalbezeit den Durchschnitt einer an sich fruchtbaren Herde stark negativ beeinflussen. Aus diesem Grund ist es sinnvoll, zusätzlich zum Durchschnittswert auch den Prozentsatz von Tieren zu beurteilen, deren Zwischenkalbezeit über 420 Tagen liegt.

Güstzeit oder Serviceperiode

Die Periode von der Kalbung bis zur erfolgreichen Besamung ist jener Teil der Zwischenkalbezeit, der am einfachsten zu beeinflussen ist. Der Zielwert für die Güstzeit lässt sich aus der gewünschten Zwischenkalbezeit berechnen, indem Sie die Trächtigkeitsdauer von der Zwischenkalbezeit abziehen. Somit kommt es bei einer Zwischenkalbezeit von 365 Tagen zu einer geplanten Güstzeit von 80 Tagen, sofern Sie eine durchschnittliche Trächtigkeitsdauer von 285 Tagen annehmen (80 Tage GZ + 285 Tage Tragzeit = 365 Tage ZKZ).

Somit ist die Güstzeit auch als Fruchtbarkeitskennzahl im aktuellen Fruchtbarkeitsgeschehen gut nutzbar. So können Sie von allen Kühen, die bereits wieder sicher trächtig sind, die „erwartete Zwischenkalbezeit" berechnen. Dazu addieren Sie die Trächtigkeitsdauer von 285 Tagen zur Güstzeit.

In den Daten des Leistungskontrollverbandes finden Sie in der Rubrik „Betriebsdatenübersicht und Fruchtbarkeit" bei jeder bereits besamten Kuh auch die Rastzeit (RAST oder RZ) und die Serviceperiode (SP)

Betriebsdatenübersicht und Fruchtbarkeit

Rastzeit → Eka/Zkz Rast/SP; Serviceperiode → Rast/SP

Tier Nr. R	Name Lebensnummer	Lakt. Eka/Zkz	Abk.dat. Rast/SP	Erwartete ZKZ	Gzw	R	M-kg Mbk	lfd. Laktation Standardlaktation				
1	THERESA	2	06.08.23		13	FL	26,0	256	7.919	4,71	4,04	693
		353	65/161	161 + 285 = 446 Tage			2,08					
2	SUSANNE	8	11.02.24		15	FL	28,6	67	1.374	4,00	4,45	116
		331	56/56	56 + 285 = 341 Tage	5		2,94					
3	GERMANIA	1	20.01.24		13	FL	27,6	89	2.538	3,62	3,55	182
		28 Mo.	51/51	51 + 285 = 336 Tage			2,15					
5	BERLIN	6	15.10.23		13	FL	34,6	186	8.209	3,46	3,49	571
		391	41/106	106 + 285 = 391 Tage			2,79					
6	KARIBIK	3	13.07.23		13	FL	28,6	280	9.758	3,66	3,60	709
		384	43/186	186 + 285 = 471 Tage			2,45					
7	ROMY	1	24.03.23		22	FL	T	328	8.251	3,84	3,47	603
		26 Mo.	111/111	111 + 285 = 396 Tage	5		2,33	305	7.855	3,75	3,45	566
8	EISPRINZESSI	4	24.12.23		13	FL	35,0	116	4.634	3,71	3,51	335
		434	36/111	111 + 285 = 396 Tage			2,66					
9	TESA	4	31.12.23			JE	20,6	109	2.747	6,23	4,27	289
		328	44/44	44 + 285 = 329 Tage			2,02					

Aus der Serviceperiode (LKV-Tagesbericht) lässt sich rasch die erwartete Zwischenkalbezeit errechnen.
© WP

einzeln aufgeführt. Der Blick auf die einzelnen Serviceperioden verschafft beinahe monatlich einen Überblick über die momentane Fruchtbarkeitssituation und die erwartete Zwischenkalbezeit. Ein Wert von 80 Tagen bedeutet dabei genau 365 Tage erwartete Zwischenkalbezeit.

Rastzeit

Die Rastzeit ist im Fruchtbarkeitsgeschehen der Wert, den der Tierhalter selbst am stärksten beeinflussen kann. Nach unten gibt es eine natürliche Grenze. Diese wird von der physiologischen Regenerationsphase der Gebärmutter bestimmt und beträgt in etwa 30 Tage. Davor ist eine Besamung kaum erfolgreich.

Jeder Betrieb sollte einen Wert für die freiwillige Rastzeit definieren. Diese ergibt sich aus der gewünschten Zwischenkalbezeit und der zu erwartenden Verzögerungszeit. Wird eine Zwischenkalbezeit von 365 Tagen angestrebt und die Verzögerungszeit beträgt im Durchschnitt des Betriebes 20 Tage, dann muss die Rastzeit im Mittel 60 Tage betragen (60 Tage RZ + 20 Tage VZ + 285 Tage Trächtigkeit = 365 Tage ZKZ).

Um nun eine mittlere Rastzeit von 60 Tagen zu erreichen, müssen Sie auch die **Brunstnutzungsrate** (BNR) kennen. Diese Zahl gibt Auskunft, wie viele Brunsten erkannt werden. Läge diese bei 100 %, was in der Praxis nicht möglich ist, ist die freiwillige Rastzeit mit 50 Tagen festzulegen. Damit müssten alle Tiere zwischen Tag 50 und Tag 70 in Brunst gesehen und besamt werden, wodurch sich ein Mittelwert von 60 Tagen ergibt. Liegt die Brunstnutzungsrate unter 100 %, muss entsprechend früher mit der Besamung begonnen werden.

Berechnung der freiwilligen Rastzeit
Beispiel:
Rastzeit = freiwillige Rastzeit (FRZ) + unfreiwillige Rastzeit (URZ)
Die unfreiwillige Rastzeit wird von der Brunstnutzungsrate folgendermaßen beeinflusst:
URZ = (21/BNR) x 100 – 10,5
Damit gilt für die Berechnung der freiwilligen Rastzeit folgende Formel:
FRZ = RZ – [(21/BNR) x 100 – 10,5]
Sie wollen eine Rastzeit von 100 Tagen erreichen. Ihre Brunstnutzungsrate, also die Anzahl der richtig erkannten und zur Besamung genutzten Brunsten, liegt bei 70 %.
Damit lautet die Formel für die freiwillige Rastzeit:
FRZ = 100 – [(21/70) x 100 – 10,5] = 100 – [30 – 10,5] = 100 – 19,5 = 80,5 Tage
In diesem Fall müsste ab dem 80. Laktationstag mit der Besamung begonnen werden, um eine durchschnittliche Rastzeit von 100 Tagen zu erreichen.
Liegt die Brunstnutzungsrate allerdings nur bei 50 %, das bedeutet, dass Sie nur die Hälfte der möglichen Brunsten nutzen, dann ergibt sich:
FRZ = 100 – [(21/50) x 100 – 10,5] = 100 – [42 – 10,5] = 100 – 31,5 = 68,5 Tage
Das bedeutet, Sie müssen bereits mit 68 Tagen anfangen zu besamen, um dieselbe Rastzeit zu erreichen.

Brunstnutzungsrate

Die Brunstnutzungsrate beschreibt den Anteil der besamten Kühe innerhalb eines 21-Tage-Zyklus im Verhältnis zu allen Kühen, die innerhalb dieses Intervalls zu besamen gewesen wären. Haben etwa zu Beginn eines beliebigen 21-Tage-Intervalls zehn Kühe die freiwillige Rastzeit bereits überschritten und sind noch nicht trächtig, sollten alle innerhalb dieser drei Wochen in Brunst gesehen und belegt werden. Werden etwa nur sieben Tiere besamt, liegt die Brunstnutzungsrate bei 70 %.

Als praktische Hilfe können zu Beginn eines solchen Intervalls alle zu besamenden Tiere aufgeschrieben werden. Wird eine Kuh besamt, streichen Sie sie von der Liste. Am Ende der drei Wochen kann aus dem Verhältnis der durchgestrichenen Kühe zu allen ursprünglich aufgemerkten Tieren die Brunstnutzungsrate kalkuliert werden.

BNR = durchgestrichene (besamte) Tiere / alle aufgemerkten (zu besamenden) Tiere x 100 %
Sie können die Brunstnutzungsrate einer Herde aber auch einfach aus der tatsächlichen Rastzeit und der freiwilligen Rastzeit errechnen:
BNR = 21 x 100 / (RZ – FRZ + 10,5)

Beginnen Sie in ihrem Betrieb also mit frühestens 40 Tagen zu besamen (FRZ = 40 Tage) und werden die Tiere im Durchschnitt aber erst mit 60 Tagen erstmals belegt, liegt die Brunstnutzungsrate bei etwa 69 %.

Je nach Art der Brunstbeobachtung ergeben sich unterschiedlich hohe Brunstnutzungsraten. Am effektivsten ist ein Suchbulle, der etwa 95 % der brünstigen Kühe erkennt. Eine dreimalige Beobachtung über 20 Minuten führt zu 75 %, eine zweimalige zu 65 % und eine einmal tägliche Brunstkontrolle ergibt eine Brunstnutzungsrate von rund 50 %.

Verzögerungszeit

Die Verzögerungszeit sollte naturgemäß so niedrig wie möglich sein, lässt sich jedoch nicht so einfach beeinflussen wie die Rastzeit.

Im Grunde gilt es auch hier, eine möglichst hohe Brunstnutzungsrate zu erreichen, um nicht trächtige Tiere bereits bei der nächsten Brunst wieder zu besamen. Daneben ist natürlich eine frühzeitige Trächtigkeitsuntersuchung eine wichtige Möglichkeit, um leere Tiere zu identifizieren und durch eine entsprechende Behandlung rasch wieder in Brunst zu bringen.

Erstbesamungserfolg

Der Erstbesamungserfolg (EBE) beschreibt den Anteil der Tiere, die nach der Erstbesamung tragend geworden sind.
EBE = Anzahl tragende Tiere aus Erstbesamung / Anzahl Erstbesamungen x 100

Der anzustrebende Zielwert liegt beim Erstbesamungserfolg bei mindestens 55 %. Bei der Interpretation ist es sinnvoll, sich auch Unterschiede zwischen Kalbinnen und Kühen anzusehen. In größeren Herden wird noch zusätzlich zwischen erstlaktierenden und älteren Kühen differenziert.

Der Erstbesamungserfolg ist in unterschiedlichen Betrieben oft nur schwer als Vergleichszahl heranzuziehen und sollte in seiner Wichtigkeit nicht überbewertet werden. Oftmals ist es besser, eine auch nur schwache Brunst für eine Besamung zu nutzen, als auf die nächste, möglicherweise bessere zu warten. Es vermindert sich damit zwar der Erstbesamungserfolg, aber in Summe verkürzt sich auch die Güstzeit, da mehr Tiere früher tragend werden.

Auch der Einsatz von Hormonen zur Brunstauslösung vermindert in der Regel den Erstbesamungserfolg. Doch es ist in jedem Fall sinnvoll, zur Verkürzung der Rastzeit stillbrünstige, azyklische oder zystische Tiere zu behandeln.

Besamungsindex und Trächtigkeitsindex

Diese beiden Werte beschreiben den Besamungsaufwand pro Trächtigkeit. Sie unterscheiden sich jedoch darin, dass der Besamungsindex alle Belegungen mit einbezieht, während der Trächtigkeitsindex nur jene der später trächtigen Tiere berechnet.
Besamungsindex BI = Anzahl aller Besamungen / Anzahl trächtiger Tiere
Trächtigkeitsindex TI = Anzahl der Besamungen der tragenden Tiere / Anzahl trächtiger Tiere

Als Grenzwert für den Besamungsindex gilt bei Kühen eine Obergrenze von 1,8 und bei Kalbinnen ein Maximum von 1,7. Der Trächtigkeitsindex sollte stets unter 1,6 liegen.

Dennoch muss auch hier klar betont werden, dass das Ziel einer Zwischenkalbezeitverkürzung deutlich höher zu bewerten ist, als einen möglichst niedrigen Trächtigkeitsindex zu erreichen. Daher ist auch bei schwachen Brunsten im Zweifelsfall unbedingt zu besamen. Handelt es sich um eine Nachbesamung, sollte davor eine Trächtigkeitsuntersuchung bzw. ein Progesterontest durchgeführt werden. Im Zweifelsfall darf nur in den Muttermund besamt werden.

Aufzeichnungen und Daten sinnvoll nutzen

Fruchtbarkeitsdaten aufzeichnen

Wie bei allen Daten gibt es auch im Fruchtbarkeitsbereich objektive und subjektive Datenquellen. Geburtsmeldungen und Besamungsdaten sind im Regelfall als objektiv zu beurteilen und die daraus automatisch generierten Auswertungen wie Zwischenkalbezeit oder Besamungsindex gut vergleichbar. Daneben gibt es eine Reihe von Informationen, die auf Betriebsebene von hoher Bedeutung sind, jedoch subjektiv beeinflusst werden. Dazu gehört unter anderem die Abgangsursache. Häufig sind es ja mehrere Faktoren, vom Alter über die Zellzahl bis hin zur wiederholten Besamung, die zur Entscheidung führen, die Kuh nicht mehr zu belegen und am Ende der laufenden Laktation zu schlachten. Somit ist eine klare Aussage über die Anzahl von unfruchtbarkeitsbedingten Abgängen nicht möglich. Ähnliches gilt für die Frequenz von Fruchtbarkeitsbehandlungen. Abhängig von der Intensität der tierärztlichen Fruchtbarkeitsarbeit auf einem Rinderbetrieb gibt es unterschiedlich viele Diagnosen in diesem Bereich. So wird bei manchen Herden nach Ablauf der freiwilligen Rastzeit jede Kuh untersucht und behandelt, sofern sie keine Brunstsymptome aufweist, während andere Landwirte einfach abwarten und erst deutlich später reagieren. Damit werden im ersten Fall mehr Fruchtbarkeitsbehandlungen dokumentiert, was subjektiv den Eindruck einer schlechteren Fruchtbarkeit erwecken kann.

Die **Grunddaten der Fruchtbarkeit** sind die Kalbung und die Besamung. Zusammen mit dem Geburtsdatum des Muttertieres lassen sich daraus die Fruchtbarkeitsparameter Erstkalbealter, Zwischenkalbezeit, Rastzeit und Serviceperiode errechnen. Die Aufzeichnungen über Kalbungen erfolgen über die Geburtenmeldungen. Die Besamungsdaten werden teilweise vom Landwirt online gemeldet oder durch Tierärzte und Besamungstechniker direkt elektronisch an die Besamungsanstalten weitergegeben.

Für Landwirte, die bei der **Leistungskontrolle** teilnehmen, werden diese Daten online zur Verfügung gestellt. Zusätzlich gibt es die Möglichkeit, auch selbst in diesem System Daten, wie z. B. eine positive Trächtigkeitsuntersuchung, zu ergänzen. Die permanente, tagesaktuelle Abrufbarkeit, eine Erstellung von Aktionslisten oder auch die Nutzung der Daten auf mobilen Endgeräten wie Smartphones bieten mittlerweile unzählige Möglichkeiten zur Herdenüberwachung.

Im **Gesundheitsmonitoring (GMON)** ist auch eine genaue Zuordnung von fruchtbarkeitsrelevanten Therapien zu einzelnen Tieren möglich. So werden Gebärmutterentzündungen, Zysten oder Azyklien mittels Diagnoseschlüssel ins System eingetragen und können in Tagesberichten und in Auswertungen des GMON beurteilt werden. Innerhalb eines Betriebes sind solche Daten eine gute Grundlage, um Problemen auf den Grund zu gehen und sie auch rechtzeitig zu erkennen. Ein Vergleich zwischen unterschiedlichen Milchviehherden ist nur eingeschränkt möglich. So wird auf manchen Betrieben jedes Nachgeburtsverhalten tierärztlich behandelt und damit mittels Diagnosecode im System vermerkt. Andere Tierhalter schneiden die Nachgeburt rasch ab und kontrollieren die Körpertemperatur. Eine Therapie wird erst durchgeführt, wenn die Kühe Krankheitssymptome zeigen. Somit erscheinen hier deutlich weniger Diagnosen „Nachgeburtsverhalten" im System.

Neben diesen automatischen und halbautomatischen Datenerfassungen gibt es auf Betriebsebene zusätzlich digitale oder handschriftliche Aufzeichnungen. Die **computergestützten Systeme** werden teilweise im Zusammenhang mit Melktechnik- oder Transpondersoftware erworben. Aber immer öfter wird auch spezielle Herdenmanagementsoftware angeboten. Dabei ist die Qualität der Auswertungen immer nur so gut, wie die Vollständigkeit der Dateneingabe es zulässt. Um unnötige Doppeleingaben zu vermeiden, sollten Sie bei der Auswahl entsprechender Software darauf achten, dass über dieses System automatisch Geburtsmeldungen und Besamungen weitergemeldet werden. Nach Eingabe von bemerkten Brunsten und Besamungen weisen die Programme meist auch den nächsten (drei Wochen) und übernächsten (sechs Wochen) Brunsttermin aus. Durch tagesaktuelle Hinweise am Bildschirm oder über Wochenlisten kann die Brunstbeobachtung intensiviert werden, was zu einer höheren Brunsterkennungsrate führt.

Vor allem in kleineren Betrieben ist nach wie vor die **handschriftliche Aufzeichnung** am häufigsten anzutreffen. Dabei hat sich der sogenannte Drei-Wochen-Kalender oder auch Brunstkalender bestens bewährt. Auf einen Blick lassen sich darauf jene Tiere erkennen, die vor drei, sechs oder neun Wochen besamt wurden. Viele Landwirte vermerken darauf auch Kalbungen, erste Brunsten oder das Abbluten nach der Brunst.

In den letzten Jahren hat sich auch die **Brunstscheibe** etabliert. Diese gibt es in analoger Form, aber mittlerweile auch digital als Zusatz bei diversen Programmen. Darauf lässt sich der Status jeder Kuh auf einen Blick erkennen und viele Managementmaßnahmen sind ablesbar. Sie sehen sofort, wie viele Kühe nach Ablauf der freiwilligen Rastzeit noch nicht besamt sind. Kühe, die bereits zur Trächtigkeitsuntersuchung anstehen, sind rasch zu identifizieren und auch der Trockenstellzeitpunkt kann bei exakter Handhabe nicht übersehen werden.

Es gibt somit eine ganze Reihe von möglichen Aufzeichnungen für die Fruchtbarkeitsarbeit. Allen gemeinsam ist aber die Tatsache, dass nur eine genaue Beobachtung, das Eintragen der Beobachtungen ins System und die Nutzung der ausgewiesenen Daten in regelmäßigen Abständen zum Erfolg führt.

Fehler in der Datenerfassung

Die häufigsten Fehler passieren bei der **Dateneingabe.** Zunächst sind es die unregelmäßige Eingabe oder ein zu spätes Aufschreiben, was zu Fehlern führt. Im Idealfall ist ein kleiner Notizblock mit Stift der ständige Begleiter am Betrieb. Von der Kalbung über Nachgeburtsverläufe bis hin zu Brunsten und Besamungen sollte alles sofort notiert werden. Am Ende des Arbeitstages werden diese Notizen dann in das „Hauptsystem“ übertragen. Ob es sich dabei um den Brunstkalender oder ein Computerprogramm handelt, ist egal. Wesentlich ist, dass es rasch, das heißt innerhalb weniger Minuten, zu erledigen ist. Daher sollte ein entsprechender Computer im Arbeitsbereich des Stalles (Stallbüro, Schmutzschleuse) positioniert sein. Außerdem ist es ratsam, den Rechner im Stand-by-Modus laufen zu lassen, um jederzeit rasch Informationen abrufen zu können. Bei Online-Programmen ist eine schnelle und zuverlässige Internetverbindung nötig, um das Programm auch täglich nutzen zu können. Die Datenerfassung am Abend muss somit zu einer einfach durchzuführenden Selbstverständlichkeit werden.

Eine weitere Fehlerquelle liegt in **doppelt geführten Aufzeichnungen.** So werden in manchen Familien zwei oder mehr Aufzeichnungssysteme parallel verwendet. Während der Sohn seine Daten im Rinderdatenverbund (RDV) direkt online verwaltet, zeichnet der Vater, der die Besamungen am Betrieb durchführt, noch handschriftlich auf einem Kalender auf. Wenn die Datenweitergabe dann nicht regelmäßig und genau erfolgt, kann das zu folgenschweren Problemen führen. So ist es auch in der Praxis schon passiert, dass Tiere laut computergenerierter Aktionsliste auf Trächtigkeit zu untersuchen sind. Dabei wurde aber die letzte Besamung übersehen, da sie nicht im System vermerkt war und die erst wenige Tage trächtige Kuh wird fälschlicherweise mit Prostaglandin behandelt. Aber auch diese Fehlerquellen können, wenn sie erkannt werden, einfach beseitigt werden, indem die handschriftlichen Vermerke entsprechend genau geführt und regelmäßig (z. B. wöchentlich) ins Computersystem übernommen werden.

Nutzen von Fruchtbarkeitsaufzeichnungen

Zum einen besteht ein Nutzen von Fruchtbarkeitskennzahlen im Rahmen der Bestandsbetreuung. Bei Betriebserhebungen für den Tiergesundheitsdienst oder bei Jahresauswertungen kann die Fruchtbarkeitsarbeit des abgelaufenen Jahres evaluiert werden. Auch die Erarbeitung neuer Ziele für das kommende Jahr ist anhand bestehender Daten möglich. So kann ein solches Ziel die Verminderung der Aufzuchtkosten durch ein früheres Erstkalbealter sein. Hier werden die Intensivierung der Jungviehaufzucht und eine regelmäßige Überprüfung der Kalbinnen auf Besamungsreife mögliche Ansatzpunkte sein. Falls im abgelaufenen Jahr die Serviceperiode zu lang war, kann anhand der Daten nach Ursachen gesucht werden. Waren es pathologische Zustände wie Gebärmutterentzündungen und Zysten, die das Problem verursacht haben, oder wurde nach Ablauf der freiwilligen Rastzeit erst zu spät mit dem Besamen begonnen? Je nach Ursache sind dann Strategien für das kommende Jahr zu diskutieren und umzusetzen.

Die Nutzung der Fruchtbarkeitsdaten als Überblick für die aktuelle Situation erfolgt am einfachsten anhand der Tagesberichte. Ein Blick auf die Rubrik „Betriebsdatenübersicht und Fruchtbarkeit" zeigt in der Spalte „RAST", ob Sie entsprechend den Vorstellungen mit der Besamung früh genug beginnen. Wird die freiwillige Rastzeit mit 40 Tagen festgelegt, so sollten im Idealfall alle Tiere einen Wert zwischen 40 und 60 Tagen aufweisen. Anhand der Serviceperiode (SP) erkennen Sie, ob die Kühe mit ihrer erwarteten Zwischenkalbezeit (ZKZ) noch im Rahmen des Vertretbaren sind. Liegt die Serviceperiode bei 80 Tagen, ist eine Zwischenkalbezeit von 365 Tagen zu erwarten. Beträgt die Serviceperiode mehr als 115 Tage, so ist auch bei der Zwischenkalbezeit mit mehr als 400 Tagen zu rechnen. Ob das Ziel der Senkung des Erstkalbealters (EKA) erreicht wird, lässt sich laufend ebenso aus der Rubrik „Betriebsdatenübersicht und Fruchtbarkeit" herauslesen. So wird bei Kühen der ersten Laktation in der Spalte EKA/ZKZ das Erstkalbealter in Monaten angegeben, während bei älteren Tieren hier die letzte Zwischenkalbezeit ausgewiesen ist.

Für die tägliche Fruchtbarkeitsarbeit am Rinderbetrieb ist das Wissen um aktuelle fruchtbarkeitsrelevante Daten unumgänglich. Dies beginnt mit der genauen Beobachtung von Tieren, die kurz vor der Kalbung sind, um mögliche Probleme in dieser Phase rechtzeitig zu erkennen. Vorbeugemaßnahmen in Bezug auf Milchfieber müssen bei Tieren mit Festliegerproblemen bei der letzten Kalbung noch genauer durchgeführt werden. Somit müssen Aufzeichnungen vorangegangener Erkrankungen stets aktuell verfügbar sein. Bei der Beobachtung in der Puerperalphase (nach der Kalbung) ist auf Kühe mit Kalbeproblemen, Nachgeburtsverhalten oder Zwillingsgeburten besonders zu achten. Sie gelten als Risikotiere in Bezug auf Gebärmutterprobleme. Somit sollten sie stets genau auf eitrige Ausflüsse hin überwacht werden. Diese Kühe sind in jedem Falle einer tierärztlichen Gebärmutterkontrolle zu unterziehen. Kühe, die nach der Kalbung noch keine Brunst hatten, sollten ebenso wie Tiere, deren Brunst drei oder sechs Wochen zurückliegt, genauestens beobachtet werden. All diese Überwachungsmaßnahmen müssen einfach aus den Aufzeichnungen herauslesbar sein oder von einer entsprechenden Software als Aktionsliste ausgewiesen werden.

In regelmäßigen, am besten fix festgelegten, Abständen muss auch gemeinsam mit dem bestandsbetreuenden Tierarzt ein Kontrolltermin vereinbart werden. Aus den Aufzeichnungen oder Computerprogrammen ist dann eine vollständige Liste jener Tiere zu generieren, die einer Untersuchung zu unterziehen sind. Die Ergebnisse und Behandlungen werden danach wieder ins System eingetragen. Natürlich haben die durchgeführten Therapien teilweise Einfluss auf das Zyklusgeschehen der Kühe und können damit den bisherigen Brunstrhythmus verändern. Auch darauf muss bei der Eingabe dieser Daten Rücksicht genommen werden.

FRUCHTBARKEITSMANAGEMENT IM JAHRESZYKLUS DER KUH

Gute Fruchtbarkeit ist kein Geschenk. Sie muss durch konsequente Umsetzung von genau definierten Abläufen in vielen unterschiedlichen Bereichen erarbeitet werden. Ob Fütterung, Tierbeobachtung, Haltung, Tiergesundheit oder auch Stress – alles hat letztlich auch Einfluss auf die Fruchtbarkeit der Herde. Dazu kommt noch, dass viele Maßnahmen ihre Wirkung noch Monate später haben können. Dies wird besonders bei der Fütterung deutlich, wo eine falsche Entscheidung bei der Grundfuttergewinnung über viele Wochen die Futteraufnahme und damit den Stoffwechsel der Kühe beeinflusst. Auch die Entscheidung eine Lieblingskuh nochmals zu besamen, obwohl sie nur noch wenig Milch gibt, kann bei der kommenden Kalbung und der darauffolgenden Laktation zu massiven Stoffwechselstörungen führen. Damit ergibt sich automatisch wieder eine verminderte Fruchtbarkeitsleistung.

Die Vorbereitung für die nächste Besamung beginnt bereits in der vorangegangenen Trockenstehzeit und führt über eine sanfte Geburt und problemlose Nachgeburtsphase zu einem frühen Zyklusstart. Deutliche, regelmäßige Brunsten erlauben nach der freiwilligen Rastzeit eine erfolgreiche Besamung, die in eine problemlose Trächtigkeitsphase übergeht. Um einen solch idealen Ablauf zu erreichen, gilt es einige Voraussetzungen zu erfüllen und mögliche Stolpersteine aus dem Weg zu räumen.

Trockenstehzeit

In der Regel werden Kühe fünf bis acht Wochen vor der nächsten Abkalbung trocken gestellt. In dieser Zeit sollte der Tierhalter den besonderen Bedürfnissen dieser Tiere gerecht werden, um sie optimal auf die Geburt und die nachfolgende Laktation vorzubereiten. Dabei sind davon in der Regel die schwersten Tiere in der Herde betroffen und die Futteraufnahme geht zudem in dieser Zeit stark zurück.

Da Tiere zum Zeitpunkt des Trockenstellens in hochleistenden Herden häufig noch deutlich mehr als 20 Liter Milch pro Tag produzieren, ist eine Verminderung der Energiedichte der Ration bzw. die Kraftfutterreduktion bereits eine Woche vor dem geplanten Trockenstelltermin nötig. Beim Trockenstellen selbst sollte neben der entsprechenden Versorgung des Euters auch eine funktionelle Klauenpflege durchgeführt werden. Zusätzliche Bewegung auf Weiden oder Auslauf im Schnee helfen während der Trockenstehzeit mit, Klauenprobleme (vor allem „Mortellaro“) zu reduzieren.

Klauenstand mit Treibgang zur raschen Klauenpflege bei Problemtieren und vor dem Trockenstellen © WP

In den Wochen nach dem Trockenstellen muss die Ration an die Bedürfnisse der Tiere angepasst werden. Dabei stehen folgende Ziele im Vordergrund:

- Kontrolle der Körperkondition
- Vorbereitung auf eine stärkereichere Ration nach der Kalbung
- Vorbeugemaßnahmen gegen Milchfieber und subklinischen Kalziummangel
- Prävention von Nachgeburtsverhalten und Gebärmutterentzündungen

Kontrolle der Körperkondition

Die Kontrolle und Beurteilung der Körperkondition ist ein vielfach unterschätzter und häufig vernachlässigter Kontrollpunkt im Herdenmanagement. Durch eine kontinuierliche optische Beurteilung der Tiere (BCS – Body Condition Scoring) oder Messungen mittels Ultraschalls (RFD – Rückenfettdicke) kann die Fütterung überprüft und eingestellt werden, aber auch individuelle Managemententscheidungen bei Einzeltieren sind dadurch möglich.

Bei trocken gestellten Kühen ist das Erreichen von 2,50 bis 3,00 BCS-Punkten oder 15 bis 20 mm RFD zur Abkalbung das Ziel. Da Kühe in den ersten Trockenstehwochen noch eine gute Futteraufnahme aufweisen, ist hier auf eine moderate Energiedichte zu achten, damit es nicht zur Verfettung der Tiere kommt. Zum Ende der Trockenstehzeit nimmt die Futteraufnahme ab, der Energie- und Eiweißbedarf der Tiere steigt jedoch an. Die beginnende Milch- und Euterausbildung, sowie das wachsende Kalb sorgen für einen deutlich höheren Bedarf.

Neben diesen allgemein gültigen Regeln ist auch auf die individuelle Situation des Tieres zu achten. Kühe, die mit hohen Milchmengen trocken gestellt werden, hatten in der vergangenen Laktation meist kaum die Möglichkeit, Kondition aufzubauen. Dasselbe gilt auch für erstlaktierende Kühe, die einerseits durch eine meist sehr gute Persistenz bis zum Ende hohe Milchleistungen halten und andererseits auch zusätzlich Energie für ihr noch nicht abgeschlossenes Körperwachstum benötigen. Abhängig von der Kondition (BCS oder RFD) dieser Tiere sollte die energiearme Phase nach dem Trockenstellen nicht zu lange dauern, damit sie genügend Zeit zum Aufbau neuer Fettreserven haben.

Kühe, die wegen einer Fruchtbarkeitsstörung eine lange Laktation mit nur noch geringer Leistung aufweisen oder nach einer erlittenen Krankheit einen starken Milchabfall hatten, sollten früh genug trocken gestellt werden. Die Laktationsration führt bei diesen Tieren meist bereits im letzten Drittel der Laktation zur Verfettung. Auch hier gibt die Beurteilung von BCS oder RFD in Zusammenhang mit der aktuellen Milchleistung einen wichtigen Hinweis auf den Zeitpunkt des Trockenstellens. Wichtig ist es jedoch, auch diese Kühe zumindest zwei bis drei Wochen vor der Kalbung wieder mit mehr Energie und Eiweiß anzufüttern. Zum einen würden die Kühe auf der Ration der frühtrockenen Kühe kurz vor der Kalbung Fett einschmelzen und damit den Leberstoffwechsel schon vor der Geburt belasten und zum anderen zeigen sich bei zu geringen Eiweißkonzentrationen in der Ration schlechte Einsatzleistungen und mäßige Biestmilchqualitäten.

Aus diesen Gründen ist eine individuelle Länge der Trockenstehzeit wie auch die zeitliche Aufteilung zwischen Frühtrockenstehzeit und Anfütterungsphase eine wesentliche Managemententscheidung, die auf Basis von Kondition und aktueller Milchleistung zu treffen ist.

Dass die Kondition bei der Kalbung einen entscheidenden Einfluss auf die Fruchtbarkeit in der folgenden Laktation hat, wurde erst kürzlich bestätigt (Middleton et al., 2019). Der Zusammenhang liegt dabei einerseits in Stoffwechselentgleisungen fetter Kühe nach der Geburt, aber auch im erhöhten Risiko von Schwergeburten, das fette Tiere haben. Entscheidend für die Fruchtbarkeit der Kühe ist in jedem Fall, dass nicht zu viel Fett in den ersten Laktationswochen eingeschmolzen wird und demnach die Kühe nicht zu viel Gewicht verlieren.

Frühtrockensteher mit rohfaserreicher Ration © WP

Spättrockensteher in einer Tiefstreubox mit energiereicher, kalium- und kalziumarmer Ration (Maissilage, extensives Heu, spezielle kalziumarme Kraftfuttermischung). Diese Fütterung bereitet die Pansenbakterien gut auf die stärkereiche Ration nach der Kalbung vor und vermindert somit die Gefahr von Pansenübersäuerungen. © WP

Eine Unterversorgung vor der Kalbung führt bereits vor der Geburt zu erhöhtem Fettabbau und einer Leberbelastung, die dann nach der Geburt meist in Ketosen mündet. Ohne eine Anfütterungsphase besteht ein zu großer Stärkeanstieg zwischen den Rationen der frühtrockenen und der laktierenden Kühe, insbesondere wenn es sich um eine TMR (Totalmischration) handelt. Damit kommt es zu akuten Pansenazidosen, die über eine Verminderung der Futteraufnahme bis hin zu Labmagenverlagerungen führen können. Auch diese Erkrankung geht stets mit Ketosen einher. Aus wissenschaftlichen Arbeiten an der Universität Gent (Leroy et al., 2005) ist bekannt, dass freie Fettsäuren, die bei Ketosen stets vorliegen, zu einer Beeinträchtigung der Eizellenqualität aller heranreifender Follikel führen und damit die Fruchtbarkeit negativ beeinflussen.

Vorbeugemaßnahmen gegen Milchfieber und subklinischen Kalziummangel

Milchfieber und subklinischer Kalziummangel werden durch Fütterungsfehler in der Trockenstehzeit hervorgerufen. Milchfieber stellt die akute, klinische Form des Kalziummangels dar und ist durch das Festliegen der Kühe um den Geburtszeitpunkt bekannt und als offensichtliche Erkrankung gut erkennbar. Subklinischer Kalziummangel ist im Gegensatz dazu nur über Blutuntersuchungen sicher zu diagnostizieren und kann über längere Zeit, bis zu 14 Tagen nach der Kalbung, vorhanden sein. Die Tiere zeigen dabei schlechtere Fresslust, haben geringere Wiederkauzeiten und wirken oft träge. Die innere Körpertemperatur ist erniedrigt und die träge Darmmotorik führt zu trockenem Kot.

Kalziummangel hat jedoch auch einen direkten Einfluss auf die Fruchtbarkeit. So führt Kalziummangel während der Geburt zu verzögerten Geburten, was wegen der nötigen Geburtshilfe zu möglichen Infektionen in der Gebärmutter führen kann. Kalzium ist auch für die Kontraktion der Gebärmutter nach der Geburt nötig, wodurch es bei Mangelsituationen zu Nachgeburtsverhalten und einer verzögerten Reinigung der Gebärmutter bis hin zu Gebärmutterentzündungen kommen kann.

Die Ursache der beiden Erkrankungen liegt in der mangelhaften Anpassung meist älterer Kühe an einen deutlich höheren Kalziumbedarf im Rahmen der Milchbildung. Während die Tiere vor der Kalbung nur wenig Kalzium verbrauchen, führt bereits die Milchbildung im Euter während der Kalbung zu einem massiven Abfall des Blutkalziumgehaltes. Dazu kommt, dass die Futteraufnahme um die Geburt auf beinahe Null sinkt und damit auch wenig zugeführt wird. Die Natur hat für Situationen mit Kalziummangel einen Notfallplan vorgesehen, der über zwei Wege wirkt. Zum einen wird über hormonelle Steuerungsmechanismen die Freisetzung von Kalzium aus den Knochen erhöht. Der zweite Weg führt über eine deutliche Erhöhung der Kalziumaufnahme aus dem Darm. Werden Kühe in den letzten Wochen vor der Kalbung mit größeren Mengen an Kalzium versorgt, bedarf es dieser beiden Notfall-Mechanismen nicht. Sobald aber wegen der Milchproduktion der Bedarf steigt, starten diese Systeme zu träge und der Blutkalziumspiegel sinkt, was zum Festliegen führen kann. Je älter Kühe werden, umso langsamer reagieren sie auf den erhöhten Kalziumbedarf. **Daher sind besonders ältere Kühe von Milchfieber betroffen.**

Neben der Kalziumaufnahme spielt natürlich auch die Ausscheidung eine entscheidende Rolle für die Kalziumkonzentration in der Blutbahn. Während bei der laktierenden Kuh über die Milch der größte Teil des Kalziums verloren geht, ist in der Trockenstehzeit die Ausscheidung über den Harn ein wichtiger Stoffwechselweg, um den Blutkalziumspiegel konstant zu halten. Diese Ausscheidung wird durch den pH-Wert des Harns beeinflusst, wobei saurer Harn zu einer deutlich höheren Ausscheidung führt und alkalischer Harn weniger Kalzium aus dem Körper befördert. An dieser Stelle kommen nun andere Mineralstoffe ins Spiel. Allen voran ist es Kalium, das aufgrund von Gülledüngung in großen Mengen in Grassilagen, Heu und Grünfutter vorliegt. Dieses Element führt zu einer Anhebung des pH-Wertes und wirkt somit der Kalziumausscheidung in der Trockenstehzeit entgegen.

Damit stellen Kalzium und Kalium in der Trockenstehration die zwei wichtigsten Auslöser für Milchfieber dar. Daneben spielen aber auch Phosphor und Magnesium eine wichtige Rolle in der Fütterung vor der Geburt und werden mit Festliegeproblemen in Verbindung gebracht. Dabei ist Magnesium vor allem für die Aufnahme von Kalzium aus dem Darm verantwortlich. Aber auch Stoffwechselstörungen wegen fehlender Energiedichte kurz vor der Geburt erhöhen das Risiko des Festliegens um ein Vielfaches.

In der Vorbeuge von Milchfieber können Sie abhängig von der Betriebsstruktur mehrere Strategien verfolgen, die auch kombiniert werden können: das sind Vitamin D3- und Kalziumgaben, Einsatz von Trockenstehermineralstoffmischungen, Trockenstehergruppe mit gezielter Fütterung.

Einsatz von Vitamin D3- und Kalziumpräparaten: Vor allem in kleineren Herden ist eine gezielte Fütterung der trockenstehenden Kühe oft nur schwer umsetzbar. Gerade der Einsatz von speziellem Grundfutter mit geringen Kalium- und Kalziumwerten lässt sich hier kaum ermöglichen. Wenn es nun zu einem gehäuften Auftreten von Milchfieberfällen kommt, kann ein Vorbeugekonzept in der Anwendung von Vitamin D3-Injektionen und der Gabe von Kalziumpräparaten bei der Abkalbung eingesetzt werden. Dazu wird je nach Häufigkeit des Auftretens von klinischen Milchfiebererkrankungen eine Altersgrenze ermittelt, ab der Kühe mit höherer Wahrscheinlichkeit festliegen. Meist beginnen die Probleme ab der dritten oder vierten Abkalbung. Diesen Tieren wird dann zwei bis sieben Tage vor der erwarteten Kalbung Vitamin D3 mittels Injektion verabreicht, was die hormonellen Systeme der Kalziumaufnahme aus dem Darm, aber auch die verminderte Nierenausscheidung beeinflusst. Sobald die Kühe mit der Kalbung beginnen, wird die erste Kalziumgabe in Form von Flüssigkeiten, Pasten oder eines Bolus verabreicht. Wird die Geburt mittels Sensortechnik automatisch ermittelt, kann eventuell sogar schon wenige Stunden vor der Geburt mit der Kalziumgabe begonnen werden. Keinesfalls sollte aber schon Tage zuvor Kalzium verabreicht werden! Weitere Kalziumgaben werden dann in der Regel im Abstand von jeweils zwölf Stunden eingegeben. Die Anzahl richtet sich dann nach dem Befinden der Tiere. Gute Futteraufnahme, problemloses Aufstehen und eine Körpertemperatur über 38,5 °C zeigen an, dass die gefährliche Phase vorüber ist. Bei den meisten Tieren reichen drei bis vier Kalziumgaben aus.

Anfütterung in der Milchviehherde mit speziellem Trockenstehermineralstoff: In manchen Betrieben ist es üblich, dass Kühe zwei bis drei Wochen vor der Kalbung bereits in die laktierende Milchviehherde integriert werden. Die Ration besteht dann aus dem Grundfutter der laktierenden Kühe, das teilweise als Mischration vorliegt und einer langsam steigenden Kraftfuttergabe. Gibt es in solchen Betrieben vermehrt festliegende Tiere, so müssen zwei Punkte

Korrekte Eingabe eines Bolus

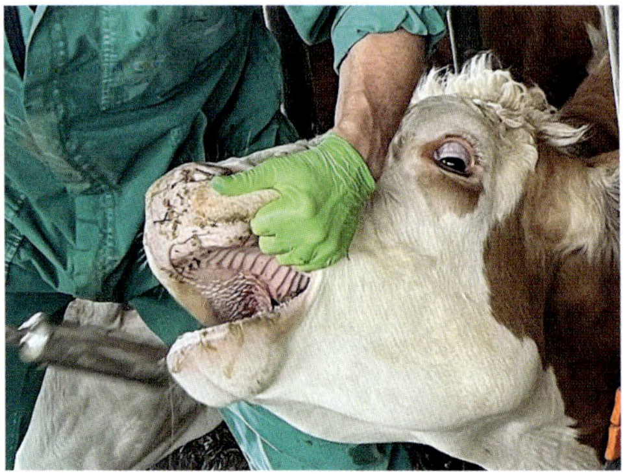

Person steht rechts vom Kopf der Kuh, erfasst mit der linken Hand die Lippe und dreht den Kopf des Tieres etwas nach rechts. © WP

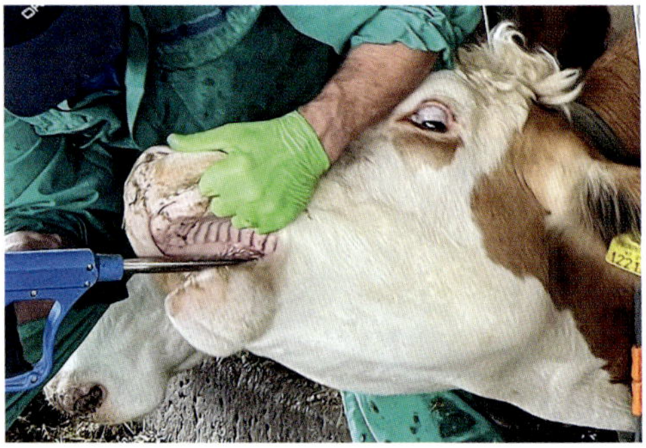

Das Eingabegerät wird über den Zungenwulst nach hinten geführt. © WP

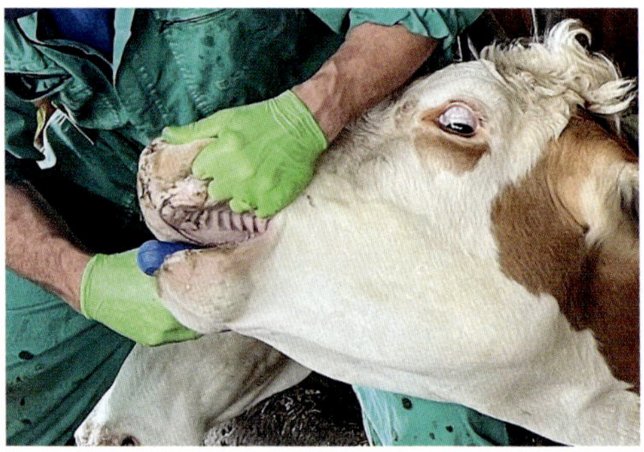

Durch vollständiges Einführen (Pistolengriff bis zum rechten Mundwinkel vorschieben) erreicht man die Speiseröhre. Nun wird der Auslöser betätigt – die Kuh kann den Bolus nicht mehr ausspucken. © WP

beachtet werden: die Grundration am Futtertisch und die Kraftfuttergabe. Handelt es sich bei der Grundration um eine aufgewertete Mischration (AGR), so ist meist eine Mineralisation für laktierende Kühe inkludiert, die größere Mengen an Kalzium enthält. Hier darf der Mineralstoff mit Ausnahme von reinen Vitamin- und Spurenelementmischungen in Zukunft nicht mehr eingemischt werden. Das fehlende Kalzium für laktierende Kühe muss am Transponder ergänzt werden. Auch die Kraftfuttergabe für die trockenen Kühe ist zu kontrollieren. Milchleistungsfutter enthält auch entsprechende Mengen an Kalzium, die für Trockensteher kontraproduktiv sind. Daher ist ein geeignetes Kraftfutter mit entsprechender Mineralisation für trockenstehende Kühe zu wählen. Zur Abkalbung sollten die Kühe dann rechtzeitig in eine Abkalbebox verbracht werden. Gleich nach der Kalbung muss dann auf die Ration der laktierenden Kühe umgestellt werden. Da in diesem System bei größerem Einsatz von Grassilagen oder Heu vor allem der Kaliumgehalt der Ration noch deutlich zu hoch sein kann, ist ein zusätzlicher Einsatz von Vitamin D3- und Kalziumgaben, wie oben beschrieben, bei älteren Tieren sinnvoll.

Trockenstehergruppe mit gezielter Fütterung: Abhängig von der Betriebsgröße und den örtlichen Gegebenheiten, hat sich eine gezielte Fütterung der Trockensteher in drei Varianten als ideal erwiesen. Alle drei Varianten zeichnen sich dadurch aus, dass die gewählten Futterkomponenten einen geringen Gehalt an Kalium und Kalzium aufweisen sollten und der DCAB-Wert (Anionen-Kationen-Bilanz) möglichst gering ist.

Variante 1 – Einphasige Mischration: Dabei wird eine Ration mit mittlerer Energiedichte gefüttert, die über die gesamte Trockenstehzeit gleichbleibt. Der Vorteil liegt in einer größeren Tierzahl, die mit derselben Ration zu füttern ist, wodurch ein Mischen ermöglicht wird. Die Nachteile dieses Systems liegen in der mangelnden Regulationsmöglichkeit der Körperkondition. So können zwar Kühe mit geringerer Körperkondition früher trockengestellt werden, um etwas aufzubauen. Jedoch ist der Umgang mit fetten Tieren, die eine lange Zwischenkalbezeit haben, äußerst schwierig, da diese sowohl in der Laktationsgruppe, wie auch in der Trockenstehergruppe weiter zunehmen. Ein früheres Trockenstellen wegen geringer Leistung ist hier deshalb kaum möglich.

Variante 2 – Einphasige Grundration mit Transponderfütterung: Bei dieser Variante kann eine Grundfutterration mit passender Mineralisierung über die gesamte Trockenstehzeit verabreicht werden. Abhängig von der Körperkondition werden die Tiere dann in den letzten drei bis fünf Wochen über eine Transponderstation gezielt mit Kraftfutter, Mineralstoff, Spurenelementen und Vitaminen versorgt. Auch der Einsatz saurer Salze zur gezielten Absenkung der DCAB ist hier möglich. Somit ist dieses System in der Lage sowohl eine gute Milchfiebervorbeuge, wie auch eine gezielte Beeinflussung der Kondition zu ermöglichen.

Variante 3 – Zweiphasige Trockensteherfütterung: Auch wenn es bei kleinen Herden seltsam anmutet, die trockenstehenden Tiere in zwei Gruppen zu füttern, so hat sich diese Variante als durchaus praktikabel erwiesen. Der erste Teil der Trockenstehzeit liegt von den Bedarfswerten der Kühe ähnlich wie der der trächtigen Kalbinnen, sodass diese beiden Tiergruppen in derselben Weise, meist mit energieärmeren Grassilagen gefüttert werden. Die Mineralstoffe haben in dieser Phase noch keinen Einfluss auf das spätere Milchfieberrisiko, sodass auch Silagen von gut gedüngten Flächen mit hohen Kaliumwerten eingesetzt werden können. In Abhängigkeit von der Körperkondition kommen die Tiere dann drei bis fünf Wochen vor der Abkalbung in die zweite Gruppe. Idealerweise sollten diese Tiere dann in einer Strohbucht ohne Liegeboxen gehalten werden. Dies ermöglicht den schweren, hochtragenden Kühen ein einfacheres Aufstehen und Abliegen. Ein möglichst großzügiges Kuh-Fressplatz-Verhältnis (mindestens 1 : 1,5) und die stressfreie Aufstallung erhöhen die Futteraufnahme bei diesen Tieren. Die Strohbox dient auch als Abkalbebox, wodurch die Kühe nicht extra umgesperrt werden müssen. In sehr großen Betrieben kann hier zwar eine Mischration hergestellt werden, doch sollte dies nicht für mehrere Tage im Vorrat geschehen, um die Futteraufnahme nicht zu beeinträchtigen. Lediglich sogenannte Trocken-TMR-Varianten bestehend aus Stroh und Kraftfutter wären eine Alternative. Ein einfaches System, das sich auf vielen Betrieben bewährt hat, ist eine Kombination aus Maissilage oder Mais-Cobs (getrockneter, pelletierter Häckselmais), extensivem Heu und Kraftfutter. Dazu werden pro Tier täglich etwa 15 kg Maissilage (entspricht etwa 4 kg Mais-Cobs) gefüttert, sowie gutes Heu von extensiven Flächen (keine Gülledüngung) in einer Heu-Raufe zur freien Aufnahme angeboten. Die Kraftfuttergabe erfolgt zweimal täglich per Hand. Dabei werden in Summe 3 bis 4 kg Kraftfutter gegeben, welches entsprechend mineralisiert ist und vor allem eine ausreichende Eiweißergänzung bietet. Keinesfalls darf hier Milchleistungsfutter eingesetzt werden!

Prävention von Nachgeburtsverhalten

Um nach der Kalbung wieder einen Embryo aufnehmen und ernähren zu können, bedarf es einer gesunden Gebärmutter. Nachgeburtsverhalten, Gebärmutterentzündungen und eitriger Ausfluss nach der Kalbung wirken dem entgegen. Dennoch wird der Ursache und Vorbeuge dieser Probleme viel zu wenig Aufmerksamkeit geschenkt.

Üblicherweise sollte die Nachgeburt bereits innerhalb der ersten sechs Stunden nach der Geburt völlig abgehen. Dauert es bis zu zwölf Stunden, spricht man von einem verzögerten Nachgeburtsabgang und danach handelt es sich bereits um Nachgeburtsverhalten. Das Problem dabei liegt vor allem in der langen Zeit, über die der Muttermund durch die Nachgeburt offengehalten wird, sodass Infektionserreger in die Gebärmutter eindringen können. Um die Nachgeburt abzulösen, pressen Kühe stark, was dazu führt, dass Kot auf die nach außen gepresste Nachgeburt fällt. Sobald das Tier sich wieder entspannt, rutscht dann der mit Kot verunreinigte Nachgeburtsteil in den Scheidenraum und möglicherweise sogar bis in die Gebärmutter zurück. Die Folgen sind mitunter stinkende Infektionen, die mit Fieber und mangelnder Fresslust einhergehen können.

Bekannte Ursachen für Nachgeburtsverhalten sind Schwergeburten, Frühgeburten oder auch Zwillinge. Abseits dieser bekannten, aber kaum vermeidbaren, Einzelereignisse sind vor allem drei Hauptursachen für vermehrtes Nachgeburtsverhalten zu nennen:

- **Selenmangel**
- **Kalziummangel**
- **Energiemangel**

Das Spurenelement **Selen** spielt eine wichtige Rolle in der Immunabwehr des Körpers. Gerade die Ablösung der Nachgeburt von der Gebärmutter ist von einer starken Aktivierung des Immunsystems und der damit verbundenen Gewebsauflösung geprägt. Liegt ein Mangel an Selen vor, zeigen sich vermehrt Tiere mit Nachgeburtsverhalten, verzögertem Nachgeburtsabgang und in der Folge auch fieberhaften Erkrankungen. Neben der immunologisch verursachten Ablösung der Nachgeburt ist auch ein mechanischer Auswurf durch Muskelkontraktionen in der Gebärmutterwand nötig, um einen zügigen Nachgeburtsabgang und eine Reinigung der Gebärmutter von möglicherweise kontaminierten Fruchtwässern zu ermöglichen. Dabei spielt **Kalzium** eine wesentliche Rolle. So kann bereits subklinischer Kalziummangel zu einem verzögerten oder unvollständigen Abgang der Nachgeburt führen.

Lässt sich bei gehäuftem Auftreten von Nachgeburtsverhalten weder Selen- noch Kalziummangel feststellen, sollte unbedingt die **Energieversorgung** vor der Kalbung überprüft werden. Geraten Kühe wegen zu geringer Futteraufnahme oder zu wenig Energiehalt der Ration in eine negative Energiebilanz, beginnen sie bereits vor der Abkalbung Fettreserven einzuschmelzen. Um dies festzustellen, muss über eine Blutprobe in der letzten Woche vor der Geburt der Gehalt an NEFA (freie Fettsäuren im Blut) ermittelt werden. Liegt der Wert über 0,4 mmol/l, steigt das Risiko für Nachgeburtsverhalten, aber auch für Milchfieber und Ketosen nach der Abkalbung deutlich an.

Die Vorbeuge richtet sich somit nach den entsprechenden Ursachen. Bei Selenmangel gibt es die Möglichkeit, über langwirkende Bolusgaben beim Trockenstellen,

Großzügige Trockensteherbox mit optimaler Wasserversorgung © WP

über die Injektion von Selenpräparaten vor der Kalbung oder über die Mineralisierung des Trockensteher-Kraftfutters entsprechende Blutspiegel zu erreichen. Egal welche Methode gewählt wird, es sollte in jedem Fall eine Blutprobenuntersuchung bei mindestens drei Kühen durchgeführt werden, um den Erfolg der Maßnahme zu überprüfen. Falls Kalziummangel als Ursache für Nachgeburtsverhalten identifiziert wird, sind die oben genannten Vorbeugemaßnahmen gegen Milchfieber umzusetzen. Bei erhöhten NEFA-Werten muss die Fütterung und Haltung der trockenstehenden Kühe vor der Kalbung genau unter die Lupe genommen werden.

Der wichtigste, aber am schwierigsten zu kontrollierende Parameter ist die Futteraufnahme. Falls zweimal tägliche Kraftfutter per Hand verabreicht wird, sollte die Pansenfüllung der Tiere beurteilt werden. Bei Mischrationen kann die Futteraufnahme nach einer Trockenmassebestimmung ermittelt werden. Natürlich ist auch die Energiedichte der Ration, vor allem die Menge an Maissilage und Kraftfutter, von Bedeutung. Entsprechende Futteruntersuchungen und Rationsberechnungen können hier Aufschluss geben. Ob die Tiere die berechnete und gefütterte Ration fressen, wird auch vom Stalldesign und möglichen Stressoren beeinflusst. Je mehr Fressplätze und je größer die Bewegungsfläche pro Tier, umso eher wird die angebotene Ration auch aufgenommen. Da es sich meist um rohfaserreiche und eher trockenere Futtermittel handelt, ist auf eine ausreichende Wasserversorgung zu achten, damit viel gefressen wird. Dazu müssen mindestens zwei Tränkeplätze pro Gruppe zur Verfügung stehen, um im Falle einer Kotverschmutzung eine Ausweichmöglichkeit zu haben.

Prävention von Gebärmutterentzündungen

Wird bei Kühen nach der Geburt vermehrt eitriger oder nach einigen Wochen noch weißlicher Ausfluss festgestellt, so sollten folgende Bereiche genauer unter die Lupe genommen werden:

- Nachgeburtsverhalten
- Kalziummangel
- Geburtshygiene
- Futteraufnahme vor der Geburt

Auch Gebärmutterentzündungen haben ihre Ursache oftmals in der Trockenstehzeit. Wie bereits erwähnt, kommt es beim Nachgeburtsverhalten häufig zu Infektionen der Gebärmutter, was in der Folge Gebärmutterentzündungen verursacht.

Subklinischer Kalziummangel führt mechanisch, durch eine mangelhafte Kontraktion und Entleerung der Gebärmutter nach der Geburt zu einem höheren Risiko, an Gebärmutterentzündungen zu erkranken. Aber auch eine mangelhafte Futteraufnahme und damit eine Minderversorgung der Immunzellen mit Energie fördert die Entstehung von Gebärmuttererkrankungen. Somit beugt eine gute Milchfieberprophylaxe auch dem Entstehen von Gebärmutterentzündungen vor.

Kommt es im Rahmen von Schwergeburten zu Verletzungen im Vaginalbereich oder werden durch unzureichende Hygiene bei der Geburtshilfe Bakterien in die Gebärmutter eingebracht, können daraus auch Infektionen entstehen. Vorbeugend ist auf fachgerechte und hygienisch durchgeführte Geburtshilfe zu achten.

Ähnlich wie beim Nachgeburtsverhalten, spielt auch bei Gebärmutterentzündungen die Energieaufnahme vor der Geburt eine große Rolle. Die bereits beschriebene negative Energiebilanz vor der Kalbung führt dann oftmals zu Ketosen, die das Immunsystem nach der Geburt negativ beeinflussen und damit Gebärmutterentzündungen begünstigen. Jedoch konnte auch nachgewiesen werden, dass eine verminderte Futteraufnahme bereits drei Wochen vor der Geburt mit Gebärmutterentzündungen zusammenhängt. Somit ist es wichtig, alles zu unternehmen, damit die trockenstehenden Tiere ausreichend fressen. Vor allem Stress durch Überbelegung oder auch mangelnde Kühlung im Sommer müssen in jedem Fall vermieden werden, denn: **Die Trockensteher sind die wichtigste Tiergruppe am Betrieb!**

Geburt

Die Geburt stellt einen zentralen Wendepunkt im Jahresablauf eines Rindes dar. Bei nicht domestizierten Rindern, aber auch bei Mutterkühen ist die Kalbung der Moment, ab dem Kühe sich um ihre Kälber kümmern und daneben genügend Futter aufnehmen müssen, um sowohl sich selbst als auch das neugeborene Kalb zu ernähren. Gerade im Energiestoffwechsel heißt es nun von anabol (aufbauend) auf katabol (abbauend) umzuschalten.

Für unsere Milchkühe bedeutet die Geburt auch eine Vielzahl weiterer Umstellungen. Oftmals wird eine gänzlich neue Ration zur Herausforderung für die Pansenmikroben, die Umstallung in die Herde der laktierenden Tiere führt zu Rangordnungskämpfen und der Tagesablauf wird durch die Melkroutine neu definiert. Und all diese Veränderungen beginnen oftmals schon wenige Stunden nach der Geburt. Aus diesen Gründen müssen Sie versuchen, den Geburtsablauf selbst schonend und stressfrei zu gestalten. Zu den gravierendsten Ursachen für spätere Fruchtbarkeitsprobleme zählen Schwergeburten mit ihren Folgen wie Scheiden- und Muttermundverletzungen, Nachgeburtsverhalten oder Gebärmutterinfektionen.

Zutaten einer sanften Geburt

Die wichtigsten Zutaten für eine reibungslose, sanfte und stressfreie Geburt sind:

- Zeit und Ruhe
- ausreichend Platz
- gewohnte Umgebung

Um den kalbenden Tieren eine problemlose Geburt zu ermöglichen, muss der Geburtstermin so genau wie möglich bestimmt werden. Das beginnt mit dem Wissen um das exakte Belegdatum, aus dem Sie den Abkalbetermin errechnen können. Bei Tieren im Natursprung (Mutterkühe, Kalbinnen) ist es mitunter schwierig, einen Abkalbezeitraum einzugrenzen. Regelmäßige Trächtigkeitsuntersuchungen sind in solchen Fällen ein sehr gutes Werkzeug, um das Belegdatum herauszufinden. Werden bei solchen Tiergruppen einmal pro Monat Trächtigkeitsuntersuchungen mittels Ultraschall gemacht, lässt sich das Deckdatum auf einen Zeitraum von +/– 5 Tagen eingrenzen. Aber auch bei besamten Tieren sind Trächtigkeitskontrollen von immenser Bedeutung, da manche Tiere trotz bestehender Trächtigkeit nachbesamt werden, wenn sie leichte Brunstsymptome aufweisen. Erst regelmäßige Trächtigkeitskontrollen geben die Gewissheit, ob wirklich die letzte Besamung zur Befruchtung geführt hat. Ist das Rind bereits drei oder gar sechs Wochen länger tragend, muss entsprechend früher trocken gestellt werden und die Umstallung in den Abkalbebereich erfolgt dann auch zeitgerecht. Die Diagnose von Zwillingsträchtigkeiten gilt als Vorwarnung, dass es zu einer früheren Geburt kommen könnte. Im Regelfall beträgt die Trächtigkeitsdauer rund 285 Tage, wobei es hier rassespezifische Unterschiede gibt.

In den letzten Tagen vor der Geburt sind auch einige äußere Zeichen erkennbar, die den nahenden Geburtseintritt vorhersagen. Die Beckenbänder links und rechts vom Schwanzansatz werden weich und sinken ein, das Euter füllt sich und mitunter tropft bereits Milch aus den Zitzen. Auch der Schleimpfropf im Muttermund beginnt sich aufzulösen und Schleim rinnt aus der Scheide. Vor allem Kalbinnen, aber auch manche Kühe, bekommen Ödeme (Flüssigkeitsansammlung in der Unterhaut). Diese kann man einfach an der teigigen Konsistenz erkennen. Dazu drückt man einen Finger in die Schwellung, wodurch es zu einer Vertiefung im Gewebe kommt, die auch nach ein paar Sekunden noch deutlich tastbar ist. Bei manchen Tieren reichen die Ödeme vom Euter bis über den Unterbauch. In einzelnen Fällen kann auch die Vulva massiv geschwollen sein. Das Auftreten dieser massiven Wassereinlagerungen wird meist durch Fütterungsfehler hervorgerufen. So können zu hohe Mineralstoffgehalte in der Trockensteherration (z. B. durch saure Salze) aber auch erhöhte Eiweißgehalte (etwa ab 15 % Rohprotein) die Ödembildung hervorrufen. Sowohl bei starken Ödemen als auch beim Milchrinnen lassen vor der Kalbung empfiehlt es sich die Tiere schon vor der Geburt zu melken. In diesem Fall sollte dem Kalb nach der Geburt Kolostralmilch eines anderen Tieres verabreicht werden, da durch das vorangegangene Melken die Versorgung mit ausreichend Abwehrstoffen (Immunglobulinen) nicht mehr gegeben ist.

Die genaueste Vorhersage der Geburt ermöglicht die Temperaturmessung. Während etwa zwei Wochen vor der Geburt die innere Körpertemperatur der Rinder auf 39 °C bis 39,5 °C ansteigt, kommt es in den letzten 24 Stunden zu einem erkennbaren Temperaturrückgang von etwa 1 °C. Diese Tatsache nutzen Sensorsysteme (z. B. Smaxtec Pansensensor) zur Vorhersage der nahenden Geburt. Aber auch eine manuelle Messung, die etwa eine Woche vor der erwarteten Geburt beginnen sollte und täglich zur selben Zeit stattfindet, lässt den Geburtszeitraum auf 24 Stunden eingrenzen. Dadurch wird die Überwachung besonders nachts deutlich einfacher und zeitsparender. Gerade bei Kalbinnen oder auch bei erwarteten Zwillingsgeburten ist eine engmaschige Kontrolle der Kalbung sinnvoll.

MooCall Abkalbesensor: Anhand der Schwanzposition wird die Geburt erkannt und der Sensor sendet einen Alarm auf das Mobiltelefon des Landwirtes. © WP

Neben der Temperaturkontrolle wurden auch andere technische Geräte entwickelt, die als Geburtsmelder dienen. So können Lagesensoren am Schwanz die Geburt vorhersagen (z. B. MooCall), andere Systeme werden in die Scheide eingeführt und sobald die Wasserblase sie nach außen befördert, wird ein Alarm ausgelöst. Die beste Möglichkeit die Geburt zu überwachen ohne das Rind dabei zu stören sind zweifelsohne Kamerasysteme, die mittlerweile dank guter Auflösung und kabelloser Technik beinahe überall eingesetzt und genutzt werden können.

Zeit und Ruhe: Eine normale Geburt umfasst einen Zeitraum von etwa zwei Stunden (Kühe) bis sechs Stunden (Kalbinnen). Wobei die Geburt zunächst mit den **inneren Wehen** beginnt. In dieser Phase zieht sich die Gebärmutter zusammen und das Kalb wird mitsamt Frucht- und Wasserblase in Richtung Muttermund gepresst. Dieser ist in dieser Phase weich und entspannt und wird von der Wasserblase erweitert. Die Kompression der Flüssigkeit in der Gebärmutter führt zu einem gleichförmigen Druck im Muttermund, sodass dieser bei vollständiger Öffnung verstreicht. Werden die Wasser- und Fruchtblase frühzeitig manuell geöffnet, muss das Kalb den Muttermund dehnen, was jedoch punktuell zu wesentlich höheren Kräften führt, wodurch es zu Blutergüssen und Einrissen kommen kann.

Zerplatzt schließlich die Wasserblase wegen des steigenden Drucks, kommt es äußerlich zunächst zu einer Unterbrechung der Geburt, da die Gebärmutter sich nun erst weiter kontrahieren muss, ehe die Fruchtblase mit dem Kalb nach hinten gepresst wird. Die äußerlich sichtbaren Wehen (**Bauchpresse**) entstehen erst, wenn der Druck im knöchernen Becken der Kuh deutlich ansteigt. Das geschieht in der Regel mit Eintritt des Kalbes in den knöchernen Geburtskanal. Nun wechseln Wehen mit Wehenpausen ab, wobei spätestens zwei Stunden nach dem Bersten der Wasserblase Teile des Kalbes im Schamspalt zu sehen sein müssen. Ist dies nicht der Fall, muss eine manuelle Kontrolle des Geburtsfortschritts erfolgen. Dazu sind Scham und Hände sauber mit Wasser und Seife (Desinfektionsmittel) zu reinigen sowie frische Handschuhe zu tragen. Der Schwanz der Kuh wird zur Seite gebunden oder gehalten und der Geburtshelfer kontrolliert, wie weit das Kalb bereits ins Becken der Kuh bzw. in den Scheidenraum vorgedrungen ist. Auch die genaue Lage und Stellung des Kalbes müssen erkundet werden, um eine Vorhersage über den weiteren Verlauf machen zu können.

Ist das Kalb selbständig bis zur Schamspalte gepresst worden, sollte nun mit jeder weiteren Wehe die **Austreibungsphase** voranschreiten. Dabei kann das Kalb auch wieder kurz verschwinden, was zu einer besseren Durchblutung des Scheidengewebes, aber auch des Kalbes führt. Mit jeder Presswehe sollten Sie dann aber etwas mehr vom Kalb zu sehen bekommen. Als einfache Maßzahl werden hier zwei Zentimeter Fortschritt pro Wehe angenommen.

Als Normallagen des Kalbes werden die Vorderend- und die Hinterendlage bezeichnet. Bei der Vorderendlage kommen zunächst beide Vorderbeine mit dem Kopf in den Geburtskanal, wobei die Wirbelsäule des Kalbes oben liegt. Bei der Hinterendlage sind die Klauen der Hinterbeine zuerst zu sehen, wobei die Afterklauen nach oben gerichtet sind. Diese beiden Lagen sind dann als normal zu bezeichnen, wenn das Kalb in oberer Stellung liegt. Das heißt, dass die Wirbelsäule des Kalbes in Richtung Wirbelsäule des Muttertieres zeigt.

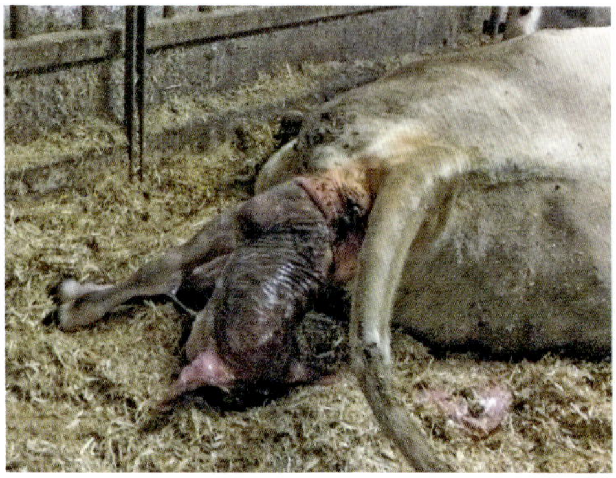

Geburt in Vorderendlage und oberer Stellung: Vorderbeine und Kopf kommen zuerst, der Rücken des Kalbes zeigt zur Wirbelsäule der Mutter. © WP

Damit die drei Phasen der Geburt, innere Wehen, Bauchpresse und Austreibungsphase, ohne Unterbrechung ablaufen können braucht es Ruhe. Diese Ruhe suchen wildlebende Wiederkäuer durch Absonderung von der Herde. Im Stall ist dafür zu sorgen, dass die Geburt nicht durch permanente Störungen, wie Licht anschalten oder Kontrollgänge, unterbrochen wird. Stress hemmt den natürlichen Geburtsablauf und natürliche Vorgänge wie die Aufweitung des Muttermundes durch die Wasserblase werden unterbrochen. In der Natur ist dieser Unterbrechungs-Mechanismus nötig, um sich vor Feinden, wie z. B. Wölfen, in Sicherheit zu bringen und dann die Geburt an einem sicheren Ort fortzusetzen. Sie können sich diese Geburtsunterbrechung zu Nutze machen, wenn wegen einer Fehllage oder der enormen Größe des Kalbes eine normale Geburt unmöglich erscheint. Während Sie auf den Tierarzt warten, versuchen Sie das Tier aufzutreiben. Auch ein permanentes Herumführen des Muttertieres kann die Geburt unterbrechen. Dadurch rutscht das Kalb wieder zurück in die nun etwas entspanntere Gebärmutter (Wehenpause), wodurch es gut durchblutet wird. Bleiben die Tiere in dieser Situation in den Wehen liegen, kommt es häufig zu massiven Schwellungen im Bereich der Vulva, aber auch Kopf und Zunge des Kalbes schwellen an. Sofern es die Geburt überlebt, ist zunächst in jedem Fall die Sauglust stark vermindert.

Ausreichend Platz: Rinder sollten nach Möglichkeit in einer eigens dafür vorgesehenen Abkalbebox gebären. Dabei können auch mehrere Tiere gleichzeitig in diesem Bereich gehalten werden. Pro Tier werden rund 12 m² eingestreute Liegefläche benötigt. Handelt es sich um Einzelboxen, ist eine Fläche von 4 m x 4 m vorzusehen, um von allen Seiten nötigenfalls Geburtshilfe leisten zu können. Der Vorteil großer Abkalbeabteile besteht vor allem darin, dass Kühe sich zum einen problemlos ablegen können, eine gestreckte Seitenlage möglich ist, aber auch das Aufstehen durch einen uneingeschränkten Kopfschwung leicht gelingt.

Während der Geburt hat das Kalb die Aufgabe, sich aktiv durch Streckung der Beine in die Geburtsposition zu bringen. Dabei kann es bei sehr rasch ablaufenden Geburten passieren, dass ein Kopf und ein Bein bereits in das Becken gedrückt werden, bevor das zweite Bein die entsprechende Haltung eingenommen hat (Schulterbeugehaltung). Das meist liegende Muttertier presst nun vergeblich weiter. Befindet sich die Kuh in einer großen Box, wird sie nach einiger Zeit aufstehen. In einer Wehenpause rutscht das Kalb wieder etwas tiefer in die Gebärmutter und kann nun das zweite Bein in den Geburtskanal bringen. Befindet sich das Muttertier in einer einfachen Liegebox mit geringem Kopfschwung oder gar in Anbindehaltung, wird aus dieser Situation eine Schwergeburt entstehen.

Auch aus Gründen der Rutschfestigkeit sind tiefgestreute Abkalbebereiche anderen Systemen vorzuziehen. Gerade im geburtsnahen Zeitraum ist die Standfestigkeit der Kühe vermindert, da es zu einer Lockerung der Bänder im Beckenbereich kommt. Außerdem stellt Kalziummangel in dieser Situation ein zusätzliches Risiko dar, dass es bei Aufstehversuchen zu Verletzungen kommen kann.

Gewohnte Umgebung: Für unsere Tiere ist es immens wichtig, dass sie nicht während oder kurz vor der Geburt umgesperrt werden. Sowohl die gewohnte Umgebung als auch die gewohnten Artgenossen tragen zu Ruhe und Sicherheit bei. Jede Ortsveränderung, aber auch jeder Gruppenwechsel führt zu Stress und kann die Geburt unterbrechen oder zumindest verlangsamen. Die einzige Ausnahme von dieser Regel ist die sogenannte „Just in Time“-Geburt. Dabei werden in großen Herden mit permanenter Geburtsüberwachung die Kühe erst in dem Moment in eine saubere Geburtsbox umgesperrt, wenn die Beine des Kalbes bereits deutlich außerhalb der Scham sichtbar sind. In diesem Stadium kann die Kuh die Geburt nicht mehr unterbrechen. Damit lassen sich in diesen Milchviehanlagen sehr hygienische Geburtsbedingungen schaffen, da die Tiere auf Gummiunterlagen abkalben und Nachgeburten und Fruchtwässer dann peinlichst genau entfernt werden. In unseren Familienbetrieben ist ein solches System kaum umsetzbar und auch der Keimdruck ist üblicherweise kleiner, sodass eine Abkalbung in der stabilen, sozialen Gruppe der spättrockenstehenden Kühe eine gute und vor allem stressfreie Alternative darstellt.

Geburtsprobleme

Rinder sollten ohne Mithilfe in aller Ruhe und in gewohnter Umgebung alleine abkalben. Es gibt jedoch Situationen und klare Anzeichen, die ein Alarmsignal sind, um einzugreifen. Dazu gehören Tiere, die sehr unruhig sind, immer wieder aufstehen und sich wieder ablegen, manchmal auch mit den Beinen gegen den Bauch treten und weder wiederkauen, noch fressen. Jene Kühe sind verdächtig, bei denen drei bis vier Stunden nach dem Sprung der Wasserblase noch keine Schleimblase oder Fruchtteile zu sehen sind. Und natürlich ist bei festliegenden Tieren wegen meist geringer Wehentätigkeit die Geburt genau zu beobachten und zu überwachen.

Muss nun in die Geburt eingegriffen werden, ist in allen Bereichen auf möglichst gute Hygiene zu achten und die benötigten Utensilien sollten vorbereitet und griffbereit sein. Als erstes braucht es eine saubere, gut beleuchtete Abkalbebox, die ordentlich eingestreut ist. Auch ein geeigneter, sauberer Platz für das neugeborene Kalb muss dabei vorbereitet sein. Befindet sich das Muttertier nicht in einer rutschfesten Tiefstreubox, sind unbedingt Fußfesseln anzulegen, damit es nicht zum Ausgrätschen kommen kann.

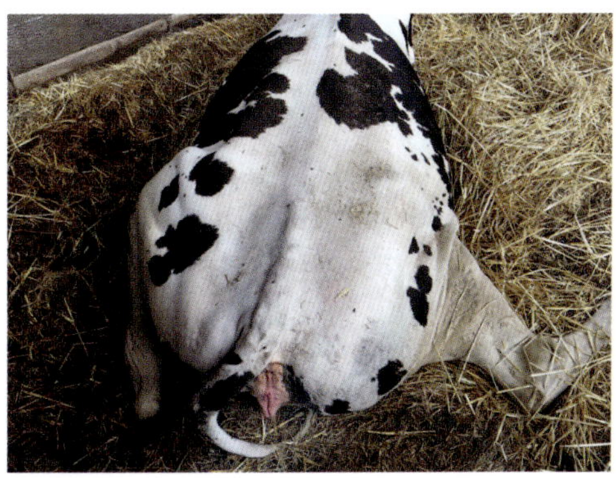

Verletzung (Ausgrätschen) auf zu glattem Boden
© WP

Bevor Sie nun mit der Geburtshilfe bzw. der ersten Kontrolle starten, wird ein Eimer mit warmem Wasser bereitgestellt. In einem weiteren Kübel befinden sich gewaschene Geburtsstricke, sowie saubere Geburtsstöcke. Auch ein Desinfektionsmittel und die Nabeldesinfektion (Blauspray, Jodlösung, ...) sind mit im Gepäck. Nach Fixation des Tieres wird der Schwanz zur Seite gehalten oder nach vorne gebunden und dann der Schambereich sowie die umliegende Haut mit sauberem Wasser und Seife (Desinfektionsmittel) gereinigt. Nach gründlicher Reinigung der Hände und Arme kann nun eine vaginale Untersuchung vorgenommen werden. Dabei ist besonders auf die Weite des Scheidenraumes, die Öffnung des Muttermundes und natürlich die Lage und Stellung des Kalbes zu achten.

Die drei häufigsten Geburtsprobleme sind **Schwergeburten, fehlerhafte Stellung oder Lage des Kalbes** und die **Gebärmutterdrehung**.

Schwergeburten entstehen durch ein Missverhältnis zwischen Größe des Kalbes zum Beckendurchmesser des Muttertieres. Dabei spielen die absolute Größe des Kalbes sowie seine Bemuskelung eine Rolle. Auf diese Parameter muss bei der Auswahl von Sperma oder Stier geachtet werden. In den Zuchtdaten der Besamungsstiere ist der Kalbeverlauf mit dem Wert „Kp“ (Kalbeverlauf paternal – „vaterseits“) bezeichnet. Wobei Werte unter 100 einen schwereren Geburtsverlauf kennzeichnen und ein möglichst hoher Wert über 100 eine Leichtkalbigkeit verspricht.

Bei Muttertieren sind enge Becken ein Problem, wobei sehr junge Kalbinnen natürlich wegen ihrer Körpergröße eher dazu neigen, einen geringen Beckendurchmesser zu haben. Vor allem die untere Verbindung der beiden Beckenknochenhälften (Symphyse, „Schluss“) hat bei sehr jungen Tieren oft noch eine Aufwölbung nach oben, die ein Geburtshindernis darstellen kann. Aus diesem Grund sollte bei der Erstbelegung der Kalbinnen auf eine entsprechende körperliche Entwicklung geachtet werden. Fleckviehkalbinnen gelten ab einem Körpergewicht von rund 420 kg als besamungsreif, was einem Brustumfang von etwa 185 cm entspricht. Bei Holsteintieren kann ab 400 kg (Brustumfang 180 cm) besamt werden.

Enge Becken können aber auch durch alte, meist abgeheilte Verletzungen an der Darmbeinsäule entstanden sein, die oft zu knöchernen Einengungen des Beckens führen. Wurden Tiere etwa beim Bespringen verletzt oder ist es durch Unfälle zu einer Asymmetrie der Beckenknochen gekommen, sollten die Tiere unbedingt vor der Besamung vom Tierarzt auf Zuchttauglichkeit untersucht werden.

Neben den Verengungen des knöchernen Geburtsweges spielt vor allem die Verfettung bei Schwergeburten eine Rolle. Denn zum einen verkleinern eingelagerte Fettpolster den knöchernen Geburtsweg und auf der anderen Seite kann Fettgewebe aus dem hinteren Bereich der Bauchhöhle während der Presswehen mit in den Geburtskanal geschoben werden und somit den Platz weiter einengen. Im Rahmen der Geburtshilfe ist häufig zu bemerken, dass zwar die Vorderbeine in den Geburtsweg kommen, der Kopf aber zu weit hinten bleibt oder gar seitlich oder nach unten wegkippt. Die geburtshilflichen Maßnahmen bei solchen Schwergeburten sollten unbedingt von Experten durchgeführt werden. Im ersten Schritt muss festgestellt werden, ob eine Geburt auf natürlichem Weg überhaupt wahrscheinlich ist. Dazu werden am stehenden Muttertier die Vorderbeine des Kalbes mit Geburtsstricken fixiert und eine Person zieht das Kalb in das Becken der Mutter. Der Geburtshelfer versucht nun seine gewaschene Hand entlang der Vorderbeine bis über den Kopf des Kalbes zu schieben, der sich bereits im knöchernen Becken befinden sollte. Ist in dieser Position des Kalbes nicht mehr genügend Platz, um die Hand zwischen Kopf des Kalbes und Kreuzbein der Kuh zu bringen, sollte ein Auszug des Kalbes nicht versucht werden. Selbst wenn Sie es schaffen Vorderbeine, Kopf und Brustkorb herauszuziehen, besteht in diesem Fall eine immense Gefahr, dass das Becken des Kalbes nicht durch den Geburtsweg passt. Kann wegen einer positiven Handprobe (Hand passt zwischen Kopf und Becken) ein Auszug versucht werden, sollte sich die Kuh davor ablegen. Meist geschieht dies ohne unser Zutun, sobald wir dem Muttertier etwas Ruhe geben. Bei nervösen Jungtieren kann ein Ablegen mit der „Heuseilmethode" durchgeführt werden.

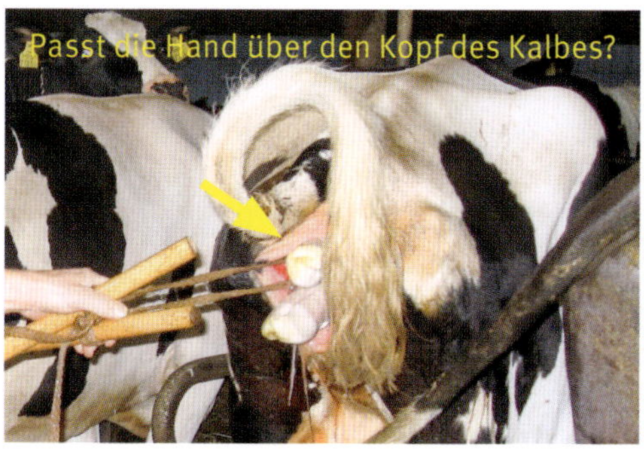

„Handtest" vor Beginn der Geburtshilfe © WP

TIPP

YouTube-Video vom Tiroler Tiergesundheitsdienst mit dem Titel: Modernes Fruchtbarkeitsmanagement bei der Milchkuh. Neben den Strategien zur Förderung der Fruchtbarkeit von Milchkühen finden Sie auch Tipps rund um die Geburt.

In jedem Fall muss das Muttertier auf der linken Körperseite (von hinten betrachtet!) zu liegen kommen, damit das Kalb auf dem Pansen liegt. Liegt die Kuh auf der rechten Seite, wäre es unter dem Pansen eingeklemmt. Im Liegen können Kühe mit ihrer Bauchpresse die Geburt effektiv unterstützen und das knöcherne Becken wird wegen der angespannten Bauchmuskulatur in eine hochovale und damit weitere Position gebracht. Bei der Zughilfe sollten maximal zwei Personen beteiligt sein. Der Geburtshelfer gibt Anweisungen, damit nur während der Wehen gezogen wird. In Wehenpausen muss der Zug nachlassen, damit Geburtsweg und Kalb wieder durchblutet werden.

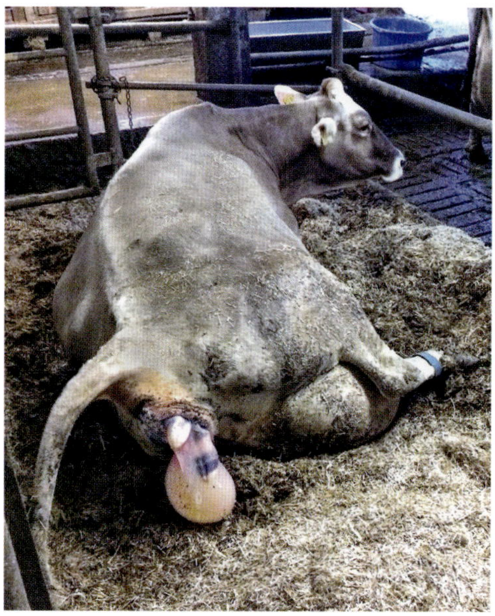

Bei der Geburt in linker Seitenlage liegt das Kalb auf der rechten Bauchseite und somit oberhalb des Pansens. © WP

Die erste Auszugsphase verläuft parallel zur Rückenlinie der Kuh gerade nach hinten. Sobald die Schulter des Kalbes aus der Scham ausgetreten ist, wird die Zugrichtung zum Euter hin verändert, wobei die Geburtsstricke überkreuzt und das Kalb unter Mithilfe des Geburtshelfers um 90 Grad gedreht und somit herausgeschraubt wird. Ziel muss es dabei sein, das Becken des Kalbes beim Durchtritt durch das knöcherne Becken der Mutter um 90 Grad zu drehen.

Kommt es dennoch zu einem Steckenbleiben des Kalbes im Becken, ist die Zughilfe zu unterbrechen. Nun muss zunächst die Nabelschnur des Kalbes durchtrennt werden. Damit bekommt das Kalb den Reiz selbst zu atmen, was wegen des bereits außerhalb der Kuh befindlichen Brustkorbs problemlos möglich ist. Hat sich das Kalb nach wenigen Minuten gut erholt und atmet ruhig, können Sie nun versuchen das Kalb gänzlich herauszuziehen. Oftmals genügt es bereits, das Muttertier zum Aufstehen zu bewegen. Die Bewegung im mütterlichen Becken löst dann das eingeklemmte Kalb. Auch ein Umdrehen der Kuh auf die andere Körperseite führt häufig zu einer Lösung des Kalbes aus der Kuh.

Während bei Fleckviehkälbern und diversen Mastrassen eher das Becken des Kalbes zu Problemen führt, stellt bei Milchrassen (v. a. Holstein) der tiefe Brustkorb ein Geburtshindernis dar. Zwar ist der Auszug zu großer Kälber im Liegen mit etwas Kraftaufwand oft möglich, jedoch entstehen dabei mitunter Rippenbrüche bei den Neugeborenen. Diese Kälber geben dann nach der Geburt die typischen klagenden Muh-Laute von sich und sterben oft innerhalb der ersten 24 Stunden.

Fehlerhafte Stellungen oder Lagen des Kalbes führen stets zur Unterbrechung der Austreibungsphase. Somit sehen Sie zwei Stunden nach dem Sprung der Wasserblase entweder gar keine Fruchtteile oder die bereits sichtbaren Beine werden trotz intensiver, mehrmaliger Wehen nicht weiter nach außen bewegt. In beiden Fällen ist eine Kontrolle nötig, die Sie am stehenden Tier unter den oben beschriebenen Hygienevorkehrungen (Reinigung von Scham und Händen, Schwanz fixieren) durchführen. Zunächst beurteilen Sie die Lage und Stellung des Kalbes. Im Falle einer Drehung, bei der das Kalb seitlich oder mit dem Bauch nach oben liegt, müssen Sie untersuchen, ob eine Drehung der gesamten Gebärmutter vorliegt. Ist dies nicht der Fall, kann versucht werden, das Kalb in die richtige Stellung zu drehen. Auch einfache Haltungsfehler, bei denen ein Bein umgeknickt und nicht im Geburtskanal ist, können mit einiger Übung am stehenden Tier korrigiert werden. Dabei ist stets darauf zu achten, die Klauen der Kälber mit der Hand zu umschließen, damit diese nicht die Gebärmutterwand verletzen. Kann eine Lageberichtigung nicht durchgeführt werden, ist unbedingt ein Tierarzt zu rufen. Bis zum Eintreffen muss das Tier nun in jedem Fall am weiteren Pressen gehindert werden, was durch Herumtreiben oder Führen des Tieres am besten gelingt. So bleibt das Kalb weiterhin in seiner gewohnten Lage in der Gebärmutter und wird über die Nabelschnur mit ausreichend Sauerstoff und Nährstoffen versorgt.

Die **Gebärmutterdrehung** stellt ein weiteres Geburtsproblem dar, das gehäuft bei der Rasse Braunvieh auftritt. Die typischen Anzeichen dafür sind Trippeln, häufiges Aufstehen und Abliegen, Unruhe oder ein Schlagen der Beine gegen den Bauch. Auch wenn Kühe bei denen der Geburtsmelder angeschlagen hat oder bei denen die Temperatur bereits vor 24 Stunden abgesunken ist, keine Anzeichen einer Geburt zeigen, sollte auf eine Gebärmutterdrehung hin untersucht werden. Bei der Gebärmutterdrehung ist die gesamte Gebärmutter eingedreht, wobei die Drehstelle sich in der Nähe des Muttermundes befindet. Je nach Ausmaß der Drehung kann der Muttermund etwas geöffnet sein, sodass Sie mit der Hand bis zum Kalb gelangen, oder es handelt sich um eine vollständige Drehung. In diesem Fall ist das Kalb über den Scheidenraum nicht zu tasten. In jedem Fall muss die Diagnose „Gebärmutterdrehung" über eine rektale Untersuchung bestätigt werden. Dies wird in der Regel der gerufene Tierarzt machen, kann jedoch mit etwas Übung von Landwirten, die selbst besamen, auch untersucht werden. Dazu müssen Sie wissen, dass die Gebärmutter rechts und links mit breiten Mutterbändern am Becken fixiert sind. In einer normalen Geburtssituation sind diese Bänder locker und Sie können auch vom Mastdarm aus den Kopf und die Beine des Kalbes tasten, wobei wir sowohl von oben als auch rechts und links des Kalbes freien Zugang haben. Im Falle einer Gebärmutterdrehung wickeln sich die Bänder um die Gebärmutter und sind somit gespannt, wobei eines oberhalb und eines unterhalb der Frucht verläuft. Durch das obere gespannte Band, lässt sich nun eine Seite des Kalbes nicht mehr betasten. Bei einer Drehung gegen den Uhrzeigersinn liegt das rechte Band gespannt über dem Kalb und Sie kommen nur noch links vorbei.

Das Aufdrehen muss nun entgegen der Drehrichtung passieren und sollte zur Schonung des Muttertieres vom Fachmann durchgeführt werden. Unterschiedlichste Techniken bis hin zum Wälzen der Kuh werden angewandt. Nachdem Kalb und Gebärmutter nun wieder in der richtigen Position liegen, sollte der Kuh etwas Ruhe gewährt werden, um die Geburt fortzusetzen. Insbesondere die Aufweitung des Muttermundes benötigt etwas Zeit, da durch die Drehung eine Dehnung mit der Wasserblase meist nicht erfolgt ist. In seltenen Fällen kann der Geburtsbeginn allerdings schon zu lange zurückliegen, sodass die Aufweitung des Muttermundes nicht mehr möglich ist. In solchen Fällen kann das Kalb nur noch über einen Kaiserschnitt entbunden werden.

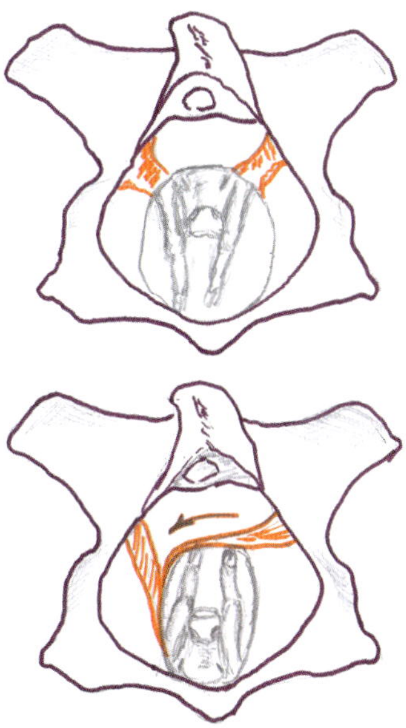

Gebärmutterdrehung um 180 Grad nach links. Die Gebärmutterbänder sind in orange dargestellt. Das rechte Gebärmutterband spannt sich über das am Rücken liegende Kalb, sodass der Untersucher bei einer rektalen Untersuchung nur links am Kalb nach unten tasten kann. Rechts behindert das stark gespannte Band die Untersuchung. © WP

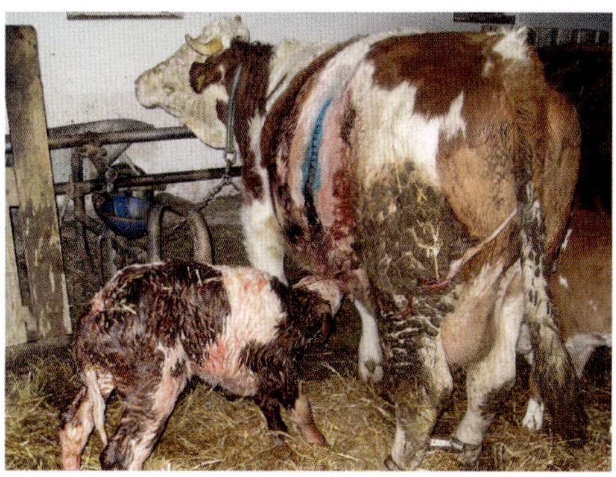

Mutterkuh direkt nach einem Kaiserschnitt mit saugendem Kalb © WP

Generell ist ein **rechtzeitig durchgeführter Kaiserschnitt** die beste Methode, um Abkalbeprobleme zu lösen. Solange das Muttertier noch stehfähig ist und das Kalb über die Nabelschnur gut versorgt wird, führt ein sorgsam ausgeführter Kaiserschnitt zu einem gesunden Kalb und einer leistungsbereiten Kuh.

Der Zusammenhang zwischen **Geburt und Fruchtbarkeit** ist vor allem durch fehlerhafte Geburtshilfe bedingt. Hier spielen Infektionen, die bei mangelnder Hygiene im Zuge der Geburtshilfe passieren, eine große Rolle. Aber auch Verletzungen bei der Geburt sind zu erwähnen. Einrisse im oberen Scheidenbereich (Dammrisse) führen zu einem mangelhaften Schluss der Schamspalte und oftmals kommt es zu Verschmutzungen durch Kot in diesem Bereich. Die daraus resultierenden Scheidenentzündungen können während der Besamung zu Gebärmutterentzündungen führen.

In Fällen, in denen der Auszug bei noch nicht verstrichenem Muttermund passiert, reißt dieser vielfach ein. Die Folge sind Narbenbildungen im Muttermund, die einen vollständigen Verschluss verhindern. Dadurch kann es immer wieder zum Eindringen von Keimen aus der Scheide in die Gebärmutter kommen, wodurch bei trächtigen Tieren Fehlgeburten möglich sind.

Aber auch Verletzungen in der Gebärmutter, besonders bei nicht sachgemäßer Lageberichtigung, passieren im Zuge der Geburtshilfe. Abszess- und Narbenbildungen an und in der Gebärmutterwand sind die Folge und reduzieren die kommende Fruchtbarkeitsleistung der Tiere.

Puerperium – die Nachgeburtsphase

Der **Abgang der Nachgeburt** schließt den Geburtsprozess ab und sollte innerhalb von sechs Stunden erfolgen. Danach wird von einem verzögerten Nachgeburtsabgang

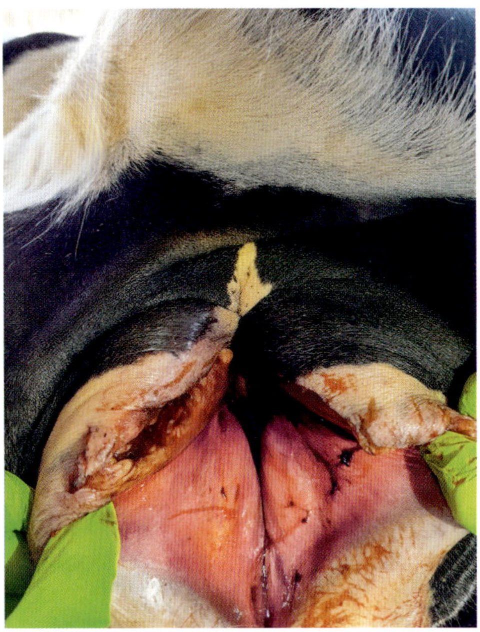

Frischer Dammriss nach einer Schwergeburt © WP

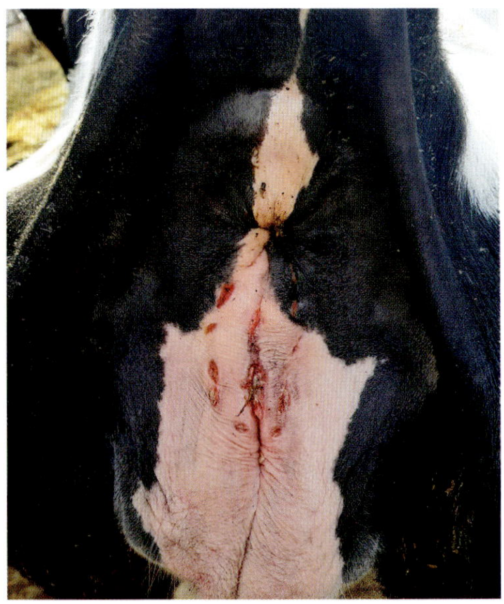

14 Tage nach der chirurgischen Versorgung werden die Nähte entfernt. Die Schamlippen bilden einen intakten Verschluss der Scheide. © WP

gesprochen und ab zwölf Stunden liegt ein Nachgeburtsverhalten vor. Dabei ist zu unterscheiden, ob das Muttertier neben dem Nachgeburtsverhalten noch andere Krankheitssymptome zeigt oder nicht. Liegt ein unkompliziertes Nachgeburtsverhalten vor, fressen und melken die Kühe erwartungsgemäß und haben kein Fieber. In solchen Fällen genügt es, die Nachgeburt nach zwölf Stunden unter Zug möglichst scheidennahe abzuschneiden. Dadurch gleitet der saubere Innenteil in die Gebärmutter und der Muttermund kann sich verschließen. Nach sieben bis zwölf Tagen wirft die Kuh die Reste der Nachgeburt im Zuge der ersten leichten Brunst aus.

Kommt es allerdings zu Fieber oder ist das Allgemeinverhalten der Kühe vermindert, ist in jedem Fall ein tierärztliches Eingreifen angezeigt. Oftmals werden dann jene Nachgeburtsteile abgenommen, die sich leicht entfernen lassen und die Tiere antibiotisch versorgt. Keinesfalls darf mit Gewalt versucht werden alle noch anheftenden Teile abzulösen, da dies zu Gebärmutterverletzungen und späteren Fruchtbarkeitsstörungen führt.

Die anschließende Nachgeburtsphase hat im Wesentlichen zwei Aufgaben. Zum einen startet in dieser Zeit der Zyklus auf den Eierstöcken und zum anderen muss sich die Gebärmutter kontrahieren und reinigen.

Zyklusstart und Gebärmutterrückbildung

Der Beginn eines neuen Eierstockzyklus wird bereits in der ersten Woche nach der Abkalbung durch das Hormon FSH (Follikel stimulierendes Hormon) gestartet. Dies führt zu einem Wachstum der Eibläschen auf den Eierstöcken und löst im Idealfall schon innerhalb der ersten zwei Wochen einen Eisprung aus. Dabei wirkt sich das, in den Eibläschen produzierte, Hormon Östrogen positiv auf die Gebärmutterrückbildung und die Abwehrkraft derselben aus. Der nun folgende Eisprung führt durch die Kontraktion der Gebärmutter ebenfalls zur Reinigung und häufig schleimen die Kühe auch aus, wobei sich in diesem frühen Stadium oftmals noch etwas Eiter unter den sonst klaren Schleim mischt.

Ein Wunder der Natur stellt in dieser Phase die Rückbildung der Gebärmutter dar. Während dieses Organ kurz vor der Geburt noch groß genug ist, um ein 50 kg schweres Kalb mitsamt Fruchtwasser und Fruchthüllen zu beinhalten, lässt sich die gut rückgebildete Gebärmutter bereits zwei Wochen später mit der Hand abgrenzen.

Aber nicht in allen Fällen verläuft diese frühe Nachgeburtsphase ohne Probleme. Auf Seiten der Eierstöcke kann es zu einem **verzögerten Zyklusstart** kommen. Ursache dafür können Schwergeburten, Nachgeburtsverhalten oder auch Gebärmutterinfektionen sein. Vor allem aber spielt die Energieversorgung in dieser Phase eine große Rolle, da eine starke Abnahme der Körperkondition (BCS-Verlust) ebenfalls den ersten Eisprung verzögert. Die dadurch verminderten Östrogenwerte schwächen die Abwehrkraft der Gebärmutter und der fehlende Eisprung führt zu einer verlangsamten Gebärmutterrückbildung. Beides reduziert die spätere Fruchtbarkeit deutlich.

Allerdings kann auch ein geglückter Zyklusstart in einer Sackgasse enden. Dies ist dann der Fall, wenn die Gebärmutter sich bei der ersten Brunst wegen zu starker Füllung nicht ausreichend entleert. In solchen Fällen bildet sich nach dem Eisprung auf dem Eierstock ein Gelbkörper. Üblicherweise würde dieser nach etwa drei Wochen durch ein Signal aus der Gebärmutter wieder aufgelöst werden, sodass das Tier wieder in Brunst kommt. Ist in der Gebärmutter allerdings eine Füllung (meist Eiter) vorhanden, wird dieses Signal, ähnlich wie bei einer Trächtigkeit, nicht ausgesandt und der Gelbkörper bleibt bestehen – der Zyklus ist blockiert! Dieser **„persistierende (bestehenbleibende) Gelbkörper“** kann immer nur nach dem ersten Eisprung und bei gefüllter Gebärmutter vorhanden sein. Die eitrig gefüllte Gebärmutter wird in diesem Fall auch als **Pyometra** bezeichnet. Die betroffenen Tiere zeigen äußerlich meist kaum Erscheinungen, da der Muttermund wie bei einer Trächtigkeit verschlossen ist. Es lässt sich dieses Problem daher auch bei genauer äußerlicher Begutachtung kaum erkennen. Je eher ein Tierarzt diese Problemtiere im Zuge einer Kontrolluntersuchung diagnostiziert, umso besser sind die Heilungschancen. Üblicherweise wird der Gelbkörper durch Hormongaben (Prostaglandin) aufgelöst und die Kuh kommt in Brunst, wodurch sich die Gebärmutter entleert. Für eine erfolgreiche Therapie können je nach Schwere des Falles zwei bis drei Injektionen im Abstand von 10 bis 14 Tagen nötig sein. Spülungen oder antibiotische Therapien sind bei starken Füllungen in der Regel wirkungslos.

Neben dem verzögerten Zyklusstart durch Mangel an FSH, kann auch der Eisprung verzögert oder gar unterbunden sein. Die weiterwachsenden Eibläschen entwickeln sich dann zu sogenannten **Follikelzysten**. Diese produzieren Östrogen und die betroffenen Kühe sind meist schon äußerlich erkennbar. Eine vergrößerte Scham mit schleimigem, manchmal auch etwas eitrigem, Ausfluss, eingebrochene Beckenbänder (Einsenkungen links und rechts vom Schwanzansatz) und ein dauerbrünstiges Verhalten stehen bei länger anhaltender Zystenbildung im Vordergrund. Da diese Tiere über längere Zeit nicht in Brunst kommen, fehlt auch die regelmäßige Kontraktion der Gebärmutter, sowie deren mehrmalige Schleimhauterneuerung im Anschluss an den Eisprung. Somit werden Infektionen nach der Geburt auch verzögert ausheilen. Aus diesem Grund ist eine frühzeitige Therapie von Zysten äußerst wichtig. Üblicherweise folgt in diesen Fällen eine Hormontherapie mit GnRH (Gonadotropes Releasing-Hormon), um damit über eine LH-Ausschüttung (Luteinisierendes Hormon) einen Eisprung auszulösen und somit einen neuen Zyklus zu starten.

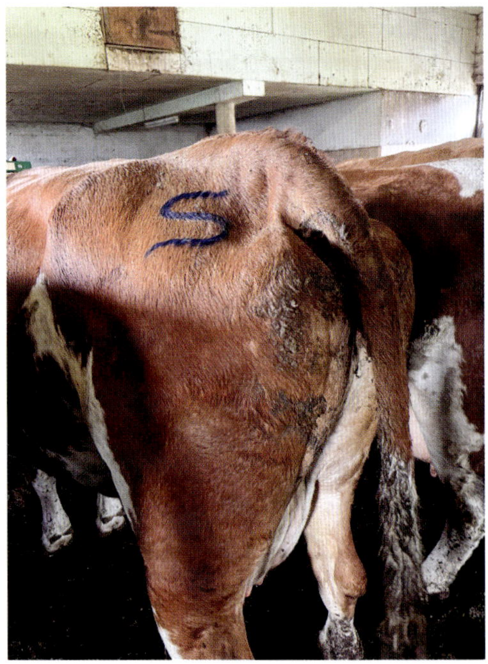

Fleckviehkuh mit Follikelzyste. Äußerlich sind die eingefallenen Beckenbänder neben dem Schwanzansatz erkennbar. Das „S“ markiert die Kuh für die nachfolgende Therapie mit einer Spirale. © WP

Die Startprobleme am Eierstock führen eben auch zu entsprechenden **Erkrankungen der Gebärmutter** bzw. lassen diese nicht ausheilen. Neben den beschriebenen Ursachen (verzögerter Zyklusstart, persistierender Gelbkörper, Follikelzyste) kann aber auch subklinischer Kalziummangel nach der Geburt die Rückbildung der Gebärmutter verzögern. Gerade bei älteren Kühen ist dieses Problem bekannt. Auch wenn die Tiere bei der Geburt nicht festliegen, erholt sich ihr Kalziumspiegel nach der Geburt oftmals zu langsam, wodurch sich Muskelschwächen und damit Kontraktionsprobleme auch in der Gebärmutter feststellen lassen.

Vermehrte **Gebärmutterentzündungen** zeigen Kühe mit **Nachgeburtsverhalten, unhygienischer Geburtshilfe, Selenmangel, Kalziummangel** und **hormonellen Problemen**, die meist mit **Energiemangel** in Zusammenhang stehen. Neuere Forschungsergebnisse weisen darauf hin, dass **Stress** und **mangelnder Kuhkomfort** ebenfalls zu einer größeren Zahl dieser Erkrankungen führen können.

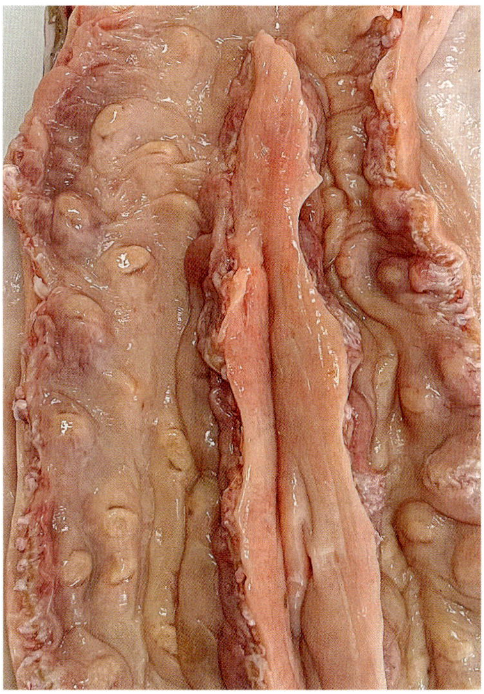

Der gräuliche Belag und trübe Schleim in der eröffneten Gebärmutter sind eindeutige Zeichen für eine Metritis. © WP

Kommt es in den ersten drei Wochen nach der Geburt zu Gebärmutterentzündungen, werden diese als Metritis bezeichnet. Sofern in diesen Fällen Fieber, schlechte Fresslust und ein vermindertes Allgemeinverhalten auftritt, sollten die Tiere behandelt werden. Oftmals reicht dabei die Verabreichung eines Entzündungshemmers aus, um die Selbstheilung des Tieres zu unterstützen. In schwereren Fällen sind Antibiotika meist unumgänglich. In jedem Fall sollte aber die Ursache erforscht und künftig vorgebeugt werden.

Sind Tiere mehr als drei Wochen nach der Geburt noch nicht völlig rein (kein klarer Schleim während der Brunst), kann bei geringgradiger Füllung auch eine Spülung bzw. antibiotische Therapie der Gebärmutter zur Heilung führen.

Die frühe Kontrolluntersuchung – „Puerperalkontrolle“

Im Zuge von regelmäßigen Fruchtbarkeitskontrollen hat vor allem die Puerperalkontrolle (Kontrolle der Tiere nach der Abkalbung) einen großen Stellenwert. Zum einen geht es darum, Veränderungen an Eierstock (verzögerter Zyklusstart, persistierender Gelbkörper, Follikelzyste) und Gebärmutter (Pyometra, Entzündungen) zu erkennen und frühzeitig zu therapieren. Auf der anderen Seite werden auch Geburtsverletzungen wie Scheidenabszesse, Dammrisse oder Verletzungen des Muttermundes in dieser frühen Phase gut erkannt. Insbesondere Scheidenabszesse und Dammrisse lassen sich meist auch chirurgisch gut versorgen, damit in weiterer Folge daraus keine Fruchtbarkeitsstörungen entstehen.

Daher ist es wichtig, regelmäßig alle Tiere im Zeitraum von zwei bis fünf Wochen nach der Abkalbung untersuchen zu lassen, um durch gezielte Therapien eine gute Voraussetzung für die künftige Fruchtbarkeit zu schaffen.

Brunsterkennung und Sterilitätsprobleme

Grundsätzlich ist etwa sechs Wochen nach der Abkalbung jedes gesunde Rind wieder in der Lage, trächtig zu werden. In der wissenschaftlichen Literatur wird für die Rückbildung der Gebärmutter ein Zeitraum von 25 bis 50 Tagen angegeben, sodass im Idealfall bereits nach vier Wochen eine befruchtete Eizelle eine gute Chance hat in der Gebärmutter zum Embryo und weiter zum Fötus heranzuwachsen. Wie rasch dies geschieht und wie erfolgversprechend eine frühe Belegung ist, hängt von den beschriebenen Faktoren der Nachgeburtsphase ab und wird weitestgehend von einem frühen Zyklusstart und einer raschen Gebärmutterrückbildung geprägt.

Neben diesen physiologischen Gegebenheiten gibt es natürlich betriebsspezifische Faktoren, die den idealen Zeitpunkt für die nächste Trächtigkeit festlegen. In Mutterkuhbetrieben kann das Mindestalter der abgesetzten Kälber ein entscheidender Faktor sein, der eine Belegung vor dem 80. Laktationstag verbietet. In modernen Milchviehherden sind es eher ökonomische Gründe, die eine Verlängerung der Zwischenkalbezeit sinnvoll erscheinen lassen. Vor allem in Herden mit guter Persistenz werden Tiere oftmals erst deutlich nach dem 100. Laktationstag erstbesamt. Auch Tierschutzgründe sprechen für eine spätere Besamung und eine längere Zwischenkalbezeit. So ist es oftmals schwierig, Kühe nach 300 Laktationstagen trockenzustellen, wenn diese noch 30 Liter Milch geben. Auch die verminderte Anzahl von (Stier-)Kälbern pro Jahr ist bei einer verlängerten Zwischenkalbezeit ein Argument, um bei Milchrassen später zu besamen.

Trotz alledem haben neuere Forschungsergebnisse gezeigt, dass es eines gesunden Mittelweges bedarf, um eine dauerhaft gesunde, leistungsfähige und fruchtbare Milchviehherde zu haben.

In jedem Fall sollten Sie eine **freiwillige Rastzeit** für ihren Betrieb festlegen. Damit ist klar geregelt, dass Sie Kühe erst danach belegen wollen. Im Idealfall sollten also alle Tiere innerhalb von 21 Tagen nach Ende der freiwilligen Rastzeit erstmals belegt werden. Wäre unsere freiwillig Rastzeit z. B. 80 Tage, wären alle Kühe zwischen Tag 80 und Tag 101 nach der Abkalbung zu besamen. Um möglichst nahe an diesen Idealzustand heranzukommen, ist eine regelmäßige Brunstbeobachtung und natürlich auch Dokumentation bereits vor diesem Zeitraum nötig. Damit erreichen Sie eine gute Vorhersage, an welchen Tagen das jeweilige Tier stieren sollte und werden auch frühzeitig Kühe erkennen, die unregelmäßige Brunsten zeigen oder gar nicht stieren. Die häufigsten hormonell bedingten **Sterilitätsursachen** sind: **Azyklie, Anöstrie** und die **Follikelzyste**.

Azyklie

Unter Azyklie wird der tatsächliche Stillstand des Eierstockzyklus bezeichnet. Azyklische Tiere sind nicht in der Lage, sprungreife Eibläschen zu bilden und danach einen Eisprung auszulösen. In der Praxis zeigen diese Tiere keine Brunstsymptome, jedoch scheinen sie immer knapp vor einer Brunst zu sein, indem sie wegen der Östrogenbildung in den Follikeln eine leicht geschwollene Scham und etwas Schleim zeigen.

Im Zuge der Sterilitätsuntersuchung ist kein Gelbkörper zu sehen, jedoch sind einige mehr oder weniger große Eibläschen im Ultraschall erkennbar. Dasselbe Bild entsteht allerdings auch kurz nach einer Brunst, wodurch mit einer einmaligen Ultraschallkontrolle noch nicht sicher von einer Azyklie zu sprechen ist. Auch eine einmalige Milchuntersuchung auf Progesteron (Gelbkörperhormon) lässt keine sichere Aussage über eine Azyklie zu. Erst wenn nach etwa 10 bis 14 Tagen eine weitere Untersuchung einen niedrigen Progesteronwert ergibt oder bei der Ultraschallkontrolle noch immer kein Gelbkörper vorhanden ist, ist tatsächlich von einer Azyklie auszugehen.

Wie bereits im Puerperium, ist auch zu einem späteren Laktationszeitpunkt die Hauptursache für Azyklien ein starker Energiemangel. Tiere die nach der Geburt viel Gewicht und Körperkondition verlieren, kommen meist sehr lange nicht in Brunst. In einer Studie (Santos et al., 2009) konnte gezeigt werden, dass der Verlust der Körperkondition von über einem BCS-Punkt bei mehr als 40 % der Kühe den Zyklusstart über den 65. Laktationstag hinaus verzögert hat. Wenn Kühe keinen Konditionsverlust erlitten, waren weniger als 20 % azyklisch. Jedoch zeigte dieselbe Studie, dass die Milchleistung keinerlei Einfluss auf den Zyklusstart hatte. Ein identisches Bild zeigte sich auch beim Erstbesamungserfolg. Damit bestätigt diese Untersuchung, wie auch einige andere, dass die Konditionsveränderung nach der Abkalbung wohl ein Schlüsselfaktor in Bezug auf die Fruchtbarkeit ist!

Häufig wird Progesteron in Form von Vaginalspangen („Spiralentherapie") eingesetzt, um azyklische Tiere zu behandeln. Hierbei ist jedoch zu beachten, dass die verwendeten Produkte zwar ausreichend Progesteron abgeben, um Kalbinnen sehr verlässlich in Brunst zu bringen. Bei Kühen würde in den meisten Fällen trotz ihres höheren Körpergewichts die Progesterondosis zwar ausreichen, jedoch spielt hier der intensive Leber-

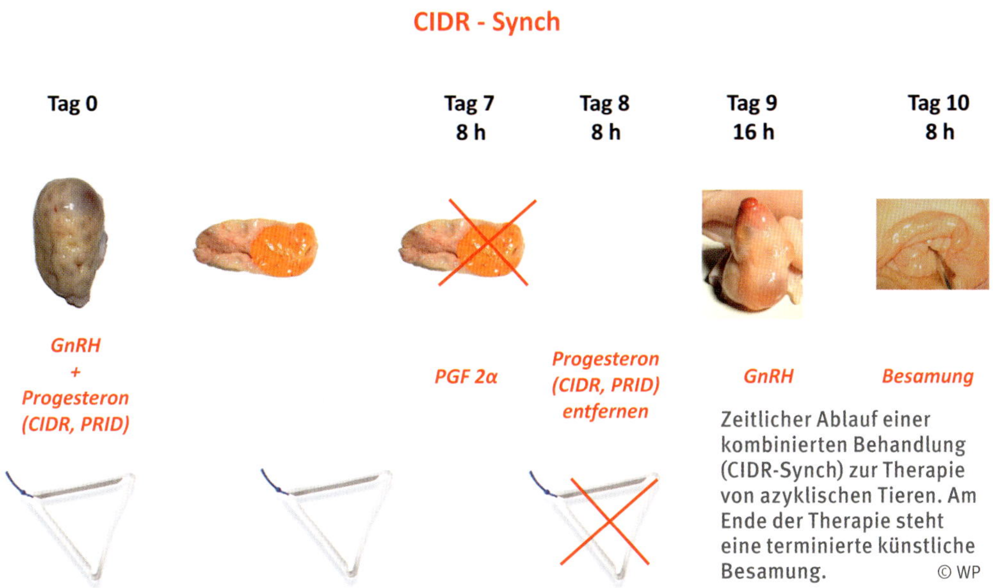

Zeitlicher Ablauf einer kombinierten Behandlung (CIDR-Synch) zur Therapie von azyklischen Tieren. Am Ende der Therapie steht eine terminierte künstliche Besamung. © WP

stoffwechsel bei hohen Milchleistungen eine entscheidende Rolle. Diese Tiere bauen Progesteron wegen ihrer höheren Leberdurchblutung rascher ab. Deshalb entstehen nur geringe Blutprogesteronspiegel. Zwar zeigen die Kühe nach Entfernen der Vaginalspange eine Brunst, aber die Eizellenqualität ist wegen der zu geringen Progesteronwerte in der Wachstumsphase der Eibläschen sehr gering. Obwohl es bei den darauffolgenden Besamungen meist zu einer Befruchtung kommt, entstehen daraus oft Embryonen mit schlechter Qualität. Diese sterben ab und die Kühe stieren nach. Jedoch startet wegen der Behandlung der Zyklus und bei der nächsten Brunst stehen die Chancen für eine Trächtigkeit deutlich besser.

Aus diesem Grund wurden in letzter Zeit Behandlungsverfahren erprobt, die Vaginalspiralen mit klassischen OvSynch-Verfahren kombinieren. Dabei wird ein Eibläschen durch GnRH (Releasing-Hormon) zur Ovulation gebracht, sodass sich ein natürlicher Gelbkörper bildet, der nun Progesteron produziert. Parallel dazu wird über eine Vaginalspange zusätzlich Progesteron verabreicht. Nach einer Woche wird mittels Prostaglandins der Gelbkörper aufgelöst und die Vaginalspange kurz darauf entfernt. Der rasche Progesteronabfall ermöglicht einen neuen Eisprung, der durch eine weitere Gabe GnRH unterstützt wird. Nun kann terminiert besamt werden.

Anöstrie

Wie bei der Ayklie zeigt sich auch bei der Anöstrie keine Brunst, wobei in diesem Fall der Zyklus am Eierstock dennoch regelmäßig abläuft. Der Grund für die „scheinbare“ Brunstlosigkeit liegt hier also nicht in einer hormonellen Störung, sondern an der Schwierigkeit diese zu erkennen. Kurze Brunsten, Klauenprobleme, glatte Böden oder Anbindehaltung sind nur einige mögliche Ursachen für Anöstrien.

Die Brunstbeobachtung und Brunsterkennung sind die wichtigsten Bereiche, um gezielt besamen zu können. Die **Milchmen-**

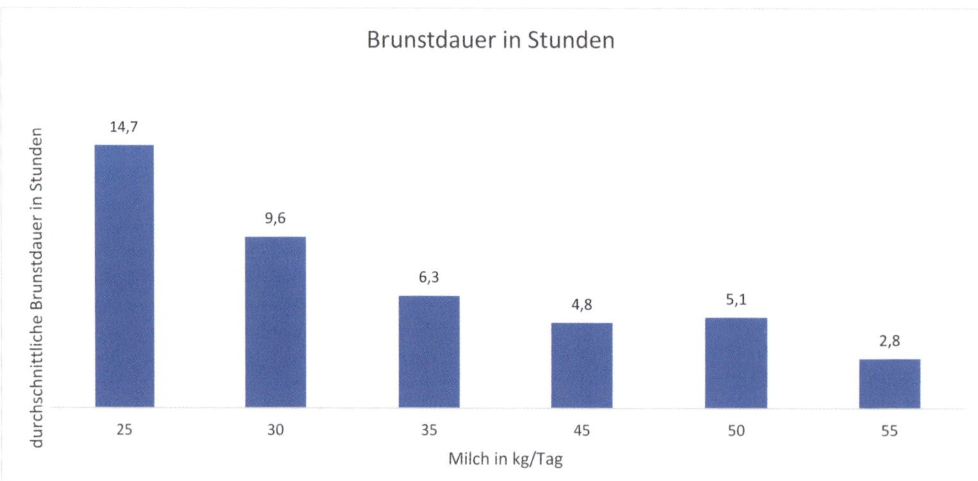

Zusammenhang zwischen Milchleistung und Brunstdauer. Bei Kühen mit mehr als 45 l Tagesmilchmenge verkürzt sich die Brunstdauer auf etwa fünf Stunden, während Tiere mit niedriger Leistung (25 l) bis zu 15 Stunden lang Brunstsymptome aufweisen (nach Lopez, 2004). © WP

ge der Kühe spielt jedoch in Bezug auf die **Brunstdauer** eine entscheidende Rolle. So wurde im Zuge einer wissenschaftlichen Arbeit festgestellt, dass Kühe, die eine Tagesleistung von rund 25 kg Milch produzieren eine Brunstdauer von etwa 15 Stunden aufwiesen. Mit steigender Leistung verkürzte sich die Brunstdauer dramatisch, sodass Tiere mit 45 kg Tagesmilch nur noch etwa fünf Stunden in Brunst waren. Damit lässt sich auch erklären, warum es meist schwerer fällt, höher leistende Kühe in Brunst zu erkennen. Diese Tatsache lässt sich ebenfalls aus der höheren Leberblutflussrate erklären. Denn je mehr Blut durch die Leber gepumpt wird, umso rascher wird auch das Brunsthormon Östrogen in der Leber abgebaut. Somit müssen Sie die Brunstbeobachtung bei Hochleistungstieren intensivieren bzw. technische Hilfsmittel in Form von Bewegungssensoren nutzen.

Die Bodenbeschaffenheit spielt auch eine wichtige Rolle im Brunstgeschehen. Die Angst der Tiere auf glatten Böden auszurutschen wirkt ebenso hemmend auf die Brunstbereitschaft, wie die Schmerzen, die Klauenbeinprellungen nach Aufsprüngen verursachen. Somit ergibt sich auf der Weide eine 15-mal häufigere Aufsprungaktivität als auf Betonböden. Der Einsatz von Gummibelägen auf Laufgängen, so wie die Schaffung eines rutschfesten Laufhofes kann hier zu einer deutlichen Verbesserung beitragen.

Dasselbe gilt natürlich für die Klauengesundheit. Lahme Kühe sind deutlich weniger aktiv und zeigen auch während der Brunst wenig Aufsprungaktivität. Regelmäßige Klauenpflege und das Wissen um die momentane Klauengesundheit eines Tieres erhöhen die Chancen, auch schwache Brunsten zu erkennen.

In der Therapie werden bei anöstrischen Tieren im einfachsten Fall Prostaglandine verwendet. Das sogenannte „Anspritzen" der Kühe bewirkt eine Auflösung des aktuellen Gelbkörpers, sodass sich bereits aus der nächsten Eibläschenwelle ein sprungreifer Follikel entwickelt. Allerdings lässt sich der Eisprung nicht genau vorhersehen, sodass die Tiere in einem Zeitfenster von zwei bis fünf Tagen nach der Injektion in Brunst kommen können.

Eine exaktere Möglichkeit, um anöstrische Kühe zu besamen, bieten OvSynch-Programme. Gerade bei Tieren, die wenig oder

Intensives Aufsprungverhalten bei Weidetieren auf trittsicherem Boden. © WP

Vorsichtiger Gang und wenige aktive Aufsprünge bei zu glattem Untergrund. © WP

keine Chance haben, ihre Brunst zu zeigen (Anbindehaltung, Lahmheit) können diese Protokolle eingesetzt werden. Eine Kombination aus GnRH und PGF führt über drei Injektionen zu einem fixierten Besamungstermin. Mittlerweile wurden diese Systeme noch verfeinert und werden in großen Herden auf bis zu sechs Injektionen erweitert. Dabei ist aber stets zu bedenken, dass eine große Anzahl an Tieren und Injektionen auch zu Fehlern führt, die dann den gegenteiligen Effekt haben. Daher sollten auch diese OvSynch-Programme nur nach genauer Diagnose und im Einzelfall durchgeführt werden.

Follikelzyste

Follikelzysten oder oft auch nur „Zysten" genannt, stellen eine Hormonstörung dar, bei der es zum Weiterwachsen sprungreifer Eibläschen auf eine Größe von mehr als 3 cm kommt. Bei manchen Kühen erreichen Zysten den Durchmesser eines Tennisballs und in etlichen Fällen ist mehr als eine Zyste vorhanden. Das, von den Zysten produzierte Hormon (Östrogen) ist für die äußere Symptomatik verantwortlich. Wie beim Kapitel Nachgeburtsphase (Puerperium) bereits beschrieben, kommt es zu Brunstsymptomen, die unregelmäßig und teilweise auch dauerhaft stattfinden. Die eingebrochenen Beckenbänder, eitrig-trüber Scheidenausfluss

Dauerbrünstige Kuh. Permanentes Verfolgen anderer brünstiger Tiere, Auflegen des Kopfes und Durchbiegen des Rückens sind erste Anzeichen für Follikelzysten. © WP

und eine vergrößerte Scham komplettieren das Bild dieser „Zystenkühe".

Als Ursache werden vornehmlich **Energiestoffwechselstörungen** angegeben. Ein starker Verlust der Körperkondition (BCS, Rückenfettdicke) kombiniert mit hohen Ketonwerten (siehe Kapitel „Stoffwechsel") führt bei vielen Tieren zu Follikelzysten. Aber auch **Natrium-Mangel** ist für verzögerte Eisprünge und in der Folge Zystenbildungen verantwortlich. Grund dafür ist vor allem in Betrieben mit Gülledüngung die übermäßige Kaliumversorgung, da Kalium im Organismus den Gegenspieler zu Natrium darstellt. Während der Wintermonate und im Frühjahr kann auch **Beta-Carotin-Mangel** die Zystenhäufigkeit erhöhen.

Die Therapie der Follikelzyste besteht im Wesentlichen aus zwei Ansätzen. Zum einen wird durch eine GnRH (Releasing-Hormon)-Gabe über das Hormon LH ein Follikel zum Eisprung gebracht und somit ein neuer Zyklus gestartet. Eine weitere Therapiemöglichkeit stellen Vaginalspangen mit Progesteron dar (Spiralen-Therapie). Auch Kombinationen dieser beiden Ansätze (OvSynch mit Vaginalspange) können bei hartnäckigen Fällen eine Lösungsmöglichkeit darstellen. Von einer mechanischen Ruptur („Abdrücken") muss abgeraten werden, da es dabei zu massiven Blutungen kommen kann.

Natursprung und Besamung

Einen zentralen Punkt am Weg zum nächsten Kalb stellt naturgemäß die Besamung bzw. der Deckakt durch den Stier dar. Dabei sind die Auswahl des Stieres, der Zeitpunkt der Belegung und natürlich der Umgang mit dem Sperma wichtige Parameter.

Stierauswahl

Egal, ob es sich um Natursprung oder künstliche Besamung handelt, in jedem Fall sollte im Vorfeld überlegt werden, was Sie von diesem Kalb erwarten. Im ersten Schritt ist strikt auf **Inzuchtvermeidung** zu achten, da sich daraus Erbfehler mit Missbildungen oder Aborte ergeben können. Je weiter Vater- und Muttertier genetisch voneinander entfernt sind, umso eher ist mit einem Heterosiseffekt zu rechnen. Dieser tritt besonders bei der Kreuzung unterschiedlicher Rassen zutage. Daher sind Kreuzungskälber oftmals vitaler, widerstandsfähiger und leistungsfähiger als reinrassige Tiere.

Der nächste wesentliche Auswahlpunkt ist der **erwartete Kalbeverlauf**. Vor allem bei Kalbinnen sollte ein Stier mit einem Kalbeverlauf verwendet werden, der deutlich über 100 liegt. Es ist auch darauf zu achten, keine „Doppellender-Kälber" zu züchten. Dabei handelt es sich um Tiere, die einen ausgeprägten Schlögel haben, wie er bei reinrassigen Weißblauen Belgiern vorkommt. Diese Kälber kommen häufig mit Schwergeburten zur Welt. Entstehen kann diese Doppellender-Ausprägung nur dann, wenn das Gen von beiden Elternteilen vererbt wird. Daher ist die Besamung unserer heimischen Rassen, wie Fleckvieh, Holstein oder Braunvieh mit Weißblauen Belgiern problemlos möglich. Wird jedoch ein Kreuzungstier (Vater: Weißblauer Belgier, Mutter: Braunvieh, Holstein, ...) wieder mit einem Weißblauen Belgier belegt, kann es zur Ausprägung des Doppellender-Gens beim Kalb kommen und das Risiko einer Schwergeburt steigt enorm an.

Neben dem Geburtsverlauf gibt es natürlich noch unzählige Eigenschaften, die züchterisch wichtig sind. Von der Milchleistung über Inhaltsstoffe, Euterform oder Fundament sind mittlerweile beinahe alle Bereiche auch genetisch identifiziert und so kann über die genomische Zuchtwertschätzung eine sehr sichere Aussage über die Vererbung dieser Eigenschaften gemacht werden. Grundsätzlich gilt es in der Zucht immer, die Schwächen eines Elternteiles durch die Stärken auf der anderen Seite auszugleichen. So wird man bei einem Muttertier mit zu weiter Strichplatzierung einen Stier auswählen, der eher enge Strichstellung aufweist. Manchmal findet man Stiere, die zwar leistungsmäßig sehr gut sind, aber etwa bei der Euterform weniger gut abschneiden. Hier ist nun das Wissen um die eigene Linienführung gefragt. Ist das Muttertier eutermäßig in Ordnung, kommt aber aus einer Linie mit eher schlaffer Euteraufhängung, sollte dieses Sperma nicht eingesetzt werden. Sind aber die Vorfahren bereits durch hohe Euternoten aufgefallen, kann auch einmal ein im Euter schwächerer Stier verwendet werden, wenn dieser andere erwünschte Eigenschaften, wie z. B. hohe Milchmengen, in diese Linie bringt.

Viele Zuchtverbände bieten heute schon Computer-Programme zur Anpaarungsauswahl an, die einerseits die konventionelle Zuchtwertschätzung beinhalten können, aber auch auf Basis der genomischen Selektion die besten Anpaarungen berechnen. Obwohl sich daraus meist sehr gute Anpaarungen ergeben, sollte in jedem Fall noch einmal auf Basis der eigenen Einschätzung überprüft werden, ob das Exterieur und die Leistung auch mit den Stärken und Schwächen des Stiers kompatibel sind.

Zeitpunkt der Belegung

Das Brunstverhalten unserer Rinder lässt sich in drei Phasen unterteilen. Die sogenannte **Vorbrunst** zeigt sich durch Ausschleimen, wobei der zunächst dicke Schleim beinahe flüssig wird. Eine geschwollene und gerötete Scham zeigt den Anstieg von Östrogen an und die Tiere versuchen den Kopf auf den Rücken anderer Tiere zu legen oder auf diese aufzuspringen. Manche Kühe reagieren auch mit Milchreduktion. Die Vorbrunst dauert im Durchschnitt acht Stunden. Sobald die Kuh das erste Mal stehen bleibt, wenn sie selbst besprungen wird, startet die **Hauptbrunst**. Dieser Zeitpunkt ist wichtig für unseren Besamungszeitraum, denn 12 bis 24 Stunden nach dem ersten Duldungsreflex (Kuh steht!) ist die künstliche Besamung am erfolgreichsten. Während der Hauptbrunst sind Kühe am aktivsten und der Brunstschleim wird zäher. Üblicherweise spricht man vom idealen Besamungszeitraum, wenn der herabhängende Schleim in Höhe des Sprunggelenkes der Kuh abreißt. An die, 12 bis 20 Stunden dauernde, Hauptbrunst schließt sich die **Nachbrunst** an, in der die Kuh deutlich ruhiger wird.

Während wir bei der Belegung im Natursprung vor allem auf den Stehreflex der Kuh achten, ist die Auswahl des richtigen Besamungszeitpunktes ein häufig diskutiertes Thema. Beim Natursprung nutzen wir die Hauptbrunst. Das ist jene Phase, in der die Kuh oder Kalbin selbst einen Duldungsreflex zeigt. Während dieser Phase kann der Stier in Ruhe aufspringen und sein Sperma in der Scheide deponieren. Dieses muss nun durch den Muttermund in die Gebärmutter wandern und dann in den Eileiter aufsteigen. Während dieser Zeit kommt es zu einer weiteren Reifung der Spermien.

Zäher Brunstschleim, der sich bis zum Sprunggelenk zieht. Die Kuh sollte nun besamt werden.
© WP

Bei der künstlichen Besamung wird der Zeitpunkt an Hand des Beginns der Hauptbrunst (erster Stehreflex) festgelegt. 12 bis 24 Stunden danach sollten wir besamen, was zur „Morgen-Abend-Regel" geführt hat. Das bedeutet, dass Kühe die abends stehen, am nächsten Morgen besamt werden und umgekehrt. Beginnt die Hauptbrunst z. B. mittags, sollte dennoch eher erst am kommenden Morgen besamt werden. Die Spermaportion muss bei der künstlichen Besamung im Gebärmutterkörper abgelegt werden. Von da aus können Spermien in beide Hörner gelangen und dann weiter im Eileiter aufsteigen. Auch Tiefgefriersperma muss noch einen Teil seiner Reifung in der Gebärmutter erledigen, ehe er befruchtungsfähig ist.

In einer Studie (Roelofs et al. 2006) wurde das Besamungsergebnis in Abhängigkeit vom Zeitpunkt der Besamung zum Eisprung (Ovulation) untersucht. Dabei wurde festgestellt, dass bei sehr frühen Besamungen (36 bis 24 Stunden vor dem Eisprung) die Befruchtungsrate mit 85 % am höchsten war, letztlich aber wegen minderer Embryonenqualität nur 41 % lebensfähige Embryonen zu finden sind. 24 bis 12 Stunden vor dem Eisprung war der Anteil lebensfähiger Embryonen mit 68 % am höchsten. Doch auch in den letzten zwölf Stunden vor dem Eisprung führte eine Besamung noch bei 41 % der Tiere zu einer Trächtigkeit. Selbst zwölf Stun-

Intervall zw. künstl. Besamung und Eisprung		
Intervall	befruchtete Eizellen	lebensfähige, vitale Embryonen
36 bis 24 h	85 %	41 %
24 bis 12 h	82 %	68 %
12 bis 0 h	69 %	41 %
0 bis 12 h	56 %	6 %

Der ideale Besamungszeitpunkt: In der Untersuchung von Roelofs et al. (2006) zeigt sich, dass über einen Zeitraum von etwa 36 Stunden mehr als 40 % der besamten Tiere trächtig werden. © WP

den *nach* der Ovulation konnten noch 6 % der Tiere tragend werden. Daraus ergibt sich ein **idealer Zeitraum von etwa zwölf Stunden**, jedoch muss klar gesagt werden, dass über eine Zeitspanne von 36 Stunden mehr als 40 % der Besamungen zum Erfolg führen.

Umgang mit dem Sperma

Viel wichtiger als der Zeitpunkt der Besamung ist der richtige Umgang mit dem Sperma. Gerade in Österreich werden mittlerweile die meisten künstlichen Besamungen von Eigenbestandsbesamern durchgeführt. Daher soll an dieser Stelle auf die Wichtigkeit des korrekten Spermahandlings hingewiesen werden.

Hinsichtlich der Samenqualität gibt es durchaus Unterschiede. Zunächst spielt natürlich die Anzahl an vorwärtsbeweglichen Samenzellen in einer Samenportion eine gewisse Rolle. Hier gibt es Mindeststandards, die von den Besamungsstationen auch eingehalten und überprüft werden. Dennoch zeigt die Praxis, dass teure und stark nachgefragte Portionen nur knapp über der Mindestzahl liegen, während die günstigeren Portionen teilweise weniger verdünnt sind und mehr Sperma enthalten. Bei gesextem Sperma kommt zur Verdünnung noch die vorangegangene Manipulation dazu, die die Qualität mindern kann. Aber gerade bei gesextem Sperma hat sich die Befruchtungsrate in den letzten Jahren deutlich verbessert. Da der Besamer auf die Qualität keinen Einfluss nehmen kann, sollten Sie bei Problemkühen eher zu Spermaportionen greifen, die mehr Sperma mit besserer Qualität enthalten. Auch der Heterosiseffekt (andere Rasse) kann den Besamungserfolg positiv beeinflussen. Daher wird auch in der Praxis häufig als „letzte Chance" die Besamung mit einem Fleischrassestier versucht.

Großen Einfluss auf den Besamungserfolg hat der Umgang mit der Samenportion von der Lieferung in den eigenen Container bis zur Besamung der brünstigen Rinder. Zunächst einmal muss darauf geachtet werden, dass stets genug Stickstoff im Container vorhanden ist. Mit einem entsprechenden Kunststoffstab lässt sich das problemlos feststellen. Üblicherweise sind die regelmäßigen Liefertermine für Sperma und Stickstoff ausreichend häufig, allerdings kann es bei einem defekten Besamungscontainer zu einem rascheren Stickstoffverlust kommen. Ist der Stickstoff einmal völlig leer, müssen alle Samenportionen entsorgt werden, da sie wegen der vorübergehenden Erwärmung nicht mehr lebensfähig sind.

Zu einem guten Containermanagement gehört vor allem eine gute Buchführung. Die Portionen sollten so in die unterschiedlichen Fächer und farblich verschiedenen Hüllen verteilt sein, dass sich eine eindeutige Zuordnung ergibt. Auf der entsprechenden Containerliste ist dann der Stier „XY" mit der Kennzeichnung „4 grün in weiß" eindeutig definiert, denn er befindet sich im Fach 4, in einer weißen Hülle und die Samenpaillette hat eine grüne Farbe. Natürlich darf sich kein zweiter Samen mit derselben Farbkombination in diesem Fach befinden.

Damit ist gewährleistet, dass das Sperma nicht irrtümlich herausgenommen und wieder retour gesteckt wird, denn dabei tauen einige Spermazellen auf und werden beim neuerlichen Tiefgefrieren zerstört. Auch die Entnahme des Spermas ist ein sensibler Vorgang, denn die nicht benötigten Spermaportionen dürfen nicht über den Hals des Containers nach oben ragen. Auch hier kann es zu einer Schädigung der anderen Pailletten kommen.

Sobald die richtige Spermaportion ausgewählt und korrekt entnommen wurde, soll der Auftauvorgang unverzüglich starten. Dieser passiert in einem Wasserbad bei 38 °C für zehn Sekunden. Vielfach werden sogenannte Auftaugeräte verwendet, die eine konstante Temperatur haben. Wichtig sind dabei der regelmäßige Wasserwechsel und vor allem bei kalkhaltigem Wasser eine Reinigung mit Zitronensäure, um Kalkbelege zu vermeiden. Wird allerdings in einem anderen Behältnis aufgetaut, muss die Temperatur mit einem Digitalthermometer überprüft werden. Der „Fingertest" ist nicht geeignet, um eine einigermaßen korrekte Temperatur zu haben, denn im Winter erscheinen 35 °C schon angenehm warm, während das Gefühl im Sommer auch Temperaturen über 40 °C als handwarm erscheinen lassen. Vor allem in der kalten Jahreszeit muss auch die Besamungspistole angewärmt werden. Manche Auftaugeräte haben gewärmte Halterungen dafür. Ansonsten ist ein Erwärmen am eigenen Körper unter der Jacke ebenso möglich.

Nach zehn Sekunden wird die Samenportion aus dem Wasserbad entnommen und abgetrocknet, um Verdunstungskälte

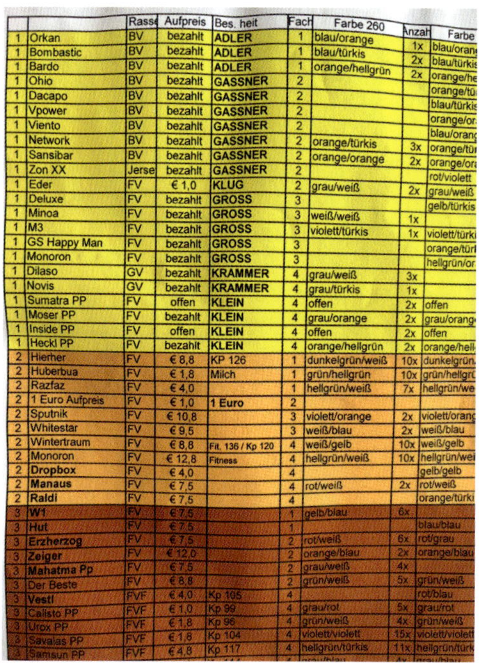

		Rass	Aufpreis	Bes. heit	Fach	Farbe 260	Anzah	Farbe
1	Orkan	BV	bezahlt	ADLER	1	blau/orange	1x	blau/oran
1	Bombastic	BV	bezahlt	ADLER	1	blau/türkis	2x	blau/türkis
1	Bardo	BV	bezahlt	ADLER	1	orange/hellgrün	2x	orange/he
1	Ohio	BV	bezahlt	GASSNER	2			orange/tü
1	Dacapo	BV	bezahlt	GASSNER	2			blau/türkis
1	Vpower	BV	bezahlt	GASSNER	2			orange/or
1	Viento	BV	bezahlt	GASSNER	2			blau/oranç
1	Network	BV	bezahlt	GASSNER	2	orange/türkis	3x	orange/tür
1	Sansibar	BV	bezahlt	GASSNER	2	orange/orange	2x	orange/ora
1	Zon XX	Jerse	bezahlt	GASSNER	2			rot/violett
1	Eder	FV	€ 1,0	KLUG	2	grau/weiß	2x	grau/weiß
1	Deluxe	FV	bezahlt	GROSS	3			gelb/türkis
1	Minoa	FV	bezahlt	GROSS	3	weiß/weiß	1x	
1	M3	FV	bezahlt	GROSS	3	violett/türkis	1x	violett/türki
1	GS Happy Man	FV	bezahlt	GROSS	3			orange/tür
1	Monoron	FV	bezahlt	GROSS	3			hellgrün/or
1	Dilaso	GV	bezahlt	KRAMMER	4	grau/weiß	3x	
1	Novis	GV	bezahlt	KRAMMER	4	grau/türkis	1x	
1	Sumatra PP	FV	offen	KLEIN	4	offen	2x	offen
1	Moser PP	FV	bezahlt	KLEIN	4	grau/orange	2x	grau/orang
1	Inside PP	FV	offen	KLEIN	4	offen	2x	offen
1	Heckl PP	FV	bezahlt	KLEIN	4	orange/hellgrün	2x	orange/hell
2	Hierher	FV	€ 8,8	KP 126	1	dunkelgrün/weiß	10x	dunkelgrün
2	Huberbua	FV	€ 1,8	Milch	1	grün/hellgrün	10x	grün/hellgrü
2	Razfaz	FV	€ 4,0		1	hellgrün/weiß	7x	hellgrün/we
2	1 Euro Aufpreis	FV	€ 1,0	1 Euro	2			
2	Sputnik	FV	€ 10,8		3	violett/orange	2x	violett/orang
2	Whitestar	FV	€ 9,5		3	weiß/blau	2x	weiß/blau
2	Wintertraum	FV	€ 8,8	Fit. 136 / Kp 120	4	weiß/gelb	10x	weiß/gelb
2	Monoron	FV	€ 12,8	Fitness	4	hellgrün/weiß	10x	hellgrün/wei
2	Dropbox	FV	€ 4,0		4			gelb/gelb
2	Manaus	FV	€ 7,5		4	rot/weiß	2x	rot/weiß
2	Raldi	FV	€ 7,5		4			orange/türki
3	W1	FV	€ 7,5		1	gelb/blau	6x	
3	Hut	FV	€ 7,5		1			blau/blau
3	Erzherzog	FV	€ 7,5		2	rot/weiß	6x	rot/grau
3	Zeiger	FV	€ 12,0		2	orange/blau	2x	orange/blau
3	Mahatma Pp	FV	€ 7,5		2	grau/weiß	4x	
3	Der Beste	FV	€ 8,8		2	grün/weiß	5x	grün/weiß
3	Vestl	FVF	€ 4,0	Kp 105	4			rot/blau
3	Calisto PP	FVF	€ 1,0	Kp 99	4	grau/rot	5x	grau/rot
3	Urox PP	FVF	€ 1,8	Kp 96	4	grün/weiß	4x	grün/weiß
3	Savalas PP	FVF	€ 1,8	Kp 104	4	violett/violett	15x	violett/violett
3	Samsun PP	FVF	€ 4,8	Kp 117	4	hellgrün/türkis	11x	hellgrün/türk

Eine gut geführte Containerliste ist die Voraussetzung für ein gutes Containermanagement. Alle Spermaportionen müssen eindeutig zugeordnet sein. © WP

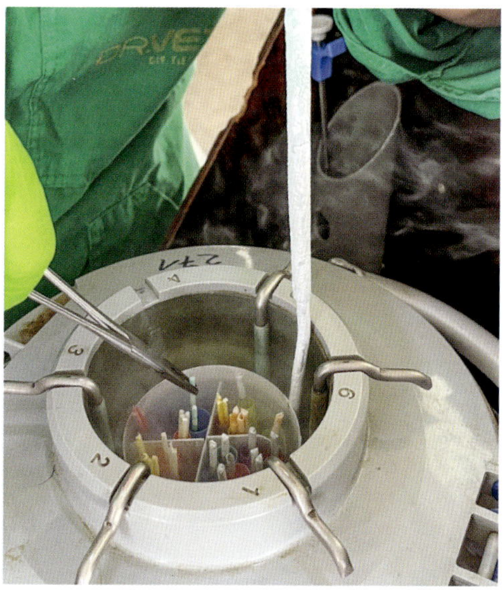

Bei der Entnahme einer Spermaportion dürfen die übrigen Pailletten nicht über den Containerrand angehoben werden, damit es nicht zu einem kurzfristigen Auftauen kommt. © WP

zu vermeiden. Das Laden der Besamungspistole, Abschneiden der Spitze und einfädeln in die Hülle erfolgt danach möglichst rasch. Auch eine zusätzliche Schutzhülle, wie sie beim Embryotransfer benutzt wird, kann in Fällen mit einer eitrigen Scheidenentzündung von Nöten sein. Dann wird beim Besamen bis zum Muttermund eingefädelt, um die Hülle danach zu durchstoßen und dann mit der sauberen Besamungspistole in die Gebärmutter einzudringen.

Der Weg vom Auftauen zur Kuh stellt während der kalten Jahreszeit eine besondere Herausforderung dar, denn die Samenportion, die nach dem Auftauvorgang etwa 25 °C warm ist, darf nicht mehr abkühlen. Aus diesem Grund wurden sogenannte „Pistolenwärmer" entwickelt, die über Akkus beheizbare Fächer haben, in denen die Besamungspistole zur Kuh getragen wird, ohne abzukühlen. Alternativ kann diese aber auch unter der Jacke am Körper warmgehalten werden. In keinem Fall darf die Besamungspistole im Freien zur Kuh getragen werden, wenn kalte Umgebungstemperaturen vorliegen.

Nach dem Auftauen ist der Samen abzutrocknen, damit es nicht zum Abkühlen durch „Verdunstungskälte" kommt. © WP

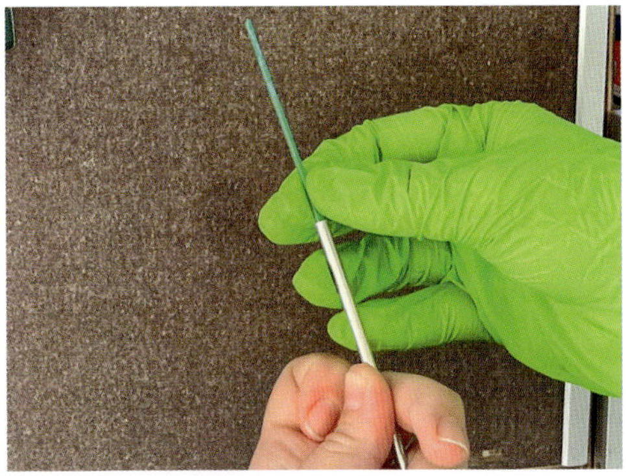

Laden der Besamungspistole © WP

Das Sperma ist bei 38 °C für zehn Sekunden aufzutauen. Mit einem Auftaugerät lässt sich die Temperatur genau einstellen. Auch ein Erwärmen der Besamungspistole ist bei den meisten Geräten möglich. © WP

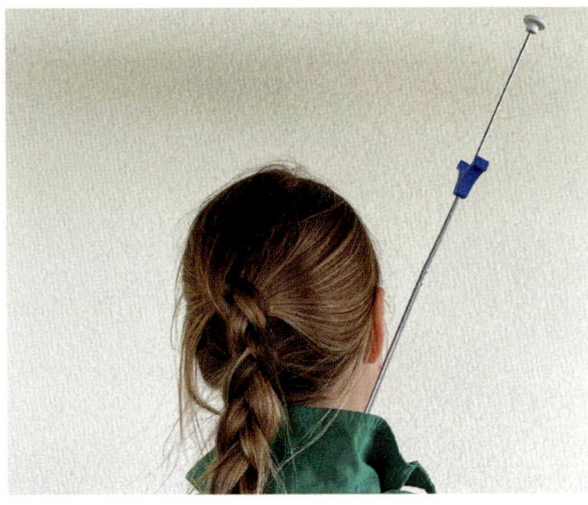

Vor allem im Winter ist es wichtig, die Besamungspistole am Körper oder in einem Pistolenwärmer zur Kuh zu tragen, damit das Sperma nicht abkühlt. © WP

Künstliche Besamung

Bevor Sie die brünstige Kuh besamen, wird der Schwanz der Kuh zur Seite gehalten und die Scham sauber gereinigt. Nach Spreizen der Schamlippen führen Sie die Besamungspistole in den Scheidenbereich ein. Nun wird mit der zweiten Hand über den Mastdarm der Weg der Besamungspistole entlang des Scheidendachs mitkontrolliert, bis Sie zum Muttermund (Cervix) gelangen. Die Rektalhand umfasst nun die Cervix und die Spitze der Besamungspistole wird vorsichtig durch diese hindurchbewegt. Dabei kann es nötig sein, durch Bewegungen der Cervix die inneren Falten zu überwinden. Wenn Sie die Spitze in der Gebärmutter spüren, dürfen Sie nur noch maximal drei bis fünf Zentimeter weiter eindringen, um nicht in eines der Hörner zu gelangen. Unter langsamem Zurückziehen der Besamungspistole, wird das Sperma gleichmäßig im Gebärmutterkörper verteilt.

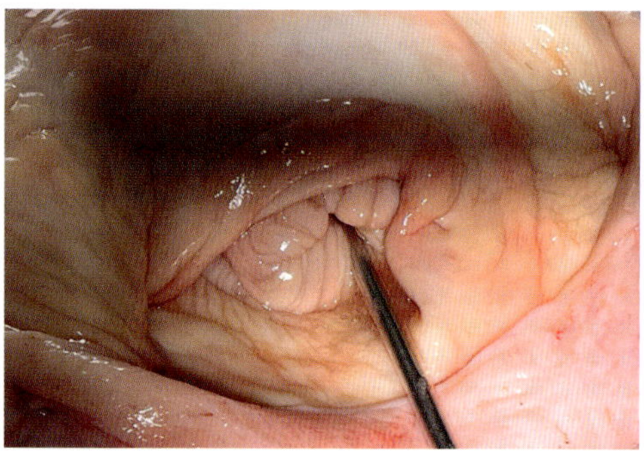

Bei der Besamung muss die Besamungspistole vorsichtig in den Muttermund eingeführt werden, ohne ihn dabei zu verletzen. © WP

Konzeption – „Samenzelle trifft Eizelle"

Die eigentliche Befruchtung findet im Eileiter statt, denn dort wartet die Eizelle, die nach dem Eisprung über den Fimbrientrichter aufgefangen wurde, auf die Samenzellen. Daraus ergeben sich bereits wichtige Voraussetzungen für eine erfolgreiche Konzeption. Zunächst braucht es eine vitale Samenzelle und eine gesunde Eizelle und es muss gewährleistet sein, dass es auch zum Aufeinandertreffen kommen kann.

Vitale Samenzelle

Wie bereits bei der Besamung ausführlich erwähnt, gibt es verschiedene Faktoren, die sich negativ auf die Samenqualität auswirken können. Dazu gehören die Verdünnung von Sperma, etwaige Manipulationen (Sexing) aber auch alle negativen Einflüsse, die durch falsches Auftauen bis hin zur Abkühlung aufgetauter Portionen passieren können. Selbst nach dem korrekten Ablegen der Spermaportion in der Gebärmutter kann es noch zu einer Schädigung der Samenzellen kommen. Schuld daran sind sogenannte „spermizide Substanzen". Dies können Arzneimittel sein, die kurz vor der Besamung (z. B. zum Spülen) in die Gebärmutter eingebracht wurden. Aber auch Blut wirkt spermizid und schädigt die Samenzellen. Deshalb ist es von größter Wichtigkeit, dass beim Besamen äußerst vorsichtig vorgegangen wird, um auf keinen Fall die Schleimhaut in Muttermund oder Gebärmutter zu verletzen.

Gesunde Eizelle

Alle Eizellen sind beim weiblichen Rind bereits zum Zeitpunkt der Geburt vorhanden. Diese befinden sich in winzig kleinen Eibläschen, die dann in Gruppen (Follikelwellen) über einen Zeitraum von etwa zehn Wochen heranwachsen. Während dieser Zeit können Veränderungen im Blut der Kühe auch zu einer Veränderung in der Eibläschenflüssigkeit führen, wodurch Eizellen geschädigt werden.

Eine Gruppe von Wissenschaftlern konnte 2005 klar nachweisen, dass vor allem die freien Fettsäuren (NEFA) sich auch in der Eibläschenflüssigkeit anreichern, wenn es zu einer Erhöhung im Blut kommt. Dies ist immer dann der Fall, wenn Kühe größere Mengen an Körperfett abbauen, also an Kondition verlieren. Im weiteren Verlauf des Experiments wurden die Eizellen solcher Tiere künstlich befruchtet und es zeigte sich eine deutlich schlechtere Erfolgsrate (etwa –30 %) gegenüber Eizellen aus gesunden Tieren ohne freie Fettsäuren in der Eibläschenflüssigkeit.

Somit konnte auch experimentell klar nachgewiesen werden, dass eine negative Energiebilanz einen direkten Effekt auf die Fruchtbarkeit hat. Nachdem die Wachstumszeit der Eibläschen etwa zehn Wochen beträgt, muss dieser gesamte Zeitraum vor der Besamung betrachtet werden.

In der Praxis zeigen Kühe häufig 35 Tage nach der Kalbung eine deutliche Brunst. Drei Wochen später sind die Brunstsymptome nicht mehr so klar und mit 70 Tagen sind sie kaum wahrnehmbar. Auch der Besamungserfolg ist mit 35 Tagen oft erstaunlich gut. All diese Beobachtungen lassen sich mit den negativen Effekten eines langen Energiedefizits erklären. Denn Eibläschen, die nach 35 Tagen zum Eisprung gelangen, waren zumindest in den ersten fünf Wochen ihrer Reifezeit gut versorgt, da die Kuh noch nicht gekalbt hatte und vermutlich kein Fett abgebaut hat. Mit 70 Tagen war die gesamte Wachstumsphase von negativer Energiebilanz und erhöhten NEFA-Werten (freie Fettsäuren) geprägt.

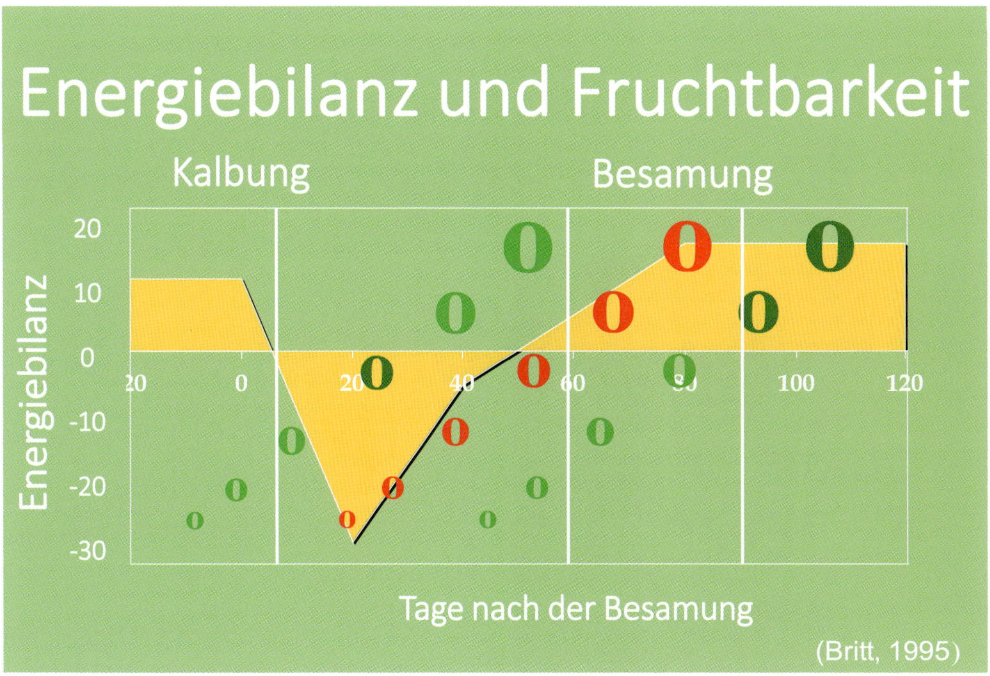

Britt-Hypothese: Die grünen und roten Kreise stellen die heranwachsenden Eibläschen dar. Die Eibläschenwelle (rot dargestellt), die wir um den 80. Laktationstag zur Besamung nutzen möchten, hat zur Zeit der negativsten Energiebilanz zu wachsen begonnen. Frühere Brunsten (erste Welle in grün) sind daher oft deutlicher erkennbar.

Natürlich kann vermutet werden, dass auch andere schädliche Stoffe aus dem Blut, wie z. B. Mykotoxine oder diverse Entzündungsprodukte in der Eizellenflüssigkeit ankommen und so die Eizellen schädigen. Aus diesem Grund muss vor allem zu Beginn der Laktation auf gute Futteraufnahme, hygienisch einwandfreies Futter und stressfreie (vor allem auf Hitzestress achten) Haltung Bedacht genommen werden.

Zur Überprüfung der Stoffwechselsituation nach der Kalbung eignen sich mehrere Methoden. Dazu gehören die Kontrolle des Ketongehaltes in Blut, Harn oder Milch. Der ideale Zeitpunkt der Probennahme hängt von mehreren Faktoren ab. Grundsätzlich sollte einmal in der zweiten Laktationswoche untersucht werden und ein weiteres Mal fünf Wochen nach der Geburt. Bei erhöhten Werten in der zweiten Laktationswoche liegt die Ursache meist im fehlerhaften Management der Trockenstehphase, während eine Erhöhung in der fünften Woche eine zu geringe Energieaufnahme zu Beginn der Laktation widerspiegelt.

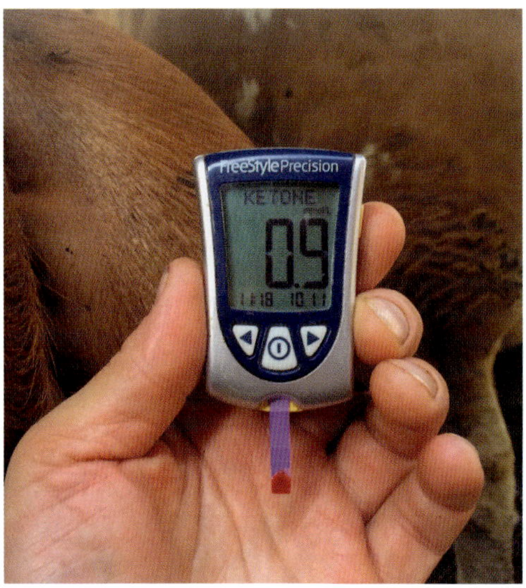

Blut-Ketontest mittels Blutzuckermessgerät © WP

Weitere einfache Möglichkeiten, um das Ausmaß der negativen Energiebilanz zu bestimmen, sind die Körperkonditionsbeurteilung (BCS), das regelmäßige Messen der Rückenfettdicke oder das Wiegen der Tiere (bei manchen Melkrobotern möglich).

Die bereits im Kapitel Azyklie beschriebene Studie von Santos et al. (2009), in der Tiere mit großem Konditionsverlust deutlich schlechtere Erstbesamungsergebnisse zeigten, wird auch hier noch einmal bestätigt. Damit zeigt sich einmal mehr, wie wichtig die kontinuierliche Konditionsbeurteilung für das Herdenmanagement und im Besonderen für eine gute Fruchtbarkeitsleistung ist.

Samenzelle und Eizelle treffen sich nicht!

Es kann auch vorkommen, dass trotz perfekter Besamung, einer vitalen Spermaportion und einer gesunden Eizelle keine Befruchtung möglich ist. Dies kann dann geschehen, wenn der Weg durch den Eileiter versperrt ist. Dafür kommen Verwachsungen, Entzündungsprodukte oder auch Eiter in Frage.

So können etwa Gebärmutterspülungen mit größeren Mengen einer Jodlösung Eiter oder Entzündungsprodukte aus der Gebärmutter in die Eileiter befördern. Die dortige Entzündung führt dann zu einer **Verklebung** oder **Verwachsung**, wodurch die Passage dauerhaft oder auch nur zeitlich begrenzt versperrt ist. Außerdem können entweder beide oder nur ein Eileiter betroffen sein. Wegen der kleinen Strukturen lassen sich diese Veränderungen auch mit Ultraschall nicht erkennen, sodass eine eindeutige Diagnose bei einseitigem Verschluss nicht möglich ist. Der beidseitige Verschluss lässt sich mittels Farblösung, die in die Gebärmutter eingebracht wird, nachweisen. Diese soll über den Weg der Eileiter in die Bauchhöhle gelangen und dann nach Resorption im Harn nachweisbar sein. Allerdings wird diese Methode in der Praxis kaum durchgeführt.

Falls es bei Tieren mit regelmäßigem Zyklus, klarem Schleim und problemloser Besamung zu keiner Trächtigkeit kommt, sollte in jedem Fall an die Möglichkeit eines Eileiterverschlusses gedacht werden. Um das Tier nochmals tragend zu bekommen, besteht die Möglichkeit einen **Embryo zu übertragen**. Die Erfolgsaussichten sind dabei meist gut, da die Gebärmutter dieser Tiere wegen der vielen vorangegangenen Brunsten mit fehlgeschlagenen Besamungen fast immer rein ist.

Auch ein **verzögerter Eisprung** kann dazu führen, dass unsere Spermien (noch) nicht auf eine Eizelle treffen. Dasselbe gilt für zu frühe Besamungszeitpunkte – auch hier ist beim Eintreffen der Spermien noch keine Eizelle im Eileiter. Stieren Kühe auch am Tag nach der Besamung noch stark, sollte in jedem Fall nachbesamt werden.

Im Falle einer nochmaligen Brunst nach drei Wochen, können Sie auch hormonell mithelfen, den Eisprung zeitlich besser zu koordinieren. Dazu wird eine Dosis GnRH (Releasing-Hormon) am Beginn der Brunst verabreicht und etwa zwölf Stunden später besamt.

In diesem Zusammenhang sollte auch die Möglichkeit einer **„Gelbkörperschwäche“** erwähnt werden, wobei auch eine zu langsame Embryoentwicklung die Ursache für wiederholtes Nachstieren sein kann. In beiden Fällen kommt es trotz bestehender Trächtigkeit zum Nachstieren, was einen Verlust des Embryos zur Folge hat. Ähnlich wie bei der Verwachsung der Eileiter zeigen die Tiere eine regelmäßige Brunst mit klarem Brunstschleim, werden jedoch trotz wiederholter Besamung nicht trächtig. Hier besteht die Möglichkeit durch GnRH einen weiteren Follikel zum Eisprung zu bringen und somit einen zweiten Gelbkörper zu generieren. Damit wird mehr vom Trächtigkeitshormon Progesteron produziert und die Trächtigkeit kann bestehen bleiben. Bei Kalbinnen wird eine Dosis GnRH am fünften Tag nach der Besamung verabreicht. Bei Kühen hat sich der 12. bis 13. Tag als günstig erwiesen.

Tragzeit, Trächtigkeitskontrollen und Abortusrisiko

Die normale Trächtigkeitsdauer beträgt abhängig von der Rasse zwischen 280 und 285 Tage. Um Kühe rechtzeitig trocken stellen zu können und auf die Geburt vorzubereiten, muss das Belegdatum möglichst genau bekannt sein. Im Rahmen der künstlichen Besamung sollte dies bei genauer Aufzeichnung problemlos möglich sein. Bei Herden mit Natursprung, bei denen der Stier in der Kuhherde mitläuft, ist dies nicht immer so einfach möglich, da das Brunstverhalten

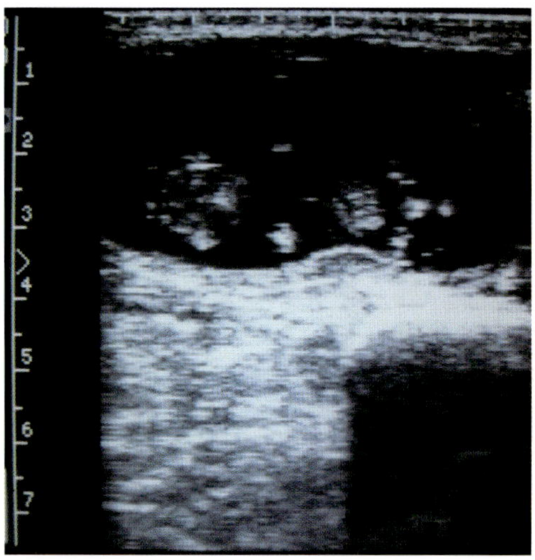

Ultraschallbild einer Trächtigkeit um den 50. Tag

in Gegenwart des Stieres eher kurz ist und erfahrene Stiere den Kühen nur zum Deckakt folgen. Aber auch bei künstlicher Besamung kann es vorkommen, dass bereits tragende Tiere mit leichten Brunstsymptomen nachbelegt werden. Wenn in solchen Fällen nicht über eine frühzeitige Trächtigkeitsuntersuchung der Fehler bemerkt wird, werden die Tiere in der Regel zu spät trocken gestellt.

Neben dem Grund, das genaue Belegdatum festzustellen, sind regelmäßige Trächtigkeitsuntersuchungen aber vor allem zur **frühzeitigen Erkennung nicht tragender Rinder** wichtig. Je eher Sie bei brunstlosen Tieren erkennen, dass sie leer sind, umso eher können sie mittels hormoneller Therapie wieder in Brunst gebracht und besamt werden. Das verkürzt die Zwischenkalbezeit und erhöht somit die Wirtschaftlichkeit der Herde.

Zur Feststellung einer Trächtigkeit gibt es verschiedene Möglichkeiten, die zu unterschiedlichen Zeiten einsetzbar sind. Für alle aber gilt der Grundsatz: **Das Tier ist DERZEIT trächtig!** Das soll heißen, dass es keine Garantie gibt, dass die Kuh oder Kalbin auch mit 285 Tagen ein gesundes Kalb zur Welt bringen wird. Insbesondere nach frühen Trächtigkeitskontrollen kann ein Verlust der Trächtigkeit leicht übersehen werden. Zum einen ist ein Fötus bei einer zweimonatigen Trächtigkeit gerade einmal 5 cm groß, sodass er kaum im Laufstall entdeckt wird und auch bei den Muttertieren zeigen sich wenig Spuren von Blut oder Schleim, sodass die Zuordnung oft schwerfällt. Aber auch länger trächtige Tiere können unbemerkt einen Abortus haben, wenn sie z. B. auf Almen gehalten werden oder sehr weitläufige Weiden genutzt werden.

Methoden der Trächtigkeitsfeststellung

Die erste Möglichkeit der Trächtigkeitsfeststellung ist die **Bestimmung des Progesteronspiegels** in der Milch. Dieses Verfahren geht davon aus, dass Kühe regelmäßige Brunsten zeigen und danach einen Gelbkörper bilden. Da dieser Progesteron produziert, steigt der Progesteronspiegel nach der Brunst an und bleibt für etwa 18 Tage hoch, ehe er zur nächsten Brunst hin wieder abfällt. Wird nun drei Wochen nach der Besamung ein konstant hoher Progesteronwert gemessen, ist die Kuh mit Sicherheit nicht in Brunst und üblicherweise auch trächtig, da der Embryo die Auflösung des Gelbkörpers (Trächtigkeitsgelbkörper) verhindert. Der Test kann als Schnelltest auch am Betrieb durchgeführt werden und ist vor allem bei fraglichen Brunsten eine gute Möglichkeit zur Entscheidung, ob besamt werden soll. Schleimt die Kuh ohne sichtbare Brunstsymptome und ist der Progesteronwert niedrig, entscheidet man sich für eine Besamung. Mittlerweile wird diese Diagnostik auch in Melkroboteranlagen verwendet, um den Zyklus der Kühe zu bestimmen und Trächtigkeiten zu erkennen.

Eine weitere Möglichkeit bildet die Untersuchung auf sogenannte **PAGs (pregnancy associated glycoprotein)**, die im Blut und in der Milch nachgewiesen werden können. PAGs werden im Zuge der Trächtigkeit vom Fötus gebildet und können ab dem 28. Trächtigkeitstag in der Milch gefunden werden. Allerdings muss beachtet werden, dass PAGs auch nach Ende der Trächtigkeit bzw. nach einem Abort noch für mehrere Wochen nachweisbar sind. Daher ist auch bei Milchprobenuntersuchungen auf PAGs eine zweimalige Untersuchung zu Beginn der Trächtigkeit (Tag 30 und Tag 60), sowie eine Kontrolluntersuchung vor dem Trockenstellen sinnvoll.

Manuell kann eine **Trächtigkeit** ebenfalls festgestellt werden. Dazu wird je nach Erfahrung des Untersuchers ab etwa 35 Tagen mittels rektaler Kontrolle die Vergrößerung des trächtigen Gebärmutterhorns ertastet. Daneben gibt es noch weitere Hinweise, wie etwa Eihautgriffe, die die Trächtigkeit bestätigen. Mit Fortschreiten der Trächtigkeitsdauer lässt sich dann auch das Kalb ertasten, ehe es mit etwa vier Monaten aus dem Becken in die Tiefe des Bauchraums gleitet. Dies wird als „blinde Phase" bezeichnet, da nun weder Gebärmutter noch Kalb zu ertasten sind. In dieser Zeit lassen sich jedoch die zuführenden Blutgefäße fühlen, die mit zunehmender Größe des Kalbes an Durchmesser gewinnen. Wegen der Interferenz des Herzschlages von Kuh und Kalb kommt es zu einem typischen Schwirren, wenn man die Arterie ertastet. Gegen Ende der Trächtigkeit (achter bis neunter Monat) wird das Kalb so groß, dass Teile davon auch rektal wieder zu spüren sind. Jedoch gibt es auch Ausnahmen, bei denen das Kalb unter dem Pansen zu liegen kommt und daher einer Untersuchung nicht zugänglich ist. Ein hochträchtiges Rind lässt sich auch durch eine **äußerliche Untersuchung** erkennen. Dabei drückt die Hand des Untersuchers mit Schwung in den unteren Bereich der rechten Flanke. Üblicherweise liegt das Kalb an dieser Stelle und wird durch den Druck von der Bauchwand wegbewegt. Es schwimmt gleichermaßen in der Fruchtblase nach innen. Lässt man die Hand an der Stelle liegen, fühlt man den Aufprall, wenn das Kalb sich wieder zur Bauchwand zurückbewegt.

Die mittlerweile wohl gängigste Form der Trächtigkeitsuntersuchung wird mit **Ultraschall** durchgeführt. Dazu muss der Untersucher wie bei der manuellen Trächtigkeitsuntersuchung mit seiner Hand über das Rektum die Gebärmutter ertasten. Über den in seiner Hand liegenden Ultraschallkopf wird dann ein Bild auf einen Bildschirm oder eine VR-Brille übertragen. Mit dieser Methode lassen sich Trächtigkeiten ab etwa 25 Tagen nach Besamung feststellen. Mit der sogenannten „Farbdopplermethode" kann dieser Zeitraum noch etwas verkürzt werden, da damit auch die Funktionalität des Gelbkörpers überprüft wird. Der große Vorteil von Ultraschalluntersuchungen liegt darin, dass einerseits der Fötus erkennbar ist und andererseits über den **Herzschlag** (ab etwa 27 Tagen) auch die Vitalität bestätigt wird. Selbst Missbildungen sind mitunter am Ultraschallbild klar zu erkennen. Aber auch in der Ultraschalldiagnostik ist es wichtig, mit Nachkontrollen frühzeitige Aborte zu erkennen. Außerdem erhöht eine zweimalige Untersuchung die Chance auf die korrekte Diagnose von **Zwillingsträchtigkeiten**. Diese Information können Sie nutzen, um Kühe etwas früher trocken zu stellen und in der Trockenstehzeit mit mehr Energie zu versorgen. Auch im Rahmen der Geburt sollte bei Zwillingen unbedingt eine genaue Überwachung erfolgen, da es immer wieder zu Fehllagen kommen kann. Ultraschalluntersuchungen ermöglichen auch die Bestimmung des **Geschlechts des Fötus**. Dies ist im Zeitraum zwischen dem 55. und 90. Tag meist problemlos möglich.

Ultraschalluntersuchung mit VR-Brille © WP

Systematik bei der Trächtigkeitskontrolle

Ziel der Trächtigkeitsuntersuchung ist, wie bereits erwähnt, das frühzeitige Erkennen nicht trächtiger Rinder. Dabei ist natürlich zu berücksichtigen, dass die meisten nicht tragenden Tiere wieder in Brunst kommen und somit bereits nach drei Wochen das Signal „nicht trächtig" aussenden. Für alle übrigen besamten Rinder ist in der Ultraschallroutine der 25. Tag die früheste Möglichkeit und bei den PAGs liegen wir bei 28 Tagen. Der Nachteil der PAG-Untersuchung aus der Milch ist allerdings, dass im Falle der Nicht-Trächtigkeit eine tierärztliche Kontrolle und Behandlung nötig ist, was einen weiteren Zeitverlust bedeutet.

Im Zuge unserer Bestandsbetreuung hat sich für kleine und mittlere Betriebe ein fünfwöchiges Untersuchungsintervall als sehr nützlich erwiesen. Über dieses System kommen Kühe spätestens mit 59 Tagen zur Trächtigkeitsuntersuchung, sofern sie nicht davor nachgestiert haben, was bei gesunden Kühen zu erwarten ist. Jene Tiere, die beim letzten Termin behandelt werden mussten, weil sie keine Brunst gezeigt haben oder nicht trächtig waren, werden je nach Therapie am selben Tag (Kuh hat eine stille Brunst und der Eisprung wird mit GnRH ausgelöst) oder spätestens nach zehn Tagen (Spiralen-Therapie, OvSynch-Therapie) besamt. All diese „Problemtiere" können beim nächsten Kontrolltermin bereits untersucht werden und sind zu diesem Zeitpunkt zwischen 25 und 35 Tage besamt, sodass eine Trächtigkeit festgestellt werden kann.

Um frühe Aborte nicht zu übersehen und Geschlecht und Zwillingsträchtigkeiten gut feststellen zu können, wird beim nächsten Termin nachuntersucht, der dann das Zeitfenster vom 60. bis 95. Trächtigkeitstag abdeckt.

In Betrieben mit gehäuften Aborten hat sich eine nochmalige Untersuchung vor dem Trockenstellen bewährt. Denn falls das Tier nicht trächtig ist und noch viel Milch hat, kann eine verlängerte Laktation durchaus ökonomisch sein. Auch eine nochmalige Belegung ist in Einzelfällen denkbar. Besonders, wenn die Kuh hochleistend ist und die neuerliche Belegung im Winter stattfindet, kann noch bis zum Sommer gemolken werden. Danach wird eine etwas verlängerte Trockenstehzeit auf der Weide eingeplant, ehe die Kuh rechtzeitig vor der Kalbung im Herbst wieder angefüttert wird.

Aber auch bei Einzeltieren mit Brunstsymptomen (Ausschleimen, Aufspringen) muss unbedingt nachkontrolliert werden, ob die Trächtigkeit noch in Ordnung ist.

Die wichtigste Grundlage für jedes Fruchtbarkeitsprogramm sind genaue Aufzeichnungen und konsequente Kontrollen. Falsche Angaben zur Trächtigkeitsdauer oder übersehene, nicht kontrollierte Tiere führen zu großen wirtschaftlichen Verlusten. Die regelmäßig und systematisch durchgeführte Kontrolle der Tiere entspricht einer Inventur, nach der jedem Tier ein genauer derzeitiger Trächtigkeitsstatus zugeordnet werden kann.

In größeren Herden sind Zwischentermine nach zweieinhalb Wochen eine gute Möglichkeit, um die Anzahl der Untersuchungen pro Besuch etwas zu reduzieren und ein noch engmaschigeres Netz über die Herde zu legen.

Embryonaler Frühtod und Aborte

Das Vorkommen von Trächtigkeitsverlusten wird in der Literatur mit sehr unterschiedlichen Häufigkeiten beschrieben. Das liegt zum Teil daran, dass vor allem der Anteil an sehr frühen Aborten, die wir als „embryonalen Frühtod" bezeichnen, nicht immer dokumentiert wird. Wie schon bei der Trächtigkeitsuntersuchung beschrieben, können kleine Feten in der Kotrinne verschwinden, vom Faltschieber entfernt werden oder zwischen den Spalten durchrutschen.

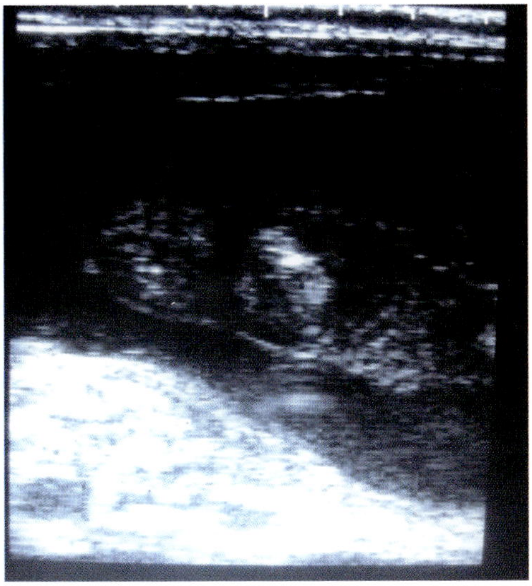

Abgestorbener Fötus im Ultraschallbild. Die Strukturen innerhalb der Fruchthülle lassen sich nicht mehr klar abgrenzen und es ist beinahe kein Fruchtwasser mehr vorhanden. © WP

Das heranwachsende Kalb wird bis zum 43. Trächtigkeitstag als Embryo bezeichnet, danach sprechen wir vom Fötus. Bei den Aborten wird somit bis zum 43. Tag vom embryonalen Frühtod gesprochen. Zu diesem Zeitpunkt ist der Embryo maximal 4 cm groß. Danach beginnt die Phase der Frühaborte, mit der wir Aborte bis zur 19. Trächtigkeitswoche bezeichnen. Ab der 20. Woche sprechen wir von Spätaborten.

Betrachten wir nun die Trächtigkeitsverluste bis zur sechsten Woche (embryonaler Frühtod), können wir mit etwa 22 % rechnen, wobei der Großteil bereits vor der dritten Woche abstirbt und resorbiert wird. Damit wird dieser Anteil kaum als Trächtigkeitsverlust wahrgenommen, da die Tiere die nächste Brunst im normalen Zyklus zeigen. In dieser Phase sind die Ursachen meist Erbdefekte oder Embryonen schlechter Qualität, wie sie bei vorgeschädigten Eizellen vorkommen können.

Ab der sechsten Woche finden wir je nach Studie zwischen 8 % und 24 % Aborte bei Kühen und 1,5 % bis 10 % Aborte bei Kalbinnen. Die großen Unterschiede ergeben sich durch weltweit unterschiedliches Auftreten von Infektionskrankheiten („Deckseuchen"), aber auch durch andere Einflüsse wie Hitzestress oder Mykotoxine. In einer von uns selbst durchgeführten Untersuchung ergab sich für Betriebe in der Steiermark eine Abortusrate von 5,7 %.

Bei den Auslösern für Aborte unterscheiden wir zwischen infektiösen und nichtinfektiösen Ursachen.

Nichtinfektiöse Aborte: Zunächst sind hier Aborte zu nennen, die durch die Anwendung von Arzneimitteln ausgelöst werden können. Die zwei wichtigsten Abortusauslöser sind **Prostaglandin** und **Kortison**. Das Hormon Prostaglandin ist in der Lage, durch die Auflösung des Gelbkörpers einen Abortus zu verursachen. Die Hauptursache sind hier falsche Aufzeichnungen oder Verwechslungen von Tieren. Wird etwa bei einer Trächtigkeitsuntersuchung mit 40 Tagen das letzte Belegdatum übersehen, sodass das Tier eigentlich erst vor 19 Tagen besamt wurde, ist bei der Ultraschalluntersuchung kein Kalb zu finden. Wegen des vorhandenen Gelbkörpers wird dann meist Prostaglandin verabreicht, was den Abort der 19-Tage-Trächtigkeit bewirkt. Aus diesem Grund ist beim Zusammenstellen der Untersuchungslisten stets genau zu überprüfen, ob noch andere Belegscheine oder Aufzeichnungen über spätere Besamungen vorliegen. Ein weiterer fataler Irrtum kann die Verwechslung von Tieren sein, zum einen bereits bei der Untersuchung und zum anderen beim Verabreichen des Hormons. Die Verwechslung bei der Untersuchung kann nur durch Überprüfung der Lebensnummer ausgeschlossen werden. Aber Achtung, in großen Betrieben kommen teilweise Tiere mit denselben vier Mittelnummern vor. Um bei der Verabreichung keinen Fehler zu machen, empfiehlt es sich sofort nach der Untersuchung die Kuh oder Kalbin mit einem Viehzeichenstift zu markieren, indem man die geplante Therapie direkt aufs Tier schreibt: „P“ für Prostaglandin, „G“ für GnRH, „S“ für Spirale.

Kortison kann bei länger trächtigen Tieren auch zu Aborten führen. Hier sind es seltener Verwechslungen, die das Problem verursachen, sondern meist Erkrankungen des Muttertieres, die den Kortisoneinsatz erfordern. So können bei schweren Lungenentzündungen oder auch bei massiven Euterentzündungen lebensgefährliche Situationen auftreten, die den Einsatz von Kortison rechtfertigen. In diesem Fall wird, um das Leben des Muttertieres zu retten, auf die Trächtigkeit keine Rücksicht genommen.

Starker Konditionsverlust nach der Abkalbung ist auch für eine höhere Abortusrate verantwortlich, wobei es sich hier um embryonalen Frühtod handelt. Je höher der BCS-Verlust ist, umso geringer wird der Erstbesamungserfolg, wobei dieser vor allem wegen mäßiger Embryonenqualitäten sinkt. Als Grenzwert für starken BCS-Verlust wird häufig 1 Punkt in den ersten fünf Wochen angegeben. Das entspricht einer Verminderung der Rückenfettdicke um 10 mm.

Weitere nichtinfektiöse Ursachen können **Hitzestress**, **Toxine** oder auch **mechanische Ursachen** sein. Stöße durch andere Kühe, Unfälle auf steilen Almen oder auch Verletzungen bei Sprüngen über Aufstallungen sind immer wieder Auslöser von Aborten.

Infektiöse Ursachen: Bakterien und Viren können für Aborte ebenso verantwortlich sein, wie Parasiten oder Schimmelpilze. Zu den bakteriellen Abortuserregern zählen **Salmonellen, Leptospiren, Brucellen, Listerien, Chlamydien** und auch **Coxiellen**. Je nach Erreger sind unterschiedliche Vorbeugemaßnahmen nötig, um die Herde vor weiteren Infektionen zu schützen. So werden Leptospiren oft von Ratten übertragen, sodass die Vorbeuge hier in Richtung Nagerbekämpfung gehen muss. Salmonellen werden immer wieder in Zusammenhang mit kotverunreinigten Oberflächenwässern gefunden. Daher ist auf Almen und Weiden auf hygienische Tränkestellen zu achten. Chlamydien und Coxiellen werden hingegen in erster Linie mit Nachgeburten und Fruchtwasser ausgeschieden. Damit stellen die sorgsame Entsorgung der Nachgeburt über die Tierkörperverwertung und eine regelmäßige Reinigung und Desinfektion der Abkalbebox wesentliche Faktoren in der Erregerminimierung dar. Brucellose, auch als „Abortus Bang“ bekannt, ist eine Deckseuche, die in Österreich mittlerweile ausgerottet ist und kontinuierlich überwacht wird. Coxiellen sind die Erreger des „Q-Fieber“ und haben in letzter Zeit an Bedeutung zugenommen. Der Erreger führt neben Aborten auch zu einer Immunsuppression in der Herde, sodass auch andere Erkrankungen wie Euterentzündungen vermehrt auftreten können. Da manche Tiere dauerhaft infiziert bleiben können, den Erreger aber nicht kontinuierlich ausscheiden, ist eine Sanierung über die Schlachtung betroffener Kühe schwer zu realisieren. Daher wird versucht über Impfprogramme eine Coxiellen-freie Herde zu erlangen, indem das Impfprogramm über mindestens fünf Jahre konsequent umgesetzt wird.

Bei den Virusinfektionen sind **Bovines Herpesvirus Typ 1 (IBR), BVD-Virus, Blauzungenvirus** und **Schmallenbergvirus** die bekanntesten Abortuserreger. IBR und BVD sind allerdings durch konsequente Überwachungsprogramme in Österreich ausgerottet worden. Jedoch ist bei Zukauf von Tieren aus dem Ausland stets auf diese, sehr gefährlichen Erkrankungen zu achten. Blauzungenvirus ist derzeit in Österreich nicht anzutreffen. Es besteht aber jederzeit die Gefahr, dass wieder Infektionen aus Nachbarländern auch nach Österreich übertragen werden können, da die Insekten (Gnitzen) über Wind und auch Transportfahrzeuge weite Strecken zurücklegen. Gegen Blauzungenkrankheit ist eine Schutzimpfung verfügbar. Schmallenbergvirus ist mittlerweile in Österreich heimisch und auch dieses Virus wird durch Insekten übertragen. Besonders im Herbst kommt es immer wieder zu vermehrten Infektionen, wobei Frühgeburten und auch Aborte bis hin zu embryonalem Frühtod zur Symptomatik zählen. Die zu Beginn der ersten Erkrankungswelle häufig beobachteten Neugeborenen mit verformten Gliedmaßen oder eingedrehtem Hals, sind kaum noch anzutreffen, da sich vermutlich viele Tiere schon vor der ersten Trächtigkeit infizieren und damit eine gewisse Herdenimmunität vorliegt.

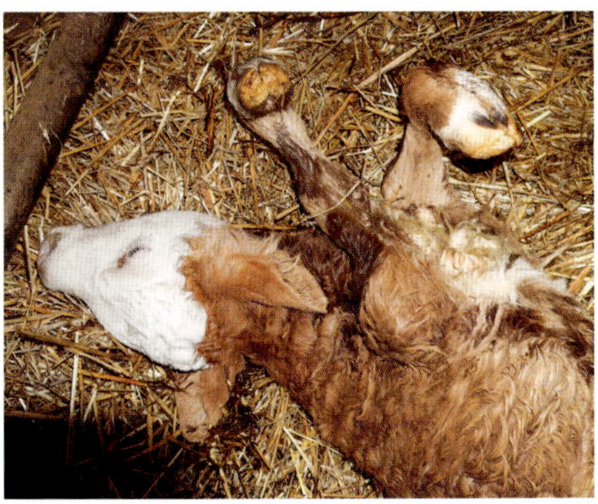

Der bekannteste parasitäre Abortuserreger ist ***Neospora canis.*** Der Parasit wird vom Rind mit durch Kot verunreinigtem Futter aufgenommen. Dabei spielen Hunde, Füchse, aber auch Ratten als Ausscheider eine Rolle. Diese Zwischenwirte infizieren sich meist durch das Fressen von Nachgeburten infizierter Kühe. Damit ist der eigene Hofhund häufig der Hauptverursacher, wenn es zu gehäuften Aborten kommt. Aber auch die Übertragung von der Mutter auf das Kalb innerhalb der Gebärmutter ist möglich. Im Zuge einer Sanierung ist daher zunächst über Blutproben festzustellen, welche Tiere des Bestandes betroffen sind. Diese müssen dann von der Zucht ausgeschlossen werden. Parallel dazu ist auf strenge Hygiene bei der Beseitigung der Nachgeburt (Tierköperverwertung) und der Säuberung der Abkalbebereiche zu achten.

Wie bei vielen anderen Erkrankungen, sind auch bei Abortusproblemen häufig mehrere Ursachen anzutreffen, sodass wir von einem multifaktoriellen Geschehen sprechen müssen. Hitzestress, Mykotoxine oder auch Nährstoffdefizite können das Immunsystem schwächen, sodass infektiöse Erreger nicht ausreichend bekämpft werden und es so zu Verwerfensfällen kommen kann. In jedem Fall sollte eine genaue Diagnostik durchgeführt werden. Dazu sind einerseits abortierte Feten und Nachgeburten, aber auch Blutproben des Muttertieres nötig. Antikörperuntersuchungen aus Tankmilchproben können bei einzelnen Erkrankungen (Coxiellen, BVD) ebenfalls Auskunft über ein Infektionsgeschehen geben.

Schmallenbervirus (SBV) führt zu einer Versteifung der Gelenke, was Geburtsprobleme hervorrufen kann. Auch Aborte sind bei SBV-Infektionen möglich. © WP

Perfekte Fruchtbarkeit – „The High Fertility Cycle“

Im Jahr 2019 erschien in einem renommierten Wissenschaftsjournal ein Artikel unter dem Titel „The High Fertility Cycle“ (Middleton et al., 2019). Mittlerweile hat dieser Artikel zu völlig neuen praktischen Überlegungen in Bezug auf die Fruchtbarkeit in unseren Milchviehherden geführt. Ausgangspunkt dieser Überlegungen ist die mittlerweile mehrfach bewiesene Tatsache, dass ein starker Konditionsverlust nach der Kalbung zu einer schlechteren Fruchtbarkeit führt. Zum einen kommen Tiere, die viel Gewicht verlieren, erst später in Brunst und auf der anderen Seite haben sie einen deutlich geringeren Erstbesamungserfolg.

Bei der Durchsicht der Daten zeigte sich, dass vor allem Tiere mit höherer Kondition mehr Gewicht und somit Körperkondition verlieren, was nicht weiter verwunderlich ist. Zudem konnte klar gezeigt werden, und auch das entspricht unseren Erfahrungen, dass Kühe mit einer langen Zwischenkalbezeit bei der Geburt eine hohe Körperkondition haben.

Neben den beschriebenen Fruchtbarkeitsproblemen haben fette Kühe häufiger Stoffwechselentgleisungen, die sich in typischen Erkrankungen rund um die Geburt äußern. Dazu gehören Milchfieber, Nachgeburtsverhalten, Ketosen oder auch Labmagenverlagerungen. All diese Probleme treten bei Kühen mit geringerer BCS seltener auf.

Aus all diesen Punkten folgerte Middleton, dass Kühe früher tragend werden sollten (in Hochleistungsherden spätestens bis zum 120. Laktationstag). In der Folge werden die Tiere bei der nächsten Abkalbung eine geringere BCS aufweisen und

„High Fertility Cycle“ nach Middleton et al., 2019: Frühere Trächtigkeiten mit kürzeren Zwischenkalbezeiten führen zu weniger fetten Tieren, die nach der nächsten Geburt geringere Konditionsverluste erleiden. Dadurch entstehen weniger Gesundheitsprobleme, bessere Fruchtbarkeit und weniger Embryonalverluste in der nächsten Laktation. © WP

auch nach der Kalbung weniger Kondition verlieren. Damit ergibt sich eine bessere Fruchtbarkeit durch weniger Frühaborte und höhere Erstbesamungserfolge. Auch die geringere Häufigkeit von Erkrankungen wie Milchfieber oder Nachgeburtsverhalten trägt zu einer besseren Fruchtbarkeit bei. Diesen positiven Zyklus nannte Middleton „High Fertility Cycle”!

Mittlerweile wurden wegen dieser Untersuchungen in den USA auch die Normwerte für die Körperkondition bei der Abkalbung nach unten revidiert. Während über Jahrzehnte ein BCS-Soll-Wert von 3,25–3,75 zur Geburt beschrieben wurde (NRC, 2001), wird nun ein Wert von 2,5 bis 3,0 angestrebt. In der Rückenfettdickemessung bedeutet das eine Reduktion um 7,5 mm auf nun 15–20 mm!

BESTANDSBETREUUNG – MIT SYSTEMATIK ZU BESSERER FRUCHTBARKEIT

Immer wieder taucht die Frage auf, wie dauerhaft eine gute Fruchtbarkeitsleistung auf den Betrieben zu erzielen sei. Oft werden dabei Genetik, Fütterung oder gute Besamungspraxis angeführt. Natürlich sind diese Bereiche wesentliche Grundvoraussetzungen, um Kühe tragend zu bekommen. Der Schlüssel zum Erfolg liegt aber darin, kontinuierlich und systematisch zu agieren, denn auch gute Fruchtbarkeit muss erarbeitet werden. Nicht kontrollierte Tiere, die nach der Geburt über längere Zeit an chronischen Gebärmutterentzündungen leiden, aufgeschobene Trächtigkeitsuntersuchungen bei leeren Tieren oder falsch dokumentierte Besamungen sind häufige Fehler, die in Summe zu verlängerten Zwischenkalbezeiten und manchmal zu Abgängen führen. Während akute Euterentzündungen oder Klauenprobleme sofort durch Milchrückgänge als Verluste wahrgenommen werden, sind geringere Milchmengen wegen einer zu langen Laktationsdauer nicht so offensichtlich zu erkennen.

Eine strategische Lösung ist im Bezug auf eine dauerhaft gute Fruchtbarkeitsleistung nur mit einer gezielten Vorgangsweise möglich. Hier hat sich die **tierärztliche Bestandsbetreuung** mit folgenden **Eckpunkten** als sehr effizient erwiesen:

- **Regelmäßigkeit**
- **Systematik**
- **Ankündigung**

Regelmäßigkeit

Landwirt und Tierarzt einigen sich auf ein fix einzuhaltendes Besuchsintervall. Hier hat sich in unserer Praxis eine fünfwöchige Frequenz als sehr effizient erwiesen. Zum einen können Tiere mit Fruchtbarkeitsbehandlungen beim nächsten Besuch bereits wieder auf Trächtigkeit untersucht werden und andererseits sind auch Muttertierimpfungen, Kontrollen der Körperkondition (BCS, Rückenfettdickemessung) oder Kälberenthornungen im Zuge dieser Visiten gut zu integrieren. Auch in kleineren Betrieben sind dann in der Regel immer genügend Aufgaben zu erledigen, sodass sich der Besuch für Tierarzt und Landwirt lohnt. Auf größeren Betrieben (ab etwa 100 Kühen) sollte das Intervall verkürzt werden, um die Arbeitszeit pro Besuch etwas zu reduzieren und noch effizienter zu werden.

Ein einheitliches Besuchsintervall führt auch dazu, dass der betreuende Tierarzt regelmäßig dieselben Betriebe am selben Tag und in der gleichen Reihenfolge besucht. Damit ist auch die Besuchszeit in einem sehr engen Rahmen abgesteckt, sodass sich die Landwirte darauf bereits gut einstellen können.

Wichtig ist es, dass beide Seiten an dem Termin festhalten und die Wichtigkeit dahinter verstehen. „Ich habe heute keine Zeit!“ bedeutet „Es ist mir nicht so wichtig!“ Für die Melkarbeit nimmt sich jeder konventionell melkende Betrieb zweimal täglich Zeit, selbst wenn Arbeit im Wald oder am Feld wartet. Dasselbe muss für die Fruchtbarkeitsarbeit gelten. Hier geht es bei einem Fünf-Wochen-Intervall lediglich um zehn Termine pro Jahr!

Auf tierärztlicher Seite ist die Voraussetzung für eine erfolgreiche Betreuung eine Gemeinschaftspraxis oder eine gute Vertreterregelung, da akute Visiten wie Geburten oder festliegende Kühe nicht die Bestandsbetreuung ausstechen dürfen. Die Bestandstermine müssen in jedem Fall eingehalten und keinesfalls unter Zeitdruck durchgeführt werden. Das geplante Zeitfenster muss neben der Zeit für Untersuchungen, Behandlungen und diverse Routinetätigkeiten auch für Fragen, Diskussionen und ordnungsgemäße Dokumentation reichen.

Systematik

Darunter verstehen wir, dass die Arbeitsabläufe beim Betriebsbesuch einem stets gleichen System folgen. Die Inhalte werden dabei in Abhängigkeit vom Betrieb und den Wünschen des Landwirts festgelegt und können in die Bereiche **Fruchtbarkeit Kühe, Fruchtbarkeit Kalbinnen, Stoffwechselkontrollen, Kälbergesundheit** und **Managementmaßnahmen** gegliedert werden.

Die Fruchtbarkeitsarbeit bei den Kühen umfasst dabei die Kontrolle der abgekalbten Kühe, die Sterilitätsuntersuchungen sowie Trächtigkeitskontrollen inklusive Nachuntersuchungen. Die Auswahl der Tiere trifft der Landwirt nach Vorgaben des Tierarztes. So können Trächtigkeitsuntersuchungen mit Ultraschallgerät bereits ab etwa 25 Tagen gemacht werden, während ohne Ultraschall meist erst mit 35 Tagen untersucht wird. Nach der entsprechend erstellten Liste werden die Tiere kontrolliert, das Untersuchungsergebnis in der Liste vermerkt und nötige Therapien sofort mit Viehzeichenstiften auf die Kruppe der Kühe geschrieben. Bei den Vermerken sind einfache Kürzel sehr hilfreich. So wird ein positives Trächtigkeitsergebnis nach der ersten Untersuchung mit „+ NK“ (= trächtig; Nachkontrolle) aufgeschrieben. Beim nächsten Besuch steht beim Untersuchungsgrund dann bereits „NK“ (Nachkontrolle) und das hoffentlich positive Ergebnis könnte „Zw. M, W“ lauten (Zwillinge, männlich und weiblich). Bei nichttragenden Tieren, die behandelt werden, kann dasselbe Symbol eingetragen werden, das der Tierarzt auch auf die Kruppe der Kuh schreibt. „–, P“ bedeutet dann, dass die Kuh nicht trächtig (–) ist und Prostaglandin (P) bekommt. Mit Hilfe dieses Systems ist die nachfolgende Dokumentation der Befunde und Ergebnisse sowohl in der tierärztlichen Praxissoftware, wie auch im betriebseigenen Programm einfach durchführbar. Die nun stattfindende Behandlung der Tiere sollte wegen der klaren Kennzeichnung rasch vonstattengehen.

Die untersuchte Kuh zeigte eine beginnende Brunst und wurde mit „G“ auf der Kruppe gekennzeichnet. Sie erhält nun eine GnRH-Injektion, um den Eisprung auszulösen. © WP

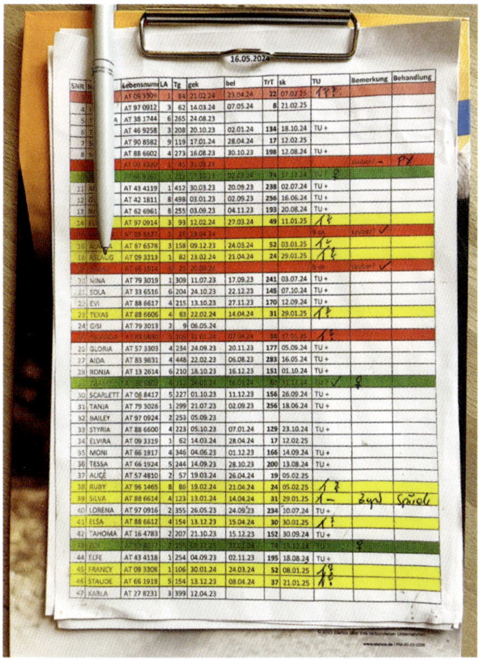

Die gut vorbereitete Untersuchungsliste des Landwirts enthält alle wesentlichen Daten der Kühe (z. B. Abkalbedatum, letzte Besamung, Laktationstage). Zu untersuchendende Tiere wurden farblich markiert (gelb: Trächtigkeitsuntersuchung (TU), grün: TU-Nachkontrolle, rot: Gebärmutterkontrolle nach der Kalbung). Die Untersuchungsergebnisse werden in der Liste mitnotiert und später im Herdenmanagementprogramm eingetragen. © WP

Die Kontrolle der Kalbinnen umfasst Tiere, die trotz entsprechenden Alters bzw. entsprechender Größe noch keine Brunst gezeigt haben. Bei den Trächtigkeitsuntersuchungen werden wie bei den Kühen eine Erst- und eine Nachkontrolle durchgeführt. Am Ende der Weide- oder Almsaison empfiehlt es sich, die Tiere nach der Einstallung noch einmal zu kontrollieren, um Aborte frühzeitig zu erkennen. Auch Brustumfangsmessungen bei noch nicht belegten Tieren werden in regelmäßigen Abständen durchgeführt, um einerseits die Aufzuchtintensität zu überprüfen und anderseits nicht zu spät mit der Besamung zu starten. So können die Werte 180 cm für Holstein-Tiere und 185 cm bei Fleckvieh als Richtgröße für die Belegfähigkeit herangezogen werden.

Das Ziel der Fruchtbarkeitsarbeit ist es, eine vollständige „Inventur“ durchzuführen. Am Ende des Besuchs muss jedes Tier einen klaren Fruchtbarkeitsstatus haben. So können abgekalbte Tiere nun „in Ordnung, Zyklus vorhanden“ oder wegen einer Gebärmutterentzündung behandelt worden sein. Bei bereits besamten Tieren ist klar, ob sie trächtig sind, nochmals nachuntersucht werden müssen oder wegen einer negativen Trächtigkeitskontrolle behandelt wurden. Im Zuge der Dokumentation durch den Tierarzt wird dann noch einmal schriftlich festgehalten, was mit den einzelnen, nicht trächtigen Tieren zu passieren hat. So können Nachbehandlungen nötig sein oder es müssen Spiralen zu einem bestimmten Zeitpunkt entfernt werden. Auch Zeiträume für eine genaue Brunstbeobachtung nach Prostaglandin-Therapien sollten mitgeteilt werden.

Die Stoffwechselkontrollen im Rahmen der Bestandsbetreuung bestehen meist aus der Konditionskontrolle mittels Rückenfettdickemessung oder BCS und Ketonmessungen. Auch Kalziummessungen bei Kühen in den ersten zwei Wochen nach der Kalbung sind mittels Schnelltestgeräten direkt am Betrieb möglich. Die Rückenfettdickemessung ist, wie bereits beschrieben, ein sehr hilfreiches Instrument in der Herdenführung und hilft dabei, Fruchtbarkeitsprobleme zu erkennen und zu verstehen. Außerdem führt es den bestandsbetreuenden Tierarzt auch zu den Tiergruppen, die nicht wegen Fruchtbarkeitsuntersuchungen kontrolliert werden müssen. Im Zuge der Messung zeigen sich auch Klauenprobleme oder mangelhafte Pansenfüllungen. Wenn nicht alle Tiere bei jedem Besuch gemessen werden, sind zumindest die trockenstehenden Tiere zu kontrollieren. Gerade hier ist es wichtig, zu fette Problemkühe zu identifizieren und entsprechende Vorbeugemaßnahmen durchzuführen. Die Untersuchung auf Ketonkörper macht zu zwei Zeitpunkten Sinn. In den ersten zwei Wochen nach der Kalbung geben erhöhte Werte einen Hinweis auf Fütterungs- und Managementfehler in der Trockenstehzeit, während Ketosen um den 35. Laktationstag Probleme zu Beginn der Laktation aufzeigen. Insbesondere in Betrieben mit Transponderfütterung können zu flach eingestellte Fütterungskurven zu dieser Art von Ketosen führen.

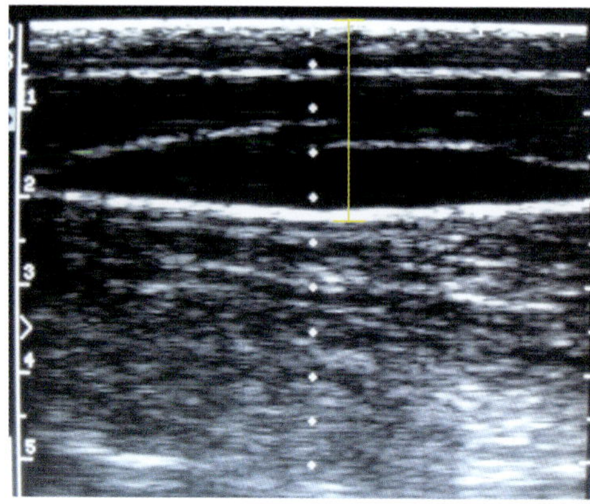

Das Ultraschallbild zeigt eine Rückenfettdicke von 22 mm. Gemessen wird von der Hautoberfläche bis zum Muskel. © WP

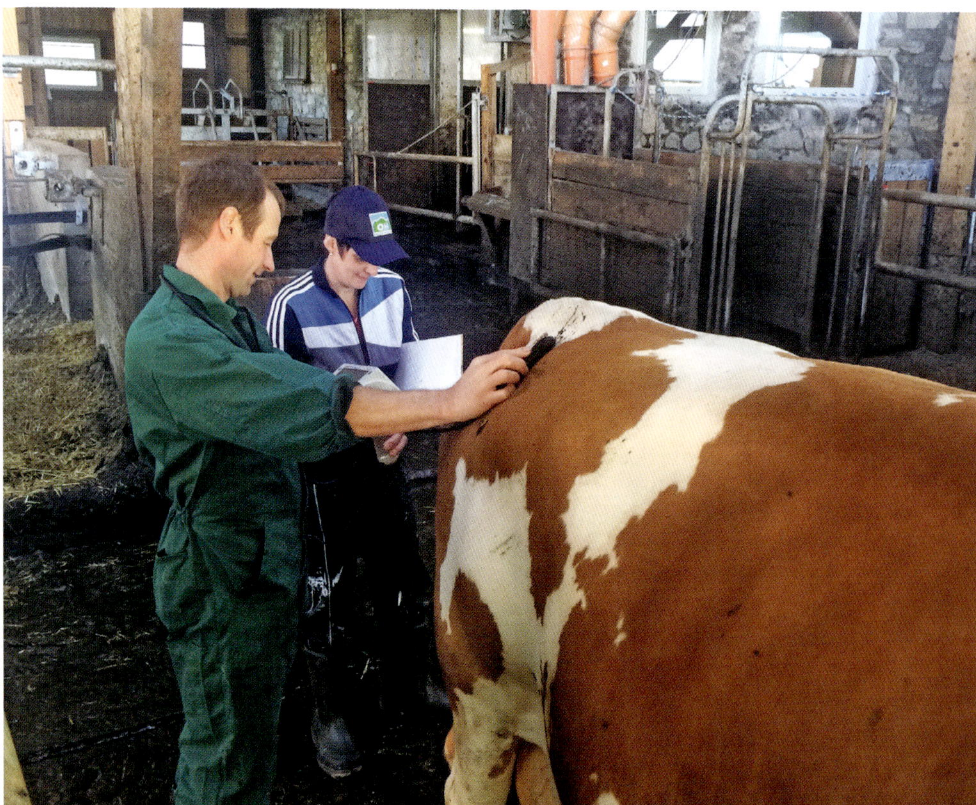

Rückenfettdickemessung: Die Messstelle befindet sich an der Kruppe der Kühe. Nach Aufsprühen von Alkohol wird mit dem üblichen Rektal-Schallkopf die Fettdicke gemessen. © WP

Die Kontrolle der Kälbergesundheit erfolgt im Rahmen der Enthornung. Das Trinkverhalten der Kälber, stinkender Durchfallkot oder fehlendes Wasser oder Festfutter sollten ebenso bemerkt werden, wie ein aufgekrümmter Rücken bei Nabelentzündungen. Nach Sedierung und Anästhesie der Kälber wird nochmals der Nabel aber auch die Euterreinheit überprüft und wenn nötig korrigiert.

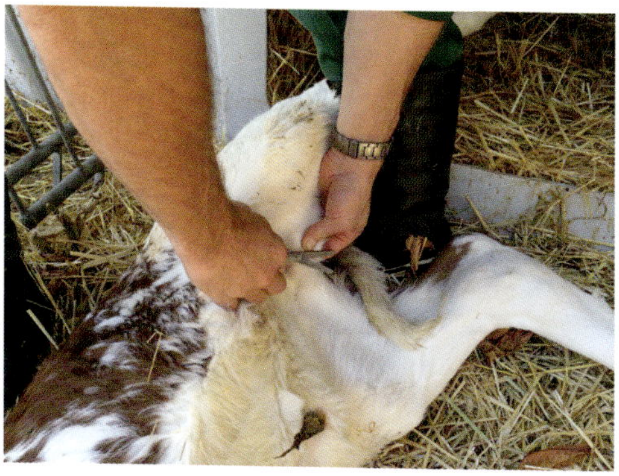

Im Zuge der Enthornung erfolgt eine Euterkontrolle. Im Falle überzähliger Zitzen können diese mit einem Scherenschlag sauber entfernt werden. Die kleine Hautwunde wird mit Desinfektionsspray versorgt. © WP

Managementmaßnahmen wie Impfungen, Ausschütteln der Futterration oder Kotkontrolle komplettieren die Systematik.

Im Zuge der Dokumentation werden dann noch Milchleistungsdaten, Molkereidaten, Futteranalysen oder Euterbefunde besprochen. Wobei der Schwerpunkt dabei stets betriebs- und problemspezifisch gewählt wird.

Ankündigung

Ebenso wichtig wie die Systematik und Regelmäßigkeit, ist die Ankündigung der tierärztlichen Visite. Etwa eine Woche vor dem Besuchstermin sollte der Landwirt auf die bevorstehende Visite hingewiesen werden. Damit ist ausreichend Zeit vorhanden, um in Ruhe alle Daten zu überprüfen und entsprechende Untersuchungslisten zusammenzustellen. Auch der Bedarf an Medikamenten (Trockensteller, Zitzenversiegler, Elektrolytpulver, ...) kann festgestellt und dann für die Visite vorbestellt werden.

Etwa eine halbe Stunde vor Eintreffen am Hof wird vom Tierarzt selbst am Betrieb angerufen, damit die Tiere entsprechend fixiert werden können. Manche Landwirte nützen diese Zeit auch, um die zu untersuchenden Kühe mit einem Farbspray zu kennzeichnen oder von der Herde zu separieren, was auf größeren Betrieben zu einer deutlichen Zeitersparnis führt.

In Summe führt diese Art der Betreuung zu einer deutlichen Verringerung von ungeplanten Akutvisiten. Die Vorteile für Tierarzt und Landwirt liegen in einem effizienten und effektiven Zeitmanagement. Zudem ermöglichen die Kontrolle der Daten, der Blick auf Trockensteher und Fütterung und auch die Einbeziehung des Jungviehs eine vorausschauende Risikoabschätzung, die zu effizienten Vorbeugemaßnahmen führt. Daraus resultieren neben einer besseren Tiergesundheit natürlich auch bessere Leistungen und höhere betriebswirtschaftliche Gewinne.

STOFFWECHSEL-ERKRANKUNGEN

Kranke Tiere verursachen hohe Kosten und nehmen zusätzlich viel Zeit in Anspruch. Vor allem am Beginn der Laktation rückt die Bedeutung der Stoffwechselerkrankungen in den Vordergrund. Zu den wichtigsten Stoffwechselerkrankungen zählen: Ketose, Azidose und Milchfieber. Auch die metabolische Azidose sowie die metabolische Alkalose sind in diesem Zusammenhang zu nennen.

In weiterer Folge ist zwischen klinischen und subklinischen Erkrankungen zu unterscheiden. Bei einer klinischen Erkrankung zeigt das betroffene Tier ein Krankheitsbild mit klarer Symptomatik und muss so schnell wie möglich vom Tierarzt behandelt werden. Subklinische Stoffwechselerkrankungen sind von außen nicht sofort erkennbar. Diese Erkrankungen treten wesentlich häufiger auf und

Der Eisberg über der Wasseroberfläche wird von außen sofort erkannt (klinische Symptomatiken). Der untere Teil wird auf den ersten Blick nicht bzw. schwer wahrgenommen (subklinische Symptomatiken). Zu beachten ist, dass der Großteil des Eisbergs unter Wasser ist.

verursachen große wirtschaftliche Schäden. Durch ein gutes Fütterungsmanagement, sowie ein regelmäßiges Controlling der Tiere kann das Auftreten von Stoffwechselerkrankungen stark reduziert werden.

Um bei einer möglichen Erkrankung richtig reagieren zu können, müssen folgende Fragen beantwortet werden:

- Was geschieht im Organismus der Kuh?
- Was sind mögliche Ursachen?
- Wie erkenne ich die Erkrankung?
- Wie kann ich fütterungstechnisch vorbeugen?
- Welche Auswirkungen hat die Erkrankung auf das Tier?
- Mit welchen Hilfsmitteln kann das Tier prophylaktisch unterstützt werden?
- Was ist bei einer akuten Erkrankung zu tun?

KETOSE (ACETONÄMIE)

Die Ketose wird aufgrund des häufigen Auftretens auch als Berufskrankheit Nummer eins bei Milchkühen bezeichnet. Das Erkranken an einer Acetonämie wird durch Energiemangel hervorgerufen. Die Kuh versucht die negative Energiebilanz mittels Einschmelzen von Körperfett und Muskelmasse auszugleichen. Dieser Stoffwechselprozess wird über die Leber vollzogen. Das Umwandlungsprodukt davon ist Acetoacetat. Acetoacetat wird anschließend in Ketonkörper umgewandelt, welche in weiterer Folge dem Wiederkäuer als Energiequelle bereitgestellt werden. Die Ketonkörper bestehen hauptsächlich aus den Stoffwechselprodukten Beta-Hydroxybutyrat (BHB) und Aceton. Grundsätzlich ist das Einschmelzen von Körperfett und Muskelmasse zu Beginn der Laktation ein natürlicher Stoffwechselprozess. Ganz nach dem Sprichwort: „Die Dosis macht das Gift“, spielt hier die Ketonkörperkonzentration eine entscheidende Rolle. Eine Kuh wird zu Beginn der Laktation immer Körperfett einschmelzen und daher eine gewisse Ansammlung von Ketonkörpern im Blut aufweisen. Steigt die Konzentration der Ketonkörper aufgrund eines zu starken Energiemangels jedoch an, kann das schwere Auswirkungen auf den Organismus der Kuh haben. Zusätzlich sollte ergänzt werden, dass Buttersäure im Pansen zu BHB abgebaut wird. Daher erhöhen zu hohe Buttersäuregehalte in Silagen das Ketoserisiko.

Ketosen erkennen

Die einfachste aber auch ungenaueste Variante, ist die Beobachtung bzw. das Riechen der Ausatemluft der Kühe. Die Atemluft riecht bei Ketosen nämlich nach Aceton (Nagellackentferner). Des Weiteren machen erkrankte Tiere einen müden Eindruck und lassen die Ohren hängen. Auch ein Milchleistungsrückgang ist erkennbar.

Eine weitere Möglichkeit besteht in der Interpretation des Fett-Eiweiß-Quotienten (FEQ) laut LKV-Bericht. Der Nachteil liegt an den möglichen Fehlerquellen bei der Interpretation, sowie der Tatsache, dass die Milchleistungskontrolle nur in einem Intervall von vier bis fünf Wochen stattfindet.

Die genaueste Variante ist das Messen der Ketonkörperkonzentration. Dies kann über Milch, Harn, sowie dem Blut festgestellt werden. Der Harn wird entweder vom Tierarzt mittels Harnkatheter gewonnen oder man wartet geduldig, bis die Kuh Harn absetzt, um eine Probe zu erlangen. Danach wird der Harn auf einen Teststreifen gegeben. Eine Farbskala signalisiert den BHB-Wert. Der Nachteil dieser Messmethode liegt beim relativ hohen Zeitaufwand und wird daher sehr selten praktiziert.

Der LKV analysiert über die Milchproben automatisch das Ketoserisiko. Über den sogenannten KETOMIR-Wert wird eine Risikoabschätzung für den Betrieb erstellt. In die Berechnung des KETOMIR werden mehrere Parameter wie der FEQ, die Laktationsleistung oder auch das Laktationsstadium miteinbezogen.

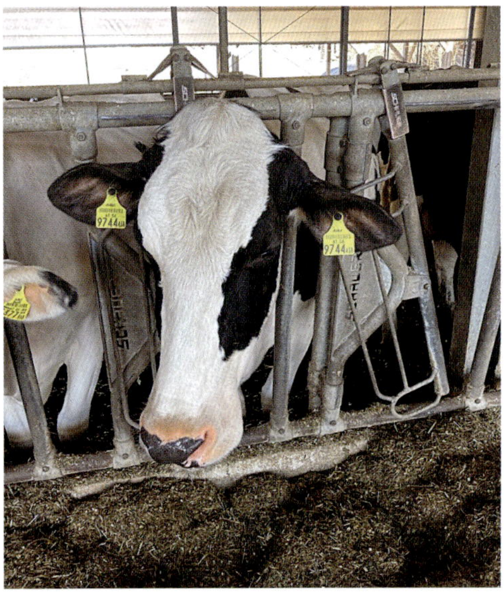

Diese Kuh leidet an einer subklinischen Ketose.
© JS

Sehr gut etabliert haben sich Schnelltestmethoden mittels Ketosemessgeräten, die das Blut analysieren. Binnen weniger Sekunden wird die BHB-Konzentration angezeigt. Dies Messgenauigkeit ist sehr zufriedenstellend und die Messung kann am Betrieb jederzeit selbst durchgeführt werden.

Prophylaktische Hilfsmittel bei Ketosen

Die kostengünstigste und nachhaltigste Variante, um Ketosen vorbeugen, ist die Optimierung der Rationen sowohl von den Trockenstehern als auch den Kühen in Milch. Diese Stoffwechselerkrankung resultiert aus einem zu starken Energiedefizit. Nur gesunde Kühe können genug fressen, um den Energiemangel in Grenzen zu halten. Etwaige Erkrankungen (z. B. Mastitis, Klauenprobleme, Metritis, Azidosen, Milchfieber) reduzieren die Futteraufnahme und erhöhen damit stark das Ketoserisiko. Eine weitere Voraussetzung für hohe Futteraufnahmen ist das Vorhandensein von qualitativ hochwertigem Grundfutter. Das hebt die Energiedichte und stabilisiert den Stoffwechsel. Fehlgärungen in Silagen erhöhen das Ketoserisiko um ein Vielfaches. Neben der geringeren Akzeptanz der Tiere und der damit einhergehenden verminderten Futteraufnahme führt der Abbau von Buttersäure im Pansen zu einer erhöhten Ketonkörperbildung.

Eine optimale Gestaltung der Milchviehration führt zu einer deutlichen Reduktion an Ketosen. Verfettete Tiere haben ein wesentlich höheres Risiko an einer Ketose zu erkranken. Deshalb muss eine bedarfsgerechte Fütterung während der Laktation sowie in der Trockenstehzeit gewährleistet sein. Zusätzlich sollte in regelmäßigen Abständen die Körperkondition der Tiere mittels BCS-Bewertung oder Rückenfettdickemessung überwacht werden. Tiere mit über 350 Laktationstagen neigen häufig zur Verfettung. Diesbezüglich spielt auch die Fruchtbarkeit eine große Rolle in der Ketoseprophylaxe.

Neben der Milchfieberprophylaxe muss vor allem in den letzten beiden Wochen vor dem errechneten Kalbetermin, auf eine ausreichende Energieversorgung geachtet werden. In den letzten Tagen vor der Kalbung steigt der Energiebedarf an, da das Kalb bereits viele Nährstoffe benötigt und sich gleichzeitig die Futteraufnahme der Kuh reduziert. Beim Ketosetest werden oftmals erhöhte BHB-Werte bei den Trockenstehern festgestellt. Wenn sich Tiere bereits vor dem Zeitpunkt des Abkalbens in einer negativen Energiebilanz befinden, können diese nur sehr schwer aus dem Energiedefizit gerettet werden. Einen besseren Parameter als den BHB-Wert stellt vor der Abkalbung allerdings der NEFA-Wert (freie Fettsäuren im Blut) dar. Dieser sollte bei Verdacht auf einen Energiemangel vor der Geburt in der letzten Trächtigkeitswoche gemessen werden.

Zu guter Letzt muss erwähnt werden, dass sogar die Kälberaufzucht einen erheblichen Einfluss auf die Ketoseanfälligkeit des Tieres hat. Leber, Milz und Niere entwickeln sich speziell in den ersten sieben Lebensmonaten. Das Organwachstum ist direkt an die Energieversorgung gekoppelt. Eine energiearme Kälberaufzucht führt zu einem geringeren Organwachstum. Vor allem die Leber wird damit in ihrer Leistungsfähigkeit begrenzt.

Werden subklinische Ketosen bei den Frischmelkern festgestellt, ist der Einsatz prophylaktischer Hilfsmittel sinnvoll. Die Gabe von Propylenglykol hat sich in den vergangenen Jahren bewährt und unterstützt den Energiehaushalt des Tieres. Die Einsatzempfehlung liegt bei 0,3–0,5 Liter pro Kuh und Tag. Propylenglykol sollte bereits zwei Wochen vor dem Abkalben bis zum 60. Laktationstag oder bis zur bestätigten Trächtigkeit gefüttert werden.

Eine weitere Möglichkeit ist die Eingabe eines Kexxtone-Bolus. Dieser wird einer trockenstehenden Kuh etwa zwei Wochen vor dem errechneten Kalbetermin verabreicht. Der Bolus wirkt ungefähr drei Monate lang im Pansen und unterstützt die Energiebereitstellung im Pansen. Der Einsatz dieses Produkts wird teilweise kritisch betrachtet, da der Wirkstoff Monensin eine antibakterielle Wirkung aufweist und früher als Leistungsförderer eingesetzt wurde. Der Bolus wirkt allerdings nur im Pansen und der Wirkstoff gelangt nicht in die Blutbahn. Deshalb gibt es keine Beeinflussung von Fleisch oder Milch. Vor allem bei stark verfetteten Kühen hat sich der Einsatz dieses Produkts bewährt. Dieser Bolus muss in Österreich vom Tierarzt verschrieben und verabreicht werden.

Zusätzlich gibt es einige Anbieter mit unterschiedlichsten Energiebolus-Produkten und verschiedenen Einsatzempfehlungen am Markt. Grundsätzlich werden diese Boli direkt nach dem Kalben eingegeben. In aller Regel wird empfohlen zwei bis drei Stück pro Tier zeitverzögert einzugeben.

Die beschriebene Wirkung erstreckt sich über einen Zeitraum von ein bis zwei Wochen. Die meisten Boli enthalten Natriumpropionat (dient als Energiequelle), Vitamine, Mineralstoffe sowie etwaige Zusatzprodukte, die den Stoffwechsel unterstützen sollen. Die Menge an Natriumpropionat in diesen Produkten ist allerdings zu gering um einen direkten Einfluss auf hormonelle Stoffwechselprozesse (Insulinstoffwechsel) und somit auf den Fettabbau nehmen zu können. Daher sollte als Ketoseprophylaxe immer dem Einsatz von Propylenglykol der Vorzug gegeben werden.

Klinische Ketosen erkennen

Wenn ein Tier aufgrund einer Ketose festliegt oder ein BHB-Wert von über 2,5 mmol/l gemessen wird, sollte der Tierarzt umgehend verständigt werden. Zunächst ist die Ursache für die Ketose zu klären. Oft sind primäre Erkrankungen, wie z. B. Klauenprobleme oder Labmagenverlagerungen, schuld an der zu geringen Futter- und Energieaufnahme. Neben der Behandlung der primären Krankheit werden die Tiere zur Unterstützung des Stoffwechsels meist mit Glukose-Infusionen therapiert. Drechchen kann helfen, die Verdauung wieder in Schwung zu bringen.

Folgen von Ketosen

Subklinische und klinische Ketosen haben weitreichende und komplexe Folgen. Dabei ist der Milchleistungsabfall oft das geringste Übel. Die Bildung von Ketonkörpern führt zu einer reduzierten Futteraufnahme. Daran ist unter anderem auch der unangenehme und intensive Geschmack das Aceton schuld, das beim Wiederkauen zurück in das Maul der Kuh transportiert wird. Deshalb kann man bei ketotischen Kühen auch diesen stechenden Geruch aus dem Maul wahrnehmen.

Die verminderte Futteraufnahme verstärkt die Ketose und vergrößert damit das Energiedefizit. Die Fruchtbarkeit ist immer an die Energieversorgung des Tieres gekoppelt. So reduziert der Energiemangel die Embryoqualität und führt zu einer vermehrten Bildung von Zysten.

In weiterer Folge wird durch die verminderte Futteraufnahme weniger Grundfutter gefressen. Meistens holen die betroffenen Kühe trotzdem noch das Kraftfutter am Transponder ab. Dies verschiebt das Grundfutter-Kraftfutter-Verhältnis. Daher tritt oftmals eine Pansenazidose als Folge einer Ketose auf. Dieses Risiko wird bei einer TMR-Fütterung deutlich reduziert, da das Tier immer Grund- und Kraftfutter zusammen aufnimmt (vorausgesetzt es wird nicht selektiert). Die reduzierte Futteraufnahme erhöht speziell nach dem Abkalben das Risiko für eine Labmagenverlagerung, da der Pansen nicht vollständig gefüllt wird und somit der Labmagen an der linken oder rechten Seite des Pansens aufsteigen kann. Auch eine verminderte Peristaltik (Darmbewegungen) und Gasbildung durch Fehlgärungen spielen im Rahmen von Labmagenverlagerungen eine Rolle. Frisst die Kuh weniger, wird auch gleichzeitig weniger Kalzium und Phosphor aufgenommen. Dadurch erhöht sich zusätzlich das Milchfieberrisiko.

Beim Umwandeln der Fettsäuren zu Ketonkörpern werden nicht alle freien Fettsäuren transformiert. Bis zu 25 % der Fettsäuren bleiben in der Leber und verursachen damit das Verfetten bzw. führen zum sogenannten Fettlebersyndrom. Dies schränkt die Leber in ihrer Leistungsfähigkeit stark ein. Das Organ ist hauptverantwortlich für den Energiestoffwechsel sowie den Abbau von Giftstoffen. Eine Einschränkung der Leistungsfähigkeit führt dadurch zu einer verminderten Milchproduktion und einer höheren Giftstoffbelastung im Organismus.

PANSENÜBERSÄUERUNG (AZIDOSE)

Eine Azidose (Übersäuerung) tritt auf, wenn der Pansen-pH-Wert zu stark abfällt. Dies wird hauptsächlich verursacht, indem eine zu hohe Menge an leichtverdaulichen Kohlenhydraten (Getreide-Kraftfutter) gefüttert wird und/oder ein Mangel an strukturierter Rohfaser herrscht. Dadurch kommt es zu einem Säureüberschuss im Pansen, der pH-Wert sinkt und die rohfaserzersetzenden Bakterien sterben vermehrt ab.

Vor allem im Sommer treten Pansenazidosen häufiger auf, da aufgrund von Hitzestress weniger gefressen wird und dadurch das Verhältnis von Grundfutter zu Kraftfutter entgleist. Auch der Verlust von Puffersubstanzen, die beim Hecheln durch abtropfenden Speichel verloren gehen, erhöht das Azidoserisiko. Selbst beim Weidegang kann es aufgrund eines Zuckerüberschusses und gleichzeitigem Rohfasermangel zu subklinischen Pansenazidosen kommen.

Pansenazidosen erkennen

Ein klassisches Anzeichen für Pansenazidosen sind niedrigere Milchfettgehalte am LKV-Bericht (die Richtwerte hängen von Genetik und Milchleistung ab), sowie ein niedriger FEQ (< 1,1). Äußerlich sind Pansenazidosen an der Verringerung der Wiederkauschläge sowie an dünnem Kot zu erkennen. In weiter Folge sind beim Kotsieben lange, unverdaute Pflanzenreste zu sehen. Betroffene Tiere haben häufig ein struppiges Haarkleid, aber auch haarlose Stellen an Sprunggelenken und vermehrter Haarausfall sind zu bemerken.

Pansenazidosen vorbeugen

Die kostengünstigste und nachhaltigste Variante, um Azidosen vorzubeugen, ist die Optimierung der Milchviehration. Es muss immer auf eine wiederkäuergerechte Ration geachtet werden. Das bedeutet, dass das Tier mindestens 2.300 g strukturierte Rohfaser zu sich nehmen muss und der gesamte Zuckergehalt in der Ration unter 7 % liegen sollte (wird bei Weidehaltung meistens überschritten). Zusätzlich muss auf eine ausreichende Strukturlänge geachtet werden (das Futter ist jedoch in den seltensten Fällen zu kurz).

Das Kraftfutter hat eine sehr große Bedeutung bezüglich Pansenazidosen. Die gesamte Kraftfuttermenge sollte 50 % der Gesamtfutteraufnahme nicht überschreiten. Wobei hier das Fütterungssystem eine große Rolle spielt. Die Pansenbelastung von 12 kg Kraftfutter eingemischt in einer TMR ist wesentlich geringer als bei Transponderfütterung. Das Einmischen des Kraftfutters mit Hilfe eines Futtermischwagens oder Fütterungsroboters ist die pansenschonendste Variante.

Die Zusammensetzung des Kraftfutters muss dabei ebenfalls beachtet werden. Körnermais führt zu einer viel geringeren Pansen-pH-Absenkung als Weizen oder Gerste. Der Anteil an unbeständiger Stärke plus Zucker sollte 26 % jedenfalls nicht überschreiten.

Ein weiterer wichtiger Punkt sind die Kraftfutterteilgaben. Jede einzelne Gabe führt zum Absinken des Pansen-pH-Werts. Daher sollten diese mit 1,5 kg begrenzt werden. Wenn die Tiere nach dem Abkalben am Transponder angefüttert werden, darf die tägliche Kraftfuttersteigerung maximal 0,3 kg pro Tier betragen.

Der Zusatz von Natriumbicarbonat oder anderen Pansenpuffern bringt mehr Sicherheit und reduziert das Azidoserisiko. Sind die Wiederkauschläge bereits unter 50 gesunken, können spezielle Pansenstimulanzien oral eingegeben werden, die den pH-

Wert wieder anheben. Vor allem Produkte mit Natriumbicarbonat und Lebendhefen haben sich bewährt.

Klinische Pansenazidosen behandeln

Akute Pansenazidosen können zum Tod des Tieres führen. Der Tierarzt muss in solchen Fällen sofort verständigt werden. Festliegende Tiere werden mit Infusionen behandelt, wobei der Ausgleich des pH-Wertes und die Kalziumversorgung im Vordergrund der Therapie stehen. Zusätzlich werden pansenstimulierende Lösungen und Puffersubstanzen (500 g Natriumbicarbonat) gedrencht. Auch das Übertragen von Pansensäften zeigt positive Effekte. In extremen Fällen ist eine Operation mit Entleerung und Spülung des Pansens die einzige Möglichkeit die Tiere zu retten.

Folgen von Azidosen

Pansenazidosen führen zu einer verminderten Wiederkautätigkeit. Dadurch wird weniger Speichel produziert, welcher als Pansenpuffer dient. Sinkt der pH-Wert im Pansen zu stark ab, reduziert sich die Futteraufnahme, wodurch auch die Milchleistung sinkt und die verminderte Energiezufuhr erhöht das Ketose-Risiko. Der reduzierte Abbau von Faser (die verantwortlichen Bakterien sind besonders säureempfindlich) führt überdies zu einem verringerten Milchfettgehalt.

Durch das Absterben der Mikroben im Pansen entstehen Endotoxine. Diese Giftstoffe schädigen unter anderem auch die Darmwand. Bei hohen Konzentrationen dieser Giftstoffe kann es zum Auftreten vom Leaky-Gut-Syndrom kommen. Dadurch leidet die Nährstoffeffizienz und somit die Milchleistung. Gleichzeitig wird das Immunsystem stark belastet und die Krankheitsanfälligkeit des betroffenen Tieres steigt.

Auswirkungen von Azidosen

- Klauenprobleme (Klauenrehe)
- Struppiges Fellkleid
- geringere Futteraufnahme
- verminderte Milchleistung
- Auftreten vom Leaky-Gut-Syndrom
- Eventuell Abgang des Tieres

MILCHFIEBER (GEBÄRPARESE)

Milchfieber wird durch Kalziummangel im geburtsnahen Zeitraum verursacht. Der Kalziummangel führt zu einer verminderten Futteraufnahme und einer Reduktion der Wiederkautätigkeit. In der Folge kommt zu wenig Phosphor über den Speichel in den Verdauungstrakt und kann von dort auch nicht mehr resorbiert werden. Damit führt Milchfieber auch zu einem geringeren Phosphorgehalt in der Blutbahn.

Diese Stoffwechselerkrankung kommt hauptsächlich innerhalb der ersten drei Tage nach der Abkalbung vor. Daher ist es wichtig, den Kalziumstoffwechsel der Kuh zu verstehen, denn nur so machen etwaige prophylaktische Maßnahmen Sinn und werden auch richtig angewendet. Die Kuh muss nach dem Abkalben Kalzium aus den Knochen mobilisieren und verstärkt aus dem Verdauungstrakt aufnehmen, um den Kalziummangel ausgleichen zu können. Der Kalziummangel resultiert aus der beginnenden Milchproduktion und der gleichzeitig noch zu geringen Futteraufnahme. Für die Aktivierung dieses Stoffwechselprozesses ist das Parathormon zuständig. Das Parathormon wird in der Nebenschilddrüse gebildet und hat die Aufgabe, die Freisetzung der Mengenelemente Kalzium und Phosphor aus dem Körper zu aktivieren. Das Hormon selbst, wird über Vitamin D3 aktiviert. Sinkt der Kalziumgehalt im Blut, erteilt das Parathormon über die Aussendung von Botenstoffen den Befehl, Kalzium und Phosphor zu mobilisieren. Kalzium wird zusätzlich aus dem Darm aufgenommen und über den Blutkreislauf zur Verfügung gestellt.

Milchfieber tritt auf, wenn die Kuh mehr Kalzium benötigt als sie über das Futter sowie die körpereigene Mobilisation bereitstellen kann. Diese Stoffwechselerkrankung verursacht hohe Kosten und erfordert viel Zeit, um die Tiere wieder auf Vordermann zu bringen. Tritt Milchfieber häufiger auf, ist dies als ein reines Managementproblem zu bewerten. Durch ein individuell angepasstes Fütterungssystem kann Milchfieber weitestgehend vermieden werden.

Milchfieber erkennen

Klassische Anzeichen für Kühe mit Milchfieber sind Festliegen, kalte Körperoberfläche, fester Kot und häufig auch Schlafstellung. Die Körpertemperatur der betroffenen Kühe liegt im unteren Bereich und manchmal sogar unter 38 °C.

Eine definitiv unterschätzte Erkrankung ist das Auftreten von subklinischem Milchfieber. Laut diverser Studien leiden im Durchschnitt 30–50 % der Tiere an subklinischem Milchfieber! Anzeichen dafür können ein wackliger Gang, eine etwas tiefere Körpertemperatur sowie ein vermindertes Fressverhalten sein. Das „schleichende" Milchfieber lässt sich nur mittels Blutanalyse festgestellen.

Milchfieber vorbeugen

Die kostengünstigste und nachhaltigste Variante, um Milchfieber vorzubeugen, ist die Optimierung der Rationen rund um die Abkalbung sowie eine angepasste Haltung mit gutem Kuhkomfort. Dazu müssen die Tiere sofort nach dem Abkalben ausreichend mit Kalzium versorgt werden (160–180 g Kalzium pro Kuh und Tag). Zusätzlich spielt natürlich die Trockensteherfütterung eine essenzielle Rolle. Diese muss möglichst kalzium- und kaliumarm gestaltet sein. Aber auch die Futteraufnahme vor der Abkalbung gehört anhand der Pansenfüllung genau evaluiert, denn eine zu geringe Futter- und Energieaufnahme kann das Risiko des Festliegens um das Vierfache erhöhen.

Vor allem wenn die Trockensteherration doch eher zu hohe Kalzium- bzw. Kaliumwerte erreicht, brauchen die Tiere eine zusätzliche Unterstützung. Die Gabe von Kalzium- und eventuell Phosphor-Boli oder -Pasten hat sich hier bestens bewährt. Je nach Produkt müssen zwei bis drei Gaben nach dem Abkalben erfolgen, um die Tiere bestmöglich zu unterstützen.

Vitamin D3 dient als Katalysator, um das Parathormon zu aktivieren. Dieses ist wiederum für die Kalziummobilisation zuständig. Vor allem bei älteren Tieren (mehr als drei Laktationen) kann die Hormon- bzw. Vitaminaktivität reduziert sein. Deshalb wird solchen Tieren teilweise prophylaktisch zwei bis acht Tage vor dem errechneten Kalbetermin eine Vitamin D3-Injektion verabreicht.

Der Nachteil in dieser Behandlungsmethode liegt darin, dass sich der errechnete Kalbetermin möglicherweise etwas verschiebt. Wird der Kuh die Injektion zu früh verabreicht, verstärkt das die Kalzium-Absorption im Darm noch vor der tatsächlichen Abkalbung. Das erhöht das Risiko von subklinischem Milchfieber. In weiterer

Folge wird durch die erhöhte Vitamin D3-Konzentrationen im Blut die Aktivierung von körpereigenem Vitamin D3 langfristig gehemmt, sodass die Kalziumregulation über mehrere Wochen gestört ist und das Risiko von subklinischer Hypokalzämie in den zwei bis sechs Wochen nach der Behandlung deutlich ansteigt.

Klinisches Milchfieber behandeln

Wenn Tiere aufgrund von Milchfieber festliegen, muss der Tierarzt schnellstmöglich informiert werden. Die Kühe bekommen dann Kalziuminfusionen und je nach Diagnose entsprechende Schmerzmittel und eine Stoffwechselunterstützung. Auch eine orale Kalziumgabe sollte nach der Behandlung erfolgen, um dem Tier auch längerfristig Kalzium zur Verfügung zu stellen. Häufig werden die Tiere auch gedrencht, um die Verdauung wieder in Schwung zu bringen.

Folgen von Milchfieber

Kommt es zum Festliegen der Kuh, muss das Tier natürlich tierärztlich behandelt werden. Das kostet Zeit und Geld. Im schlimmsten Fall kann es sogar zum Tod des Tieres führen. Meistens kommen die Kühe jedoch nach einer oder mehreren Behandlungen wieder auf die Beine. Dennoch sind auch nach erfolgreicher Behandlung, eine verminderte Futteraufnahme sowie ein dementsprechender Milchverlust zu erwarten.

Studien zeigen, dass bis zu 50 % der Kühe schleichendes Milchfieber aufweisen. Diese Tiere liegen zwar nicht fest, haben aber einen Kalziummangel, der nur mittels Bluttest festzustellen ist. Betroffene Tiere haben ein wesentlich höheres Risiko für Metritis (Gebärmutterentzündung), Nachgeburtsverhalten, Fruchtbarkeitsstörungen und lassen oftmals die Milch rinnen.

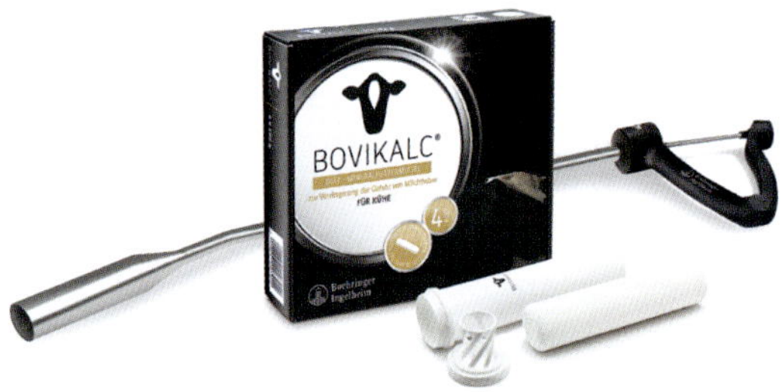

Kalziumbolus mit Eingabepistole
© Boehringer Ingelheim

METABOLISCHE AZIDOSEN UND ALKALOSEN

Das Säure-Basen-Verhältnis im Organismus der Kuh ist ausschlaggebend für viele Stoffwechselfunktionen und steht damit in einem direkten Verhältnis zur Kuhgesundheit und Milchleistung. Metabolische Azidosen werden meistens durch einen zu niedrigen DCAB-Gehalt (< 200 meq/kg) in der Gesamtration hervorgerufen. Aber auch Hitzestress und Pansenazidose können mögliche Faktoren sein.

Metabolische Alkalosen werden durch zu hohe DCAB-Gehalte hervorgerufen. Dies kann z. B. durch einen Kaliumüberschuss verursacht werden. Außerdem können zu hohe Gaben an Mineralfutter und Pansenpuffern (z. B. Natriumbicarbonat) sowie ein Überschuss an Ammoniak (NH_3) im Pansen zu Alkalosen führen. Ammoniak-Überschüsse können auftreten, wenn die verfütterte Silage erhöhte NH_3-Gehalte aufweist (klares Anzeichen für eine Nachgärung) oder der eingesetzte Futterharnstoff nicht zur Gänze verdaut wird. Die Harnstoffgehalte in der Milch liegen dann meist über 30.

Metabolische Azidosen und Alkalosen erkennen

Der DCAB-Gehalt in der Futterration ist hauptverantwortlich für die metabolische Stoffwechsellage. Dieser sollte bei den laktierenden Kühen einen Wert zwischen 200–300 meq/kg TM aufweisen. Jedoch werden in dieser Berechnung weitere wichtige Faktoren nicht berücksichtigt. Durch das Wiederkauen wird Speichel produziert, welcher den pH-Wert im Organismus puffert (erhöht). In Abhängigkeit der Rationsgestaltung wird dementsprechend viel oder wenig Speichel produziert. Zudem sind in Rationsprogrammen bei den einzelnen Rohstoffen die DCAB-Gehalte hinterlegt. Allerdings treten vor allem bei Raps große Varianzen in der Kationen-Anionen-Bilanz auf. Zusätzlich darf im Sommer der Hitzestress nicht außer Acht gelassen werden. Durch das „Hecheln" der Tiere geht sehr viel Speichel verloren. Das erhöht das Risiko einer Pansenazidose, denn die im Speichel enthaltenen Bicarbonate haben die Aufgabe den pH-Wert zu stabilisieren. Außerdem wird durch das starke Ausatmen vermehrt CO_2 abgegeben. Der Körper versucht immer ein bestimmtes Verhältnis zwischen Carbonat und Kohlendioxid zu halten. Um die vermehrte Ausscheidung von CO_2 bei Hitzestress zu kompensieren, wird über die Niere auch Carbonat ausgeschieden. Das kann bei einer Überkompensation zu einer metabolischen Azidose führen.

Um trotz dieser vielen Variablen ein genaues Bild über die Stoffwechsellage der Tiere bekommen zu können, sollte neben der Berechnung des DCAB-Gehalts, der NSBA-Gehalt (Netto-Säure-Basen-Ausscheidung) im Harn analysiert werden. Dazu wird eine Harnprobe entnommen und tiefgefroren in ein Labor geschickt. Eine einfache, aber dennoch genaue Alternative dazu ist das Messen des Harn-pH-Werts. Dies kann direkt vor Ort mit Hilfe eines digitalen pH-Wert-Messgeräts oder durch Teststreifen durchgeführt werden. Der pH-Wert im Urin soll bei einer laktierenden Kuh zwischen 7,8 und 8,2 liegen. Liegt der pH-Wert unter dem Grenzwert, handelt es sich um eine metabolische Azidose. Liegt der Wert darüber, ist von einer metabolischen Alkalose die Rede. Ist der pH- Wert außerhalb dieser Werte, muss die Ration dementsprechend verändert werden.

Prophylaktische Hilfsmittel

Die kostengünstigste und nachhaltigste Variante, um den Stoffwechsel zu stabilisieren, ist ein DCAB-Gehalt zwischen 200 und 300 meq/kg TM. Außerdem müssen Maßnahmen ergriffen werden, die Pansenazidosen bestmöglich verhindern. Auch Hitzestress ist in der Vorbeuge bestmöglich zu minimieren und dazu sollte ein funktionales „Kühlsystem" (z. B. Ventilatoren, Kuhduschen) installiert werden. Sollte trotz der getroffenen Maßnahmen der NSBA- bzw. Harn-pH-Wert zu gering sein, können Natriumbicarbonat oder andere Pansenpuffer eingesetzt werden.

Metabolische Azidosen und Alkalosen behandeln

Metabolische Azidosen und Alkalosen treten bei Kühen in der Regel nicht in klinischer Form auf. Bei Kälbern führen Durchfälle oder Schwergeburten manchmal zu Azidosen, die dann über Bicarbonat-Infusionen korrigiert werden müssen.

Folgen metabolischer Azidosen und Alkalosen

Die Auswirkungen von metabolischen Azidosen können eine verminderte Futteraufnahme (in weiterer Folge Energiemängel, erhöhtes Risiko für Ketosen und somit verminderte Fruchtbarkeit), geringere Milchinhaltsstoffe sowie eine verringerte Milchleistung sein.

Die Auswirkungen einer metabolischen Alkalose sind Pansenfermentationsstörungen sowie eine verringerte Milchleistung. Zusätzlich ist das Risiko der Passage von Krankheitserregern in den Darm erhöht. Alkalosen sind derzeit noch ein zu wenig beachtetes Stoffwechselproblem in der Milchviehfütterung.

Metabolische Stoffwechsellage bei Trockenstehern

Bei den Trockenstehern spricht man erst ab einem pH-Wert unter 7,0 von einer metabolischen Azidose. Bei diesen Tieren sollte der pH-Wert im Vergleich zu den laktierenden Tieren bewusst etwas niedriger gehalten werden. Ein niedriger pH-Wert führt im Körper zu einer verminderten Kalziumabsorption und zu einer höheren Kalziumausscheidung über den Harn. Vor allem in kalziumreichen Trockensteherrationen wirkt ein leicht angesäuerter pH-Wert im Urin daher prophylaktisch gegen Milchfieber. Unter „normalen Umständen" werden pH-Werte unter 7,0 kaum erreicht. Durch den Einsatz von sauren Salzen wie z. B. Magnesiumsulfat (Bittersalz) wird der Stoffwechsel stark angesäuert. Das bringt zwar einen Milchfieberschutz, jedoch ist beim Einsatz dieser Produkte Vorsicht geboten. Zu hohe Einsatzmengen können die Futteraufnahme stark beeinträchtigen, was einerseits wieder zu einer Erhöhung des Milchfieberrisikos führt und andererseits über die negative Energiebilanz die Gefahr von Energiestoffwechselstörungen erhöht. Dadurch treten nach der Geburt vermehrt Ketosen und weitere Stoffwechselprobleme auf, welche im schlimmsten Fall sogar bis zum Tod führen können.

Zu hohe Harn pH-Werte von über 7,8 vor der Geburt erhöhen das Milchfieberrisiko drastisch und sind ebenfalls zu vermeiden. Vor allem in Trockensteherrationen, welche einen geringen Silomaisanteil beinhalten, werden häufig zu hohe pH-Werte im Urin gemessen.

Der pH-Wert im Harn der Trockensteher gibt Aufschluss über deren Stoffwechsel und kann beitragen, das Milchfieberrisiko richtig einzuschätzen.

KÄLBER- UND JUNGRINDERAUFZUCHT

GRUNDLAGEN DER KÄLBER- UND JUNGRINDERAUFZUCHT

„Kälber sind die Kühe von morgen!" Das ist entscheidend, wenn es um Kosten und Nutzen von Kälbern und Jungrindern geht. Fütterungsfehler und Krankheiten in der Aufzucht führen zu unnötigen Kosten und vor allem auch zu späteren Leistungsminderungen. Untersuchungen zur sogenannten „metabolischen Programmierung" haben ergeben, dass insbesondere die Menge an Biestmilch und auch die Intensität der Fütterung in den ersten Lebenswochen einen entscheidenden Einfluss auf die spätere Leistung haben. Dazu kommt noch, dass die Gesundheitsparameter intensiv gefütterter Kälber deutlich besser sind als die von verhalten gefütterten Tieren.

Gesunde, frohwüchsige Kälber sind die Hochleistungskühe von morgen. © WP

Die Herausforderung ist es, Kälber, die gesund zur Welt gekommen sind, auch gesund zu erhalten. Dabei muss man vor allem dafür sorgen, dass es zu keinerlei Durchfall- oder Lungenerkrankungen kommt, da diese meist mit Spätfolgen behaftet sind. Neben diesen beiden Organen stellen noch Nabel- und Gelenksinfektionen typische Problembereiche bei Kälbern dar.

Durch zügiges Wachstum bei optimaler Umwelt und Fütterung sollte eine kurze Aufzuchtphase möglich sein, wodurch sich die Aufzuchtkosten deutlich reduzieren. Das Ziel ist es, Kalbinnen zu erhalten, die mit einem Alter von 14 bis 16 Monaten besamungsreif sind. Dabei geht es auch darum, die Pubertät, die am Einsetzen der Brunst zu erkennen ist, nicht zu früh zu erreichen. Kalbinnen, die zu energiereich gefüttert werden, stieren in der Regel deutlich früher. Ab diesem Zeitpunkt ist aber das Größenwachstum vermindert, was zu kleineren, dafür aber fetteren Jungrindern führt. Neben einer deutlich schlechteren Fruchtbarkeit ist auch ein kleinerer Rahmen ein Problem bei diesen Tieren. Proteinreichere und energieärmere Fütterung bringt rahmigere Tiere hervor, deren erste Brunst meist erst zwischen dem zehnten und zwölften Lebensmonat einsetzt und die in der Regel problemlos trächtig werden.

Trächtige Kalbinnen sind sehr genügsam und so kann eine Alpung dieser Rinder ohne Weiteres in Betracht gezogen werden. Jedoch ist dafür Sorge zu tragen, dass die Konditionsentwicklung im letzten Trächtigkeitsdrittel nicht leidet. Daher sollten die Kalbinnen spätestens im siebten Trächtigkeitsmonat zurück auf den Hof kommen, um sie in die Herde einzugliedern. Ein Kennenlernen des Liegeboxenlaufstalls, der Transponderstation und des Melkstandes oder Melkroboters kann so in Ruhe passieren. In den letzten drei bis vier Wochen vor der Abkalbung ist eine gemeinsame Haltung mit den trockenstehenden Kühen in der Tiefstreugruppe sinnvoll. Eine ausreichende Energieversorgung soll eine Körperkondition von 2,5 bis 3,0 bzw. eine Rückenfettdicke von rund 15 bis 20 mm bei der Abkalbung ermöglichen.

DIAGNOSE UND THERAPIE VON KÄLBER- UND JUNGTIERKRANKHEITEN

Durchfallerkrankungen

Durchfälle stellen in vielen Betrieben das größte Problem bei neugeborenen Kälbern in den ersten beiden Lebenswochen dar. Dünnflüssiger Kot zeigt sich jedoch auch in anderen Altersgruppen. In jedem Fall ist es vor einer Therapie notwendig, die Ursache abzuklären, da die Therapieansätze unterschiedlich sind.

Grundsätzlich wird zwischen infektiösen und diätetischen Durchfällen unterschieden, wobei Mischformen häufig sind. Insbesondere Fütterungsfehler führen bei Milchkälbern meist zu einer Veränderung der Darmflora, wodurch bakteriell bedingte Durchfälle das Krankheitsbild verändern und erschweren können.

Um die Ursache von Durchfällen zu klären, ist es wesentlich, die Proben am Beginn der Erkrankung zu entnehmen. Vor allem Viren sind meist nur wenige Tage nachweisbar, auch wenn der Durchfall noch längere Zeit anhält. Das liegt daran, dass die zerstörte Schleimhaut auch nach dem Verschwinden der Erreger noch Zeit benötigt, um wieder voll funktionsfähig zu sein. Dazu kommt, dass andere Einzeller und Bakterien im geschwächten Organismus

Festliegendes Durchfallkalb © WP

leichtes Spiel haben und als sogenannte Sekundärerreger den Durchfall fortsetzen.

Um sich bei den in der Praxis am häufigsten auftretenden Erkrankungen besser orientieren zu können, werden die wichtigsten Durchfallursachen im Folgenden nach dem Zeitpunkt ihres Auftretens vorgestellt. Dabei sind insbesondere die ersten drei Lebenswochen von Bedeutung, da in dieser Zeit die schwerwiegendsten, oft sogar tödlichen, Durchfallerkrankungen auftreten. Unter den Viren sind vor allem Rota- und Coronaviren durchfallauslösend. Als mittlerweile massives Problem haben sich auch die Kryptosporidien etabliert, die zur Gruppe der Einzeller zählen. Infektionen mit einem bestimmten Typus von *Escherichia coli* sind hingegen selten geworden. Daneben sind auch Clostridien und in Ausnahmefällen auch Salmonellen Auslöser von Kälberdurchfall. Treten Durchfälle gehäuft auf, sind in jedem Fall Kotproben von neu erkrankten Tieren an ein Labor zur genauen Diagnose einzusenden. In der Praxis haben sich auch ELISA-Schnelltests etabliert, mit denen die wichtigsten Erreger binnen weniger Minuten schon im Stall identifiziert werden können.

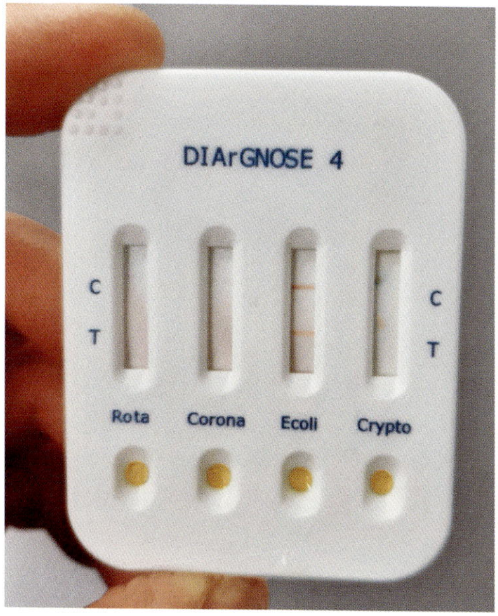

Schnelltest einfach durchgeführt – *E. coli* ist positiv (zwei rote Banden) © WP

Rota- und Coronaviren

Infektionen mit Rota- und Coronaviren führen bereits in der ersten Lebenswoche zu Durchfällen. Da es zu einer massiven Schädigung der Darmschleimhaut kommt, dauert es in der Regel trotz guter Therapie bis zu sieben Tage, ehe die Kälber wieder eine normale Kotkonsistenz aufweisen. Das Hauptsymptom der Erkrankung ist, wie bei fast allen Durchfällen, der Flüssigkeits- und Mineralstoffverlust. Dabei kommt es zu einer Austrocknung des Organismus, der bei unzureichender Therapie zum Kreislaufversagen führt. Die Todesursache sind somit nicht die direkten Schadwirkungen der Viren, sondern der Flüssigkeitsmangel. Die Tiere trocknen förmlich aus, was an den eingesunkenen Augen deutlich erkennbar ist. Daneben spielt auch der Elektrolytverlust eine entscheidende Rolle, da dieser zu einer Blutazidose, einer Übersäuerung des Organismus, führt. Diese Übersäuerung zeigt sich in Lähmungserscheinungen, die bis zum völligen Festliegen reichen können.

Aus dieser Symptomatik ergibt sich auch der Therapieansatz. Nachdem wir ursächlich gegen Viren kein wirksames Medikament zur Verfügung haben, muss vor allem der Flüssigkeits- und Elektrolytverlust eingedämmt werden. Dazu werden den Kälbern Elektrolyttränken zur freien Aufnahme angeboten, solange die Trinklust noch erhalten ist. Dabei werden die Milchgaben auf drei Mahlzeiten zu je etwa 2 l aufgeteilt und als Zwischenmahlzeiten dann Elektrolyte verfüttert. Anstatt Milch können auch für ein bis zwei Tage energiereiche Diättränken angeboten werden. Sobald die Kälber jedoch selbst keine Flüssigkeit mehr aufnehmen, ist der Tierarzt beizuziehen. Durch intravenöse Dauertropfinfusionen mit gepufferten Elektrolytlösungen kann beinahe jedes Kalb gerettet werden. Sobald die Kälber wieder stehen und selbst trinken, wird mit oralen Elektrolyttränken weitertherapiert.

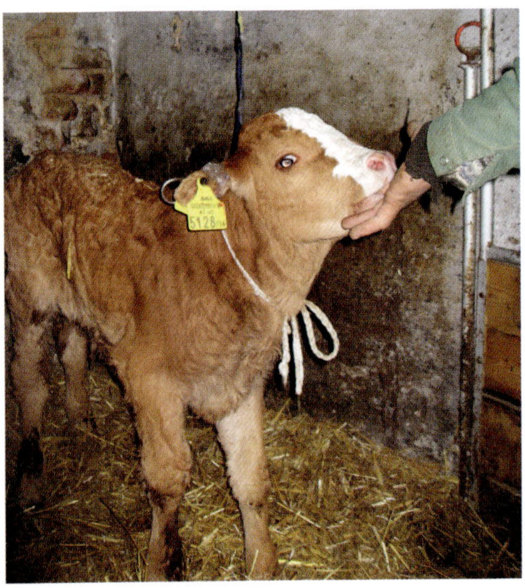

Nach wenigen Stunden am Dauertropf steht das Kalb bereits wieder und zeigt Sauglust. © WP

Kryptosporidien

Kryptosporidiendurchfälle stellen eines der größten Probleme in unseren größer werdenden Betrieben dar. Diese einzelligen Parasiten sind in der Umwelt sehr widerstandsfähig und durch normale Reinigung und Desinfektion nur schwer zu eliminieren. Steigt der Infektionsdruck aufgrund vieler neugeborener Kälber an, treten meist bereits innerhalb der ersten Lebenswoche deutliche Durchfallerscheinungen auf. Teilweise zeigen auch erst ältere Kälber Krankheitssymptome, weshalb nur eine Kotuntersuchung Aufschluss über die Ursache geben kann. Ähnlich wie bei Rota- und Coronaviren ist der massive Flüssigkeits- und Mineralstoffverlust für die Symptomatik verantwortlich. Jedoch können Kryptosporidien unbehandelt über mehrere Wochen im Kot nachgewiesen und ausgeschieden werden, wodurch es immer wieder zum Aufflammen der Durchfälle kommt.

Neben Hygienemaßnahmen und einer symptomatischen Therapie mit Elektrolytlösungen spielt vor allem die präventive Gabe von gezielt auf Kryptosporidien abgestimmten Chemotherapeutika (Halocur™, Gabbrovet™) eine wichtige Rolle in der Therapie und Vorbeugung. Bei niedrigem Infektionsdruck haben sich auch pflanzliche Wirkstoffe (z. B. Oregano) in der Prävention bewährt.

In der Prophylaxe könnte künftig aber auch eine neu entwickelte Impfung zum Erfolg führen. Dabei werden die Muttertiere gegen Ende der Trächtigkeit zweimalig geimpft. In den Folgejahren ist dann eine einmalige Auffrischungsimpfung ausreichend. Die Antikörper gehen mit der Biestmilch ins Kalb über, daher ist vor allem auf gutes Kolostrummanagement (Menge und Zeitpunkt der Biestmilchgabe) zu achten.

Nur frühzeitige und ausreichende Kolostrumgaben führen bei Muttertierimpfungen zum gewünschten Erfolg! © WP

Bakterien

An Durchfällen in den ersten Lebenstagen können auch Bakterien beteiligt sein. Dabei führen bestimmte Typen von *Escherichia coli* zu massiven Flüssigkeitsverlusten und sind daher ähnlich gefährlich wie Kryptosporidien, Rota- und Coronaviren. Aber auch Typen von *Clostridium perfringens* stellen eine Gefahr für Kälber aller Altersklassen dar. Diese können durch massive blutige Durchfälle innerhalb weniger Stunden zu deren Tod führen. Dabei kann die Krankheit so rasch fortschreiten, dass die Kälber noch vor dem Auftreten von Durchfallsymptomen sterben. Erst bei einer Sektion zeigt sich dann blutiger Inhalt in einzelnen Darmabschnitten.

In jedem Fall ist bei fieberhaften Durchfallerkrankungen an eine bakterielle Beteiligung zu denken. Während bei typischen Frühdurchfällen auf Antibiotikagaben verzichtet werden kann, um die Darmflora nicht zu schädigen, sind sie bei fieberhaften oder blutigen Durchfällen unbedingt erforderlich.

Kokzidien

Bei etwas älteren Kälbern spielen Kokzidien, die ähnlich wie Kryptosporidien auch einzellige Parasiten sind, eine große Rolle. Da der Entwicklungszyklus dieser Einzeller aber etwas länger dauert, ist frühestens ab einem Alter von drei Wochen mit Kokzidiendurchfällen zu rechnen. Meist infizieren sich die Kälber, sobald sie in eine Gruppenhaltung mit anderen, etwas älteren Tieren kommen. Auch die Infektionsdosis und die Abwehrlage des Tieres spielen eine große Rolle.

Viele Kälber auf zu engem Raum, schlechte Reinigung und Desinfektion sowie der Stress der Umgruppierung sind Auslöser für diese typische Faktorenerkrankung. Die Kotkonsistenz verändert sich im Laufe der Erkrankung von breiig bis dünnflüssig und wird zuletzt auch blutig, was ihr den Beinamen „Rote Ruhr“ eingebracht hat. Der extreme Pressreiz kann zudem zu Mastdarmvorfällen bei den betroffenen Kälbern führen.

Neben der Verbesserung der Umwelt- und Managementbedingungen stellt eine Chemoprophylaxe mit einem Kokzidiostatikum die beste Vorbeugemaßnahme dar. Das Therapeutikum sollte im Idealfall bereits vor der Umstallung und dem Ausbruch der Erkrankung verabreicht werden. Mittlerweile sind allerdings auch Medikamente zur Therapie verfügbar, die erst bei Ausbruch der Erkrankung verabreicht werden. Neben einer ursächlichen Therapie sollte aber auch medikamentös dem starken Kotdrang und den Bauchschmerzen entgegengewirkt werden. Vor allem Metamizol-haltige Präparate haben sich hier sehr bewährt. Als Hausmittel werden zusätzlich auch Leinsamenschleim oder Eichenrindentee gefüttert.

Diätetische Durchfälle

Diätetische Durchfälle sind stets **Folgen eines falschen Tränkemanagements**, wobei Menge, Temperatur, Art der Verabreichung und Zusammensetzung der Tränke eine entscheidende Rolle spielen. In der Natur nehmen Kälber mehrmals täglich kleinere Mengen an Milch auf. Die Temperatur beträgt dabei stets etwa 38 °C und die Kälber müssen aktiv saugen. An diesem Vorbild sollten Sie sich orientieren, um möglichst gesunde Kälber aufzuziehen.

Perfektes Tränkemanagement führt zu gesunden, frohwüchsigen Kälbern. © WP

In der Praxis finden wir immer wieder Kälber, die zu **Pansentrinkern** geworden sind, in der Folge keinen Appetit mehr zeigen und an Durchfällen leiden. Bei gesunden Kälbern kommt es bei der Milchaufnahme zum sogenannten Schlundrinnenreflex, der dafür sorgt, dass die Milch am Pansen vorbei direkt von der Speiseröhre in den Labmagen umgeleitet wird. Niedrige Tränktemperaturen bei Vollmilch, große momentane Milchaufnahmen direkt aus einem Eimer oder auch das Verdünnen von Milch können dazu führen, dass Milch in den Pansen gelangt. Dort kommt es zu Fehlgärungen, die zu Durchfällen und Inappetenz in Folge von Übersäuerungen führen können. Spült man den Pansen mit lauwarmem Wasser, findet man eine käsige, sauer stinkende Flüssigkeit vor.

Therapeutisch wird einerseits die Pansenspülung vorgeschlagen, die in der Praxis meist rasch zu einer Verbesserung der Symptomatik führt. Aber auch die Infusion von Puffersubstanzen ist eine Möglichkeit, die Übersäuerung zu therapieren. In jedem Fall sind aber die auslösenden Faktoren zu beseitigen. So müssen die Kälber künftig mit ausreichend warmer Milch über einen Nuckel getränkt werden.

Eine übermäßige Milchaufnahme kann auch dazu führen, dass nicht das gesamte Milcheiweiß im Labmagen fermentiert wird. Ein ähnliches Problem zeigt sich, wenn Milch mit anderen Flüssigkeiten, wie etwa Tee oder Wasser, gemischt wird oder Milchaustauscher mit pflanzlichen Eiweißkomponenten in den ersten Lebenswochen verfüttert werden. In all diesen Fällen kommt es zu einer Dysbakteriose im Darm. Das bedeutet, dass sich aufgrund einer anderen Eiweißversorgung die Darmflora stark verändert, was zu bakteriellen Durchfallerkrankungen führt. Aber auch die Stoffwechselprodukte dieser Bakterien können zu Vergiftungen und Übersäuerungen führen.

Ebenso wie bei Pansentrinkern sind auch hier die auslösenden Faktoren zu beseitigen und ein verbessertes Tränkemanagement durchzuführen. Daneben ist je nach Symptomatik vom Tierarzt mittels Antibiotika, Flüssigkeitstherapie und Puffersubstanzen das Krankheitsbild zu behandeln.

Bei älteren, bereits von der Milch abgesetzten Kälbern kann es ebenso zu Durchfallerkrankungen kommen. Da es sich hier bereits um Wiederkäuer handelt, ist eine ausreichende Strukturversorgung mittels Heu oder Futterstroh sicherzustellen. Insbesondere Grassilagen führen bei Kälbern unter einem Alter von vier Monaten häufig zu Durchfällen. Aus diesem Grund hat sich die Fütterung einer Trocken-TMR, bestehend aus Kraftfutter und Heu oder Stroh, besonders bewährt. Aber auch Kälberstarter oder Kälbermüslis in Kombination mit hygienisch einwandfreiem Raufutter sind eine gute Möglichkeit.

Parasiten

Durchfallerkrankungen bei älteren Kälber und Kalbinnen können auch parasitäre Ursachen haben. Insbesondere bei Weidehaltung sind Magen-Darm-Würmer, Lungenwürmer und Leberegel mögliche Gefahrenquellen. Durch Kot- und mittlerweile auch Blutuntersuchungen lassen sich diese Parasiten in der Regel gut feststellen. Entsprechende Medikamente zur Entwurmung müssen nach Absprache mit dem bestandsbetreuenden Tierarzt strategisch richtig verabreicht werden. Dabei ist zwischen einer therapeutischen Entwurmung erkrankter Tiere und Vorbeugemaßnahmen, die eine Wurmbelastung auf der Weide verhindern sollen, zu unterscheiden. Auch bei therapeutischen Maßnahmen ist darauf zu achten, dass der Zeitpunkt der Anwendung optimal gewählt wird. Nicht alle Therapeutika wirken auf sämtliche Entwicklungsstadien der Parasiten, sodass eine wiederholte Behandlung nötig sein kann.

Die häufigsten erregerbedingten Ursachen für Kälberdurchfall:

- Viren: Rotavirus, Coronavirus
- Bakterien: *E. coli, Clostridium perfringens,* Salmonellen
- Parasiten: Cryptosporidien, Coccidien, Magen-Darm-Würmer, Leberegel

Nabel- und Gelenkserkrankungen

Neben Durchfallerkrankungen zählen Nabelprobleme in manchen Betrieben zu den Hauptkrankheitsursachen bei jungen Kälbern. In vielen Fällen handelt es sich um **bakterielle Infektionen**, die kurz nach der Geburt eine Entzündung im Nabelbereich hervorrufen. Ursache dafür ist meist ein hoher Infektionsdruck durch unhygienische Bedingungen im Abkalbebereich. So leiden Kälber, die auf Schrapperbahnen oder in Kotrinnen geboren werden, deutlich häufiger an Nabelerkrankungen. Ein weiterer Punkt ist die korrekte Abtrennung der Nabelschnur im Zuge der Geburt. Dabei befindet sich eine „Sollbruchstelle“ etwa 20 cm von der Bauchwand entfernt. Auch die im Inneren verlaufenden Gefäße sollten passend abreißen und sich zurückziehen. Vor allem bei Geburten mit Hinterendlagen kommt es aber oft zu einem Nabelabriss direkt an der Bauchwand, was ein Eindringen von Bakterien erleichtert. Zu all diesen mechanischen Einflüssen kommt entscheidend aber noch

Ursachen für diätetische Durchfälle	
Rationsgestaltung	**Management**
Pflanzliches Eiweiß an unter drei Wochen alte Kälber	Zu geringe Tränketemperatur (vor allem im Winter)
Grassilagen an unter vier Monate alte Kälber	Milchgabe direkt aus dem Eimer (kein Saugen)
Zu wenig strukturierte Rohfaser bei wiederkauenden Tieren	Verdünnng von Milch mit Wasser, Tee oder Elektrolyttränken
	Mangelnde Hygiene bei der Milchfütterung

die Infektionsabwehr des Kalbes hinzu. Diese wird maßgeblich von der Biestmilchaufnahme bestimmt, weshalb bei gehäuften Nabelproblemen auch stets das Biestmilchmanagement zu überprüfen ist.

Grundsätzlich gibt es äußerliche und innere Nabelinfektionen. Erreichen die Bakterien nämlich über die abgetrennten Blutgefäße oder den Urachus (embryonaler Harngang/ Urharngang) die Bauchhöhle, kommt es dort zu einer ausgedehnten Infektion, die bis hin zu Leberabszessen führen kann. Typischerweise zeigen diese Kälber als erstes Symptom ein plötzliches Absetzen beim Trinken. Dabei dürfte der sich füllende Labmagen auf die Entzündungsstelle drücken und die Kälber hören frühzeitig zu trinken auf. Ein äußerlicher Druck auf die Nabelregion sowie ein tiefes Durchtasten führen zu Schmerzäußerungen des Kalbes und sind deshalb für die Diagnosestellung unumgänglich. Eine zusätzliche Untersuchung mittels Ultraschall gibt Gewissheit über Größe und Lage des Infektionsherdes. Kommt es jedoch nur zu einer Infektion der äußeren Nabelregion, zeigen die Kälber oft kaum Symptome. Meist sind Verdickungen deutlich zu sehen, die von Abszessen herrühren.

Während innere Infektionen in jedem Fall antibiotisch über mehrere Tage zu behandeln sind und in vielen Fällen auch chirurgische Interventionen notwendig machen, reicht bei äußerlichen Abszessen die Anwendung von erwärmenden Salben (Ichthyol-Salben), um eine Ausreifung und ein Aufbrechen zu erwirken. Anschließende Spülungen mit Wasserstoffperoxid 3 % fördern ein Ausheilen und Ausgranulieren der Abszesshöhle.

Kälber, die an Infektionen des Nabels leiden, sollten auch an den Gelenken genau untersucht werden. Dazu streichen Sie mit der Hand an allen vier Gliedmaßen entlang und üben an den Gelenken leichten Druck aus, um Schwellungen, warme Stellen oder Schmerzäußerungen zu erkennen. Die eingedrungenen Bakterien werden durch den Blutstrom im Körper verteilt und bleiben vor allem in den feinen Blutgefäßen der Gelenke haften und rufen dort Infektionen hervor. Sind bei nabelerkrankten Kälbern bereits mehr als zwei Gelenke infiziert, ist eine Therapie kaum noch erfolgversprechend und es sollte, je nach Allgemeinzustand, des Tieres auch über eine Euthanasie nachgedacht werden.

Umfangsvermehrungen am Nabel sind neben Abszessen auch die Folge von **Nabelbrüchen**. Nabelbrüche sind Öffnungen in der Bauchwand, durch die auch Darm- und Netzteile in den äußeren Nabel gelangen können. Durch sanften Druck und leichte Massage in Richtung Bauchwand lassen sich diese wieder in die Bauchhöhle massieren und die Umfangsvermehrung wird deutlich kleiner. Zudem können Sie auch die Öffnung in der Bauchwand meist gut ertasten. Die Problematik von Nabelbrüchen besteht darin, dass sich Darmteile einklemmen können und es in der Folge zu einem tödlichen Darmverschluss kommt. Da Nabelbrüche meist auch erblich bedingt sind, müssen betroffene Tiere von der Zucht ausgeschlossen werden.

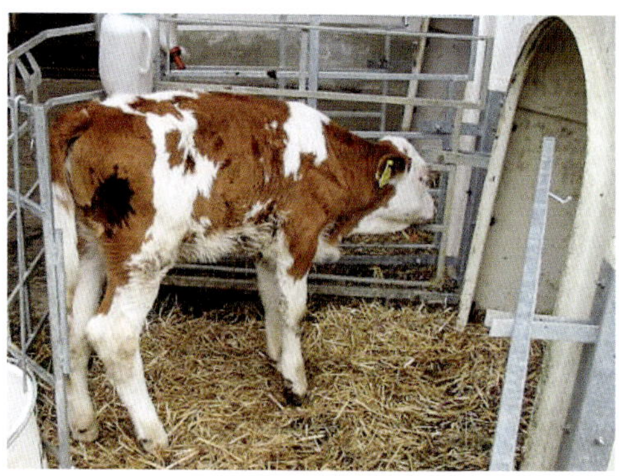

Kalb mit Nabel- und Gelenksinfektionen. Der aufgekrümmte Rücken weist auf Schmerzen im Nabelbereich hin. Auch das rechte Sprunggelenk ist deutlich verdickt. © WP

Therapeutisch bestehen grundsätzlich zwei Möglichkeiten. Zum einen kann bei täglicher Kontrolle des Bruches auf eine Operation verzichtet und das Kalb als Milchmastkalb verwertet werden. Natürlich besteht auch die Möglichkeit, den Bruch chirurgisch zu versorgen. Dies sollte im Idealfall jedoch in den ersten Lebenswochen erfolgen, da der Druck auf die Bauchwand und damit die Wunde zu diesem Zeitpunkt noch gering ist. Dadurch ist eine problemlose Heilung möglich.

Selenmangel

Ähnlich wie bei Kühen stellt auch bei Kälbern in unseren Breiten ein Mangel an Selen ein massives Problem dar. Vor allem in Mutterkuhherden, wo die Mineralstoffversorgung der Tiere mitunter mangelhaft ausfällt, sind teilweise sogar Todesfälle die Folge.

Die typische Symptomatik von Selenmangelzuständen beginnt bereits bei der Geburt des Kalbes, sofern das Muttertier während der Trächtigkeit zu wenig Selen aufgenommen hat. Die Kälber wirken matt, zeigen wenig Saugreflex und nehmen selbstständig nur geringe Mengen an Biestmilch auf. Dieser schlechte Start ins Leben bewirkt eine eingeschränkte Immunität des Kalbes. In der Folge zeigen diese Kälber eine höhere Anfälligkeit gegenüber Infektionserkrankungen wie Durchfall, Nabelerkrankungen und Lungenentzündungen. Im weiteren Verlauf führt Selenmangel zu Schäden in der Muskulatur bis hin zu Herzmuskelerkrankungen, die zu spontanen Todesfällen führen können.

Die Wundheilung nach Nabelbruchoperationen ist bei kleinen Kälbern in der Regel sehr gut. © WP

Therapeutisch ist die Verabreichung von Selen in Form von Injektionen wie auch oral über Flüssigdosierer oder Futtermittel möglich.

Hauterkrankungen

Insbesondere Kälber leiden zum Teil massiv an Erkrankungen der Haut, meist ausgelöst durch Parasiten und Pilze. **Läuse** sind bei Kälbern unter sechs Monaten keine Seltenheit. Typischerweise treten haarlose Stellen meist an der Seite des Halses auf, die fälschlich oft als Scheuerstellen durch Halsbänder oder Fressgitter interpretiert werden. Bei genauer Betrachtung entdecken Sie die kleinen schwarzen Insekten, die durch Blutsaugen und Juckreiz den Kälbern zur Last fallen. Zur Therapie stehen mehrere Präparate zur Auswahl, die meist auch gegen andere Parasiten wirksam sind.

Häufig zu finden sind bei Kälbern und Jungrindern auch Pilzinfektionen mit sogenannten **Trichophyten**. Diese sehr typischen meist kreisrunden Veränderungen führen zunächst zu Haarausfall, ehe sich borkige Hautbeläge bilden, die durch Scheuern auch blutig werden können. Meist beginnt die Erkrankung am Kopf im Bereich der Augen, um sich dann teilweise auf den gesamten Körper auszubreiten. Diese Pilzinfektion ist hoch ansteckend und kann auch auf den Menschen übertragen werden! Ähnlich wie bei Kokzidiose spielt auch hier eine Immunsuppression im Zuge der Umstellung auf Gruppenhaltung eine große Rolle. Die Therapie kann durch die mehrmalige und regelmäßige Anwendung von Waschlösungen oder Salben erfolgen. Auch Impfstoffe stehen zur Verfügung, die therapeutisch angewendet zu einer rascheren Abheilung führen. Im Idealfall werden die Kälber aber bereits vor der Umstallung in die Gruppe geimpft.

Eine weitere Hauterkrankung stellt die **Räude** dar. Diese durch Milben hervorgerufene parasitäre Erkrankung tritt meist bei älteren Kalbinnen auf. Dabei kommt es um den Schwanzansatz, aber auch entlang des Euterspiegels, der Schenkelinnenseiten und im Voreuterbereich zur Bildung juckender Krusten. Die Tiere wirken unruhig, kratzen sich an der Stalleinrichtung und schlagen vermehrt mit den Schwänzen. Vor allem bei hochtragenden Kalbinnen gilt Räude jedoch auch als wichtiger Wegbereiter für Zwischenschenkel- und Voreuterekzeme. Im Zuge der Euteranbildung kommt es durch mehr oder weniger starke Ödeme zu Scheuerstellen im Innenschenkel- und Voreuterbereich. Die durch Räudemilben vorgeschädigten Hautstellen werden dann von Bakterien besiedelt und es entstehen stinkende Beläge und Infektionen, die vor allem an den Schenkelinnenseiten zu massiven Entzündungen führen können. Um diesem Problem vorzubeugen, sollten hochtragende Tiere stets genau auf Anzeichen eines Räudemilbenbefalls untersucht werden. Eine Therapie mit entsprechenden Aufgusspräparaten hat eine systemische Wirkung und bekämpft damit auch Infektionen an schwer zugänglichen Stellen, wie dem Schenkelspalt.

Atemwegserkrankungen

Bei der anatomischen Betrachtung von Rindern fällt auf, dass die Lunge im Verhältnis zur Größe des Tieres nur ein kleines Organ ist. Somit stellt die Lunge auch einen limitierenden Faktor im Stoffwechsel dar. Jede dauerhafte Schädigung hat dadurch auch einen negativen Einfluss auf die Leis-

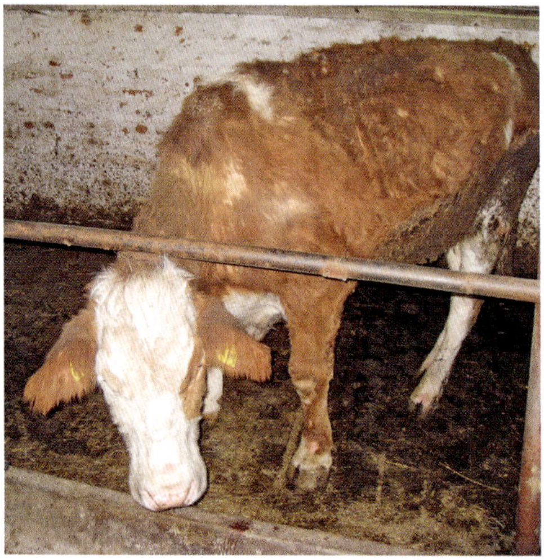

Kümmerer mit massivem Parasitenbefall. Die haarlosen Stellen am Hals sind ein Hinweis für Läuse. © WP

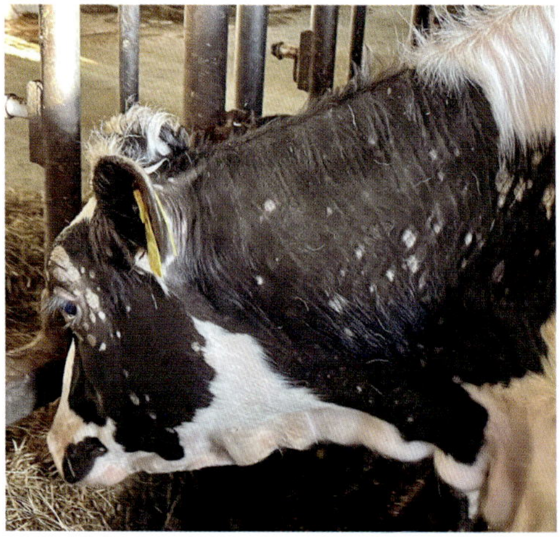

Trichophytie (Hautpilzerkrankung) bei einem Jungrind © WP

tungsfähigkeit unserer Rinder. Die erste Gefahrenquelle für Lungenentzündungen stellt die Geburt dar. Vor allem bei Hinterendlagen ist das Risiko einer Fruchtwasseraspiration (landläufig als „Wasser in der Lunge“ bezeichnet) sehr groß. Sobald nämlich die Sauerstoffversorgung über die Nabelgefäße unterbrochen wird und der Kohlendioxidgehalt im Blut des Kalbes zu hoch wird, gibt das Atemzentrum den Befehl zum Luftholen. Ist in diesem Moment der Kopf jedoch noch im Geburtskanal, saugt das Kalb automatisch Fruchtwasser ein. Vor allem bei Schwergeburten ist das Fruchtwasser meist durch den Kot der Kälber (gelb-bräunliches Fruchtwasser) oder aber durch Kontaminationen im Zuge er Geburtshilfe verunreinigt. Dementsprechend gelangen Bakterien mit dem Fruchtwasser in die Atemwege der neugeborenen Kälber. Daher sollten diese Tiere nach der Geburt unbedingt auch antibiotisch behandelt werden. Typische Anzeichen für Fruchtwasseraspirationen sind ein ständiges Röcheln beim Luftholen sowie wiederholtes Absetzen beim Trinken.

Kälber sind vor allem während der kalten Jahreszeit stark gefährdet, an Atemwegsinfektionen zu erkranken. Typischerweise handelt es sich dabei um Faktorenerkrankungen, wobei zum einen stallklimatische Probleme wie Zugluft, Schadgase, feuchte Liegeflächen und Temperaturschwankungen einen großen Einfluss haben. Daneben sind aber auch Viren und Bakterien am Geschehen beteiligt. Viruserkrankungen fungieren dabei meist als Wegbereiter für bakterielle Lungenentzündungen. Tröpfcheninfektionen bei hoher Luftfeuchtigkeit, Zukäufe, aber auch Überträger wie Tierarzt oder Viehhändler spielen bei der Einschleppung von Viruserkrankungen meist eine entscheidende Rolle.

Vor allem in der kalten Jahreszeit müssen jüngere Kälber vor Zugluft geschützt werden. Mittels Abdeckungen und Streifenvorhängen wird hier ein Mikroklimabereich geschaffen. © WP

Die Ursachen für Lungenerkrankungen sind sowohl umwelt- als auch erregerbedingt:

- Umwelt: Zugluft, Schadgase, Feuchtigkeit, Temperaturschwankungen
- Viren: BRSV, Parainfluenza 3, (BVD/MD), (IBR/IPV)
- Bakterien: Pasteurellen, Mykoplasmen

In jedem Fall muss rasch gehandelt werden, um dauerhafte Lungenschäden zu vermeiden. Dazu gehören eine antibiotische wie auch eine entzündungshemmende Therapie über mehrere Tage. Ist bereits mehr als die Hälfte einer Tiergruppe erkrankt, sollten unbedingt alle Rinder im Abteil behandelt werden. Über tägliche Temperaturkontrolle und Beobachtung von Atmung, Maul- und Nasenausfluss aller gefährdeten Tiere müssen Neuinfektionen rasch erkannt und in der Folge effektiv behandelt werden.

Im Falle wiederholt auftretender Lungenerkrankungen gehört eine Erregeridentifizierung zu den wichtigsten Maßnahmen. Dabei können Nasentupferproben ebenso wie Spülproben der oberen Atemwege zur Diagnose beitragen. Die Anzüchtung der Bakterien und eine angeschlossene Resistenztestung (Antibiogramm) erlauben einen gezielten Einsatz wirksamer Antibiotika. Aber auch die serologische Untersuchung von Tieren, die die Erkrankung bereits überstanden haben, ist eine gute Möglichkeit auf Erreger Rückschlüsse zu ziehen. Dabei wird untersucht, gegen welche Atemwegserreger die Kälber im Zuge der Infektion Antikörper (Abwehrstoffe) gebildet haben. Damit können auch Grippeerreger identifiziert werden, die im direkten Nachweis oft schwer zu isolieren sind. Vor allem Mykoplasmen werden auf diesem Wege erkannt und sollten dann mittels Nasentupfer und Spezialnährboden angezüchtet werden. Daraus lassen sich in Speziallabors bestandsspezifische Impfstoffe herstellen.

Euterprobleme bei Jungrindern

After- und Zwischenzitzen sind erblich bedingt und stellen in der Regel kein gesundheitliches Problem dar. Sie sind jedoch insbesondere bei Verkaufstieren aus ästhetischen Gründen unerwünscht. Aber auch beim Robotermelken können sie je nach Größe zu Problemen führen. In Einzelfällen bestehen aber auch Verbindungen zu einem Euterviertel, wodurch es mitunter zu Infektionen kommt. Manchmal stören enganliegende Beizitzen auch beim Ansetzen der Melkzeuge. Das Entfernen von Zwischen- und Afterzitzen erfolgt im Optimalfall im Zuge der Enthornung. Bei den ohnedies narkotisierten Tieren lassen sich diese gut von den eigentlichen Zitzen unterscheiden und können einfach und schmerzfrei mit einem Scherenschlag entfernt werden. **Beizitzen**, die meist direkt an der eigentlichen Zitze angewachsen sind, sollten erst zu einem späteren Zeitpunkt chirurgisch entfernt werden.

Ein weiteres Problem stellen sogenannte **„Warzen“** dar. Diese Zubildungen können in verschiedenster Ausprägung vorliegen. Es gibt feine fadenförmige Warzen ebenso wie große blumenkohlartige oder kugelige Gebilde. Warzen können an allen Körperstellen auftreten, jedoch wachsen sie besonders häufig am Unterbauch und im Euterbereich. Ursächlich sind Viren dafür verantwortlich, die jedoch nur zu einer langsamen Immunantwort des Körpers führen. In der Regel dauert die Krankheit drei bis sechs Monate, ehe die Zubildungen schwarz werden, absterben und letztlich abfallen. Aus dem Warzenmaterial können bestandsspezifische Impfstoffe hergestellt werden, die bei befallenen Tieren zu einer rascheren Abheilung führen. Ein besonderes Problem stellen Warzen vor allem dann dar, wenn sie direkt an den Zitzen sitzen und die Kalbin in Kürze kalben wird. In solchen Fällen empfiehlt es sich, die einzelnen Warzen mechanisch zu entfernen. Dazu werden die Tiere leicht narkotisiert und am Klauenstand fixiert. Vielfach lassen sich die Warzen durch Drehbewegungen entfernen, da auch größere Exemplare meist nur gestielt festsitzen. Die leicht blutenden Wunden sind mit Jod zu veröden. Ist dies nicht möglich, muss chirurgisch vorgegangen werden.

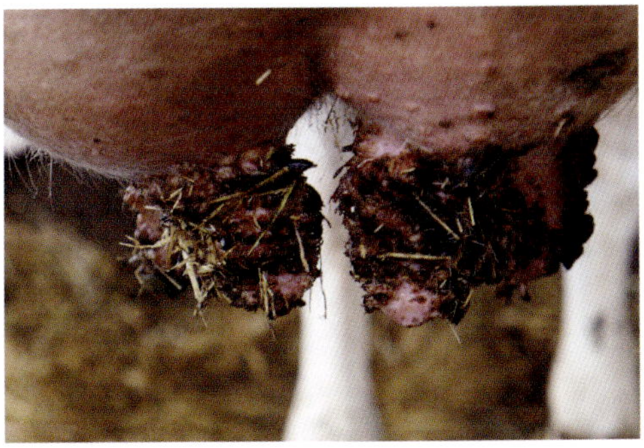

Hochgradiger Befall mit fadenförmigen Warzen.
© WP

Euterentzündungen bei Kalbinnen sind meist die Folge von gegenseitigem Besaugen oder werden ausgelöst durch Bakterien, die von Fliegen übertragen werden. In jedem Fall ist eine rasche antibiotische Therapie nötig. Zusätzlich ist eine weitere Ausbreitung zu verhindern, indem eine entsprechende Fliegenbekämpfung durchgeführt und das Besaugen unterbunden wird.

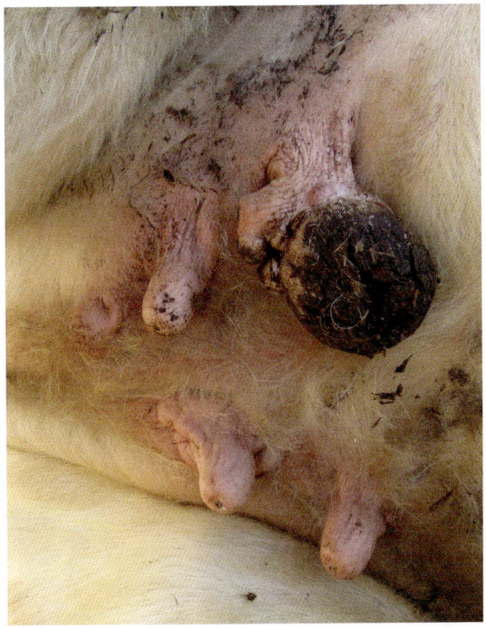

Große blumenkohlartige Warzen müssen teilweise chirurgisch entfernt werden. © WP

VORBEUGEMASSNAHMEN IN DER KÄLBER- UND JUNGRINDERAUFZUCHT

Schon bei der **Abkalbung** muss auf größtmögliche Hygiene Wert gelegt werden. Keinesfalls sollten Kälber in stark verschmutzter Umgebung zur Welt kommen. Die wichtigste Managementmaßnahme ist allerdings die ausreichende Verabreichung hochqualitativen Kolostrums. Dazu sollten Sie die Qualität der Biestmilch mittels Spindel, Kolostrumtrichter oder Brix-Refraktometer bestimmen. Nur wirklich hochwertiges Kolostrum darf verfüttert werden. Im Idealfall wird bereits untersuchtes, tiefgefrorenes Kolostrum während der Geburt aufgetaut, um es sofort danach zur Verfügung zu haben. Die Biestmilchqualität des eigentlichen Muttertieres kann danach in Ruhe bestimmt werden. Ein Teil dieser

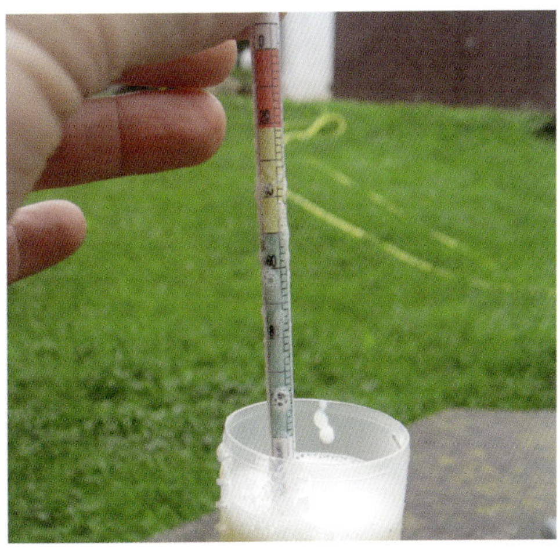

Mit Hilfe einer Biestmilchspindel lässt sich die Qualität des Kolostrums auf einfache Weise bestimmen. © WP

Milch dient bei guter Qualität wieder als Kolostrumreserve. Der Auftauvorgang von Tiefgefrierkolostrum erfolgt bei maximal 45 °C im Wasserbad oder in der Mikrowelle auf niedrigster Stufe. Dem Kalb werden innerhalb der ersten drei Lebensstunden drei bis vier Liter Kolostralmilch verabreicht. Trinkt das Kalb nicht selbstständig, muss ein Biestmilchdrencher verwendet werden.

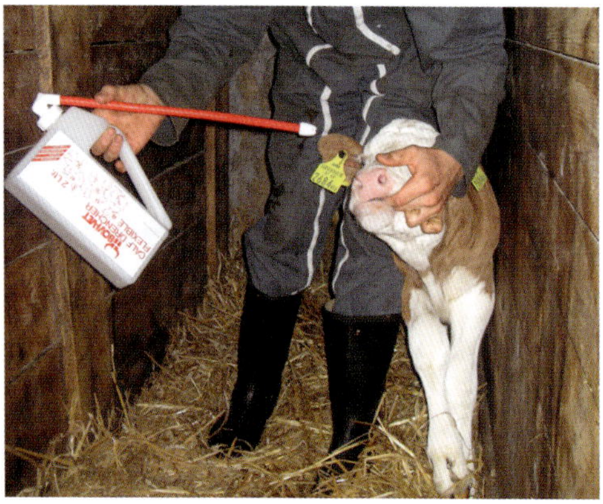

Falls Kälber nicht innerhalb der ersten drei Lebensstunden mindestens zwei Liter Kolostrum trinken, sollten sie gedrencht werden. © WP

Zur Überprüfung, ob es beim Biestmilchmanagement zu Fehlern gekommen ist, eignet sich die Bestimmung des Immunglobulin- oder auch des Eiweißgehaltes im Serum der Kälber. Obwohl der Immunglobulingehalt den exakten Wert der Aufnahme von Antikörpern darstellt, wird in der Praxis meist der Eiweißgehalt herangezogen. Dieser mit einem Refraktometer direkt am Hof bestimmbare Wert gibt einen guten Anhaltspunkt über die verabreichte Biestmilchmenge. Unter dem Zielwert von 55 g/l Serum muss von einer zu geringen Biestmilchaufnahme ausgegangen werden. Gut versorgte Kälber erreichen in der Regel Werte von über 60 g/l. Wesentlich ist, Serumproben von optisch gesunden Tieren in den ersten Lebenstagen zu untersuchen. Werte von Durchfallkälbern sind aufgrund des Flüssigkeitsverlustes verfälscht und weisen daher zu hohe Proteingehalte auf.

Die **Haltung** des neugeborenen Kalbes erfolgt häufig in einer sauber gereinigten und desinfizierten Einzelbucht. Fahrbare Kälberboxen aus Kunststoff oder auch Kälberiglus haben sich dabei in den letzten Jahren als optimal erwiesen. Treten in einem Betrieb trotz guten Managements und guter Hygiene vermehrt Probleme mit Durchfallerkrankungen auf, sollten zusätzlich noch einige Kälberboxen gekauft werden, um neben Reinigung und Hygiene auch eine längere Stallruhe zu ermöglichen. Vor allem in den ersten zwei bis drei Lebenswochen ist die Einzelhaltung von Vorteil, da von älteren Kälbern, insbesondere Tieren in der zweiten und dritten Lebenswoche, vermehrt Durchfallerreger ausgeschieden werden, auch wenn diese klinisch keine Symptome zeigen.

Perfekte Einzelhaltung von Kälbern. Die Iglus stehen unter Dach und der planbefestigte Boden kann stets sauber gereinigt werden, ehe die Iglus für ein neues Kalb wieder aufgestellt werden. © WP

In einigen Studien hat allerdings die paarweise Kälberhaltung eine vorteilhafte Entwicklung der Kälber gezeigt. Vor allem die soziale Kompetenz sowie das Lernverhalten der Tiere waren besser. Auch aus ethischen Gründen (Herdentier) sollten wir über diese Entwicklungen nachdenken. In größeren Betrieben ist es auch meist einfacher möglich, Tiere desselben Alters (innerhalb von sieben Tagen geboren) gemeinsam aufzustallen. Auch die älteren Tiere (ab der dritten Lebenswoche) zeigen eine größere Futteraufnahme, wenn sie in einer Gruppe mit älteren Tieren gehalten werden und mehr Bewegungsraum haben.

Bei der **Fütterung** der Kälber ist auf Tränketemperatur und Hygiene großer Wert zu legen. So sollten die Eimer und Sauger nicht zwischen den einzelnen Kälbern gewechselt werden. Auch die regelmäßige Reinigung der Sauger und Eimer gehört zur täglichen Routine. Die Ventile sollten zumindest beim Wechsel auf ein neues Kalb zerlegt und desinfiziert werden.

In letzter Zeit hat sich die sogenannte Ad libitum-Fütterung mit Sauermilchtränke in vielen Betrieben erfolgreich durchgesetzt. Dabei werden große Mengen Milch, die mit Säure versetzt werden, an die Kälber verfüttert. Da die Eimer den ganzen Tag über hängenbleiben, trinken die Kälber stets nur in kleinen Portionen. In Summe steigt der Milchkonsum jedoch bei fast allen Kälbern auf über 10 l täglich, was zu höheren Zunahmen und gesünderen Kälbern führt. Ein derartiges Fütterungsmanagement führt dazu, dass auftretende Durchfallerkrankungen von den Tieren besser überstanden werden. Auch dem Effekt der „metabolischen Programmierung" und einer damit verbundenen höheren Milchleistung im späteren Leben sollte damit Rechnung getragen werden. Ab der vierten Lebenswoche wird aber auch bei diesen Kälbern die tägliche Milchmenge eingeschränkt und sie werden bis etwa zur zehnten Woche von der Milch entwöhnt.

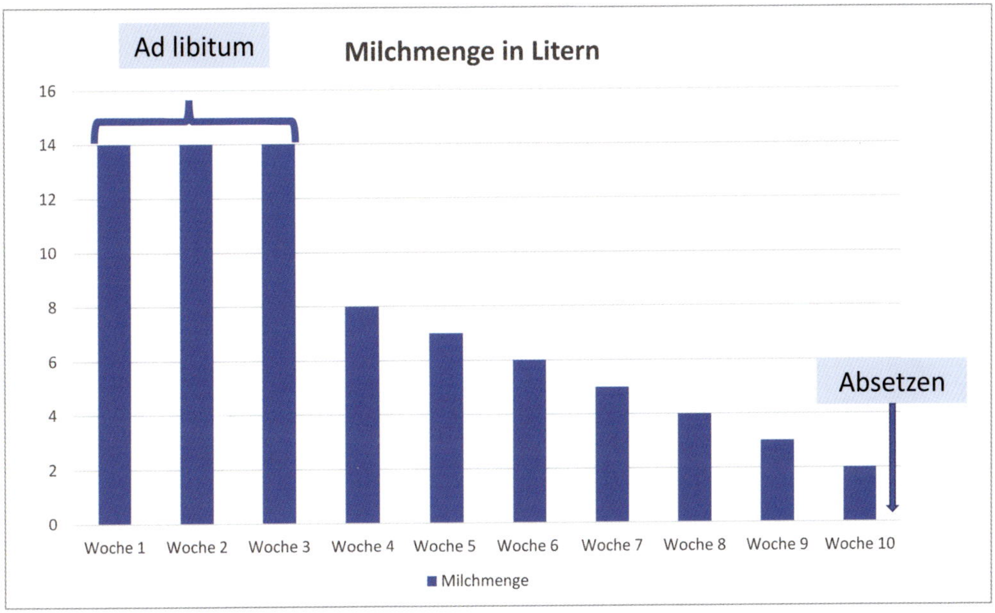

Tränkeplan für die Ad libitum-Fütterung von Kälbern © WP

In den ersten Lebenswochen stellt die tägliche **Tränkemenge** einen guten Kontrollpunkt dar. Ist die Milchaufnahme vermindert, muss das Kalb genauer untersucht und Fieber gemessen werden. Besondere Aufmerksamkeit sollten Sie dabei der Kotbeschaffenheit und dem Nabel des Kalbes schenken. Neben der Tränkemenge sollten Sie auch bei jeder Mahlzeit einen Blick auf die Kotkonsistenz und den Analbereich des Tieres werfen, da am Beginn von Durchfallerkrankungen die Tiere meist noch normale Mengen trinken. Wird jedoch zu weicher Kot entdeckt, muss unverzüglich mit Elektrolyttränken als Zwischenmahlzeit therapiert werden.

Achten Sie auf den Einsatz der richtigen **Desinfektionsmittel**, die je nach Keimart in ihrer Konzentration unterschiedlich anzuwenden sein können. Zur Reinigung und Desinfektion kommt auch noch die Austrocknung und Stallruhe der Kälberboxen. In größeren Betrieben empfiehlt es sich, eine exakte Planung der Belegung dieser Boxen zu machen. Mitunter müssen Kälberboxen nachgerüstet oder ausgeborgt werden. Somit kann auch bei Abkalbespitzen und einer Vielzahl von Kälbern die Hygiene gewährleistet bleiben. Die Anschaffung von zusätzlichen Iglus oder Einzelboxen wird durch eine bessere Kälbergesundheit belohnt.

Zusätzliche Iglus können nach der Reinigung austrockenen. Die „Stallruhe" ist zudem die beste Infektionsvorbeugung. © WP

Treten trotz optimaler Haltung und Fütterung weiterhin **Durchfallerkrankungen** auf, sind entsprechend der diagnostizierten Durchfallerreger noch weitere Maßnahmen zu ergreifen.

Im Falle von Rota- und Coronaviren sowie von *E. coli*-Durchfällen haben sich Muttertierimpfungen als sehr effektiv erwiesen. Neben einem exakten Impfmanagement bei den Kühen ist besonders auf die Biestmilchaufnahme zu achten. Da es im Mutterleib zu keinerlei Übertragung von Abwehrstoffen an das Kalb kommt, wird die gesamte Immunität im Zuge der Kolostrumgabe auf das Kalb übertragen. Bei saugschwachen Kälbern muss bisweilen gedrencht werden, um die entsprechenden Mengen zu verabreichen. Jedoch sollte in solchen Fällen stets auch die Selenversorgung der Kühe überprüft und wenn nötig verbessert werden, um vitalere neugeborene Kälber zu erhalten.

Sind Kryptosporidien nachweislich am Durchfallgeschehen beteiligt, muss bei der Desinfektion der Kälberboxen in der Auswahl des Reinigungs- und Desinfektionsmittels darauf Rücksicht genommen werden. Zudem ist eine prophylaktische Gabe eines entsprechenden Chemotherapeutikums nötig. Aber auch der Einsatz von Muttertierimpfungen kann überlegt werden.

Dasselbe gilt auch für Kokzidien, wobei hier in der Vorbeugung Kokzidiostatika einzusetzen sind. Zudem muss im Management durch entsprechende Gruppenbildung auf Stressvermeidung geachtet werden.

In Kombination mit Kokzidiendurchfällen tritt oftmals auch Trichophytie auf, was ein typischer Hinweis auf immunsuppressive Umweltfaktoren ist. Beobachtet man die Kälber in dieser Phase genauer, fällt meist auch ein Muskelabbau im Bereich der Kruppe auf. Die Belastung des Immunsystems führt nämlich zu einem erhöhten Eiweißbedarf, der durch die Futteraufnahme nicht mehr gedeckt werden kann und somit den Muskelabbau bedingt. Gerade in Situationen, wo Kälber aus der Einzelhaltung in bereits bestehende Gruppen gesperrt werden, nehmen die Neulinge oft zu wenig Futter auf, was den Mangel noch verstärkt. Um diesem Problem vorzubeugen, sollten immer alle Tiere der Gruppe direkt aus der Einzelhaltung kommen, auch wenn sie etwas unterschiedliches Alter und Gewicht haben. In dieser ersten Gruppenphase ist es besonders wichtig, dass ausreichend Platz zum Liegen und gleichzeitigen Fressen für alle Kälber zur Verfügung steht.

Stellen in einem Betrieb **Nabelentzündungen** ein Herdenproblem dar, sind die Ursachen im Kalbemanagement zu finden. Hygienische Verhältnisse während der Geburt sowie rasche und ausreichende Biestmilchgabe sind wichtige Eckpunkte in der Vorbeugung. Zusätzlich sollte eine Nabelversorgung mittels Antibiotikaspray oder Jodlösungen erfolgen. Reißt der Nabel zu kurz ab, besteht die Möglichkeit, diesen chirurgisch verschließen zu lassen. In jedem Fall sollten betroffene Kälber in den ersten Lebenstagen antibiotisch versorgt werden.

Für das **Stallklima** stellen vor allem die Übergangszeiten oftmals ein Problem dar. Sofern Sie keine automatisch gesteuerte Belüftung haben, muss zumindest mithilfe eines Minimal-Maximal-Thermometers die Temperaturschwankung, der die Tiere ausgesetzt sind, gemessen werden. So kann entsprechend der Extreme über das Öffnen oder Schließen von Türen und Fenstern entschieden werden.

Zur Überwachung auf **Atemwegserkrankungen** werden die Kälber bei der Fütterung im Kopfbereich beobachtet. Ausflüsse aus Nase und Augen sind erste Anzeichen einer Infektion. Bei den liegenden Tieren sind die Atemfrequenz und der Typus der Atmung entscheidend. Bei erkrankten Tieren fällt dabei meist ein Einsinken der Bauchdecke am Ende der Ausatemphase auf. Bei Auffälligkeiten wird im nächsten Schritt die Temperatur der Tiere gemessen, um frühzeitig auf Infektionen reagieren zu können.

Bei vermehrten **Atemwegserkrankungen** ist ebenso wie beim Durchfall eine Diagnosestellung nötig. Dazu bedient man sich in der Regel serologischer Tests. Nach überstandener Krankheit bilden die Tiere Abwehrstoffe gegen die Erreger aus, die sich nachweisen lassen. Somit kann erkannt werden, ob klassische Viren des Rindergrippekomplexes am Geschehen ursächlich beteiligt sind. Ist das der Fall, sollte über eine künftige Impfung der Jungtiere nachgedacht werden. Insbesondere in Herden mit starkem Tierverkehr ist eine Impfprophylaxe sinnvoll.

Je nach Impfstoff kann gegen unterschiedliche Virusarten, aber auch gegen bakterielle Erreger geimpft werden. Grundsätzlich gibt es intranasale Impfungen mit lebenden Viren und konventionelle Impfungen mittels Injektion (Spritze). Dabei stellt die intranasale Impfung einen raschen Impfschutz her, der bereits nach etwa einer Woche wirksam ist. Allerdings ist die Wirkdauer auf rund drei Monate begrenzt, wes-

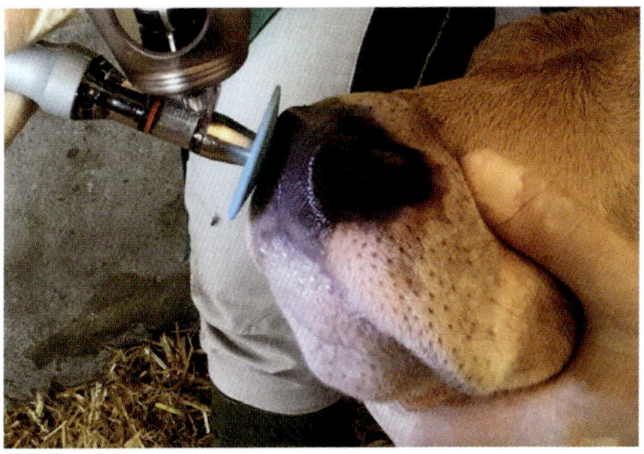

Intranasale Impfung © WP

halb diese Art der Vakzination besonders bei Kälbermästern oder auch bei Zukäufen zum Einsatz kommt.

Die konventionelle Impfung per Injektion erfolgt in der Regel als zweimalige Grundimmunisierung und ein belastbarer Impfschutz tritt erst einige Tage nach der zweiten Impfung ein. Allerdings kann von einem sechsmonatigen Schutz ausgegangen werden, wodurch die Tiere die Wintermonate gesund überstehen sollten. Eine Auffrischungsimpfung zu Beginn der kalten Jahreszeit kann jährlich wiederholt werden, um die Rindergrippe zu vermeiden.

Zudem sind aber bei Problemen der Atemwege auch die Haltungs- und Managementfaktoren zu prüfen. Dementsprechend muss das Stallklima fachmännisch gemessen und im Falle von Mängeln verbessert werden. Aber auch Infektionsrisiken wie Tier- und Personenverkehr gehören genau analysiert. Im Idealfall sollten Zugangstiere über einen Zeitraum von drei bis vier Wochen getrennt von den übrigen Tieren in Quarantäne gehalten werden. Überdies sind betriebseigene Kleidung und Stiefel für externe Personen, insbesondere Tierarzt, Klauenpfleger und Viehhändler, zur Verfügung zu stellen.

In Herden mit Weide- oder Almhaltung ist eine entsprechende **Parasiten- und Fliegenbekämpfung** durchzuführen. Dabei sind abhängig vom Beweidungssystem (z. B. Koppelhaltung, Kurzrasenweide) gemeinsam mit dem Tierarzt die passenden Entwurmungsstrategien auszuwählen und umzusetzen. In der Regel sollten zumindest zwei Behandlungen, zu Beginn und am Ende der Weideperiode, durchgeführt werden. Bei hohem Infektionsdruck kann zudem eine Zwischenbehandlung nötig sein. Alternativ ist in solchen Situationen auch an die Verwendung von Langzeitpräparaten in Bolusform zu denken.

Daneben muss bei Weidehaltung auch ein entsprechendes Weidemanagement überlegt werden, um den Parasitendruck zu minimieren. Dies kann eine Vorbeweidung durch Pferde sein, die dann die nur für Rinder problematischen Parasiteneier nach dem Winter mit dem Futter aufnehmen, ohne selbst zu erkranken. Aber auch ein Abmähen der Flächen vor der ersten Beweidung vermindert die Parasitengefahr. Bei Problemen mit dem großen Leberegel ist vor allem auf die Trockenlegung oder Auszäunung von Feuchtstellen zu achten. Diese sind nämlich der Lebensraum der Zwergschlammschnecken, die als Zwischenwirt für die Infektionskette nötig sind. Somit sollten auch die Bereiche rund um Tränken stets befestigt oder zumindest gut drainagiert sein und das Überwasser bei Brunntrögen aus der Weide abgeleitet werden.

Im Hinblick auf die **Eutergesundheit** der Kalbinnen ist großes Augenmerk auf gegenseitiges Besaugen zu legen. Die Verwendung von Saugringen und das Separieren der saugenden Tiere stellen die wesentlichsten Maßnahmen dar. Zudem müssen Kälber die Möglichkeit haben, ihren Saugtrieb zu befriedigen. Dazu sollten Kälber in Gruppenhaltung auch nach dem Tränken noch einige Zeit voneinander separiert sein und der Nuckeleimer hängenbleiben.

Vor allem bei Weidehaltung stellen Insekten und Fliegen ein Risiko für die Eutergesundheit dar, da sie Infektionserreger übertragen können. Die Anwendung von Aufgusspräparaten und Fliegenohrmarken können dabei helfen, dieses Risiko einzudämmen.

Eine Therapie bzw. Prophylaxe gegen Räudemilben etwa einen Monat vor der Kalbung vermindert das Auftreten schmerzhafter und gefährlicher Schenkel- und Voreuterekzeme. Idealerweise werden Kombinationspräparate verwendet, die neben der Räudebekämpfung auch etwaige Magen-Darm- und Lungenwürmer beseitigen.

Im Hinblick auf die **Klauengesundheit** unserer zukünftigen Milchkühe ist auch auf eine Klauenpflege im letzten Trächtigkeitsdrittel bei den Kalbinnen Wert zu legen. Zum einen können damit Fehlstellungen noch korrigiert werden und zum anderen ist dies für eine gute Mortellaro-Überwachung von großer Bedeutung. Zudem ist die Überwachung der Erdbeerkrankheit (Mortellaro) bei den Kalbinnen von immenser Bedeutung, um später die Zahl der chronisch kranken Kühe niedrig zu halten.

Wesentliche Gesundheitsparameter sind das Wachstum und die Zunahmen der Jungrinder. Um die **Aufzuchtintensität** zu kontrollieren, sollten Sie die Tiere regelmäßig messen und mit entsprechenden Tabellen vergleichen. Dazu können auch geeignete Computerprogramme und Exceltabellen genutzt werden. Im Internet sind Vorlagen erhältlich, unter anderem auch von der Penn State University (Dairy Heifer Growth Chart z. B. Holstein, Jersey, Brown Swiss) – zu finden über den QR-Code:

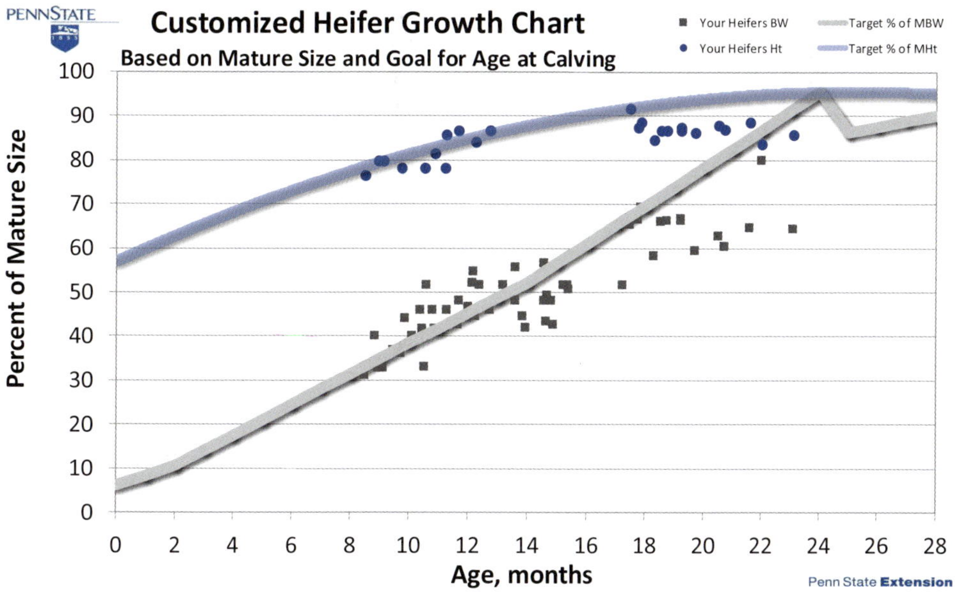

Wachstumsgrafik für Kalbinnen: Nach Eingabe der Daten (Alter, Höhe, Gewicht) zeigt die Grafik, in welchem Altersbereich die Tiere über bzw. unter dem Zielwert liegen.

In jedem Fall sollte aber zum Zeitpunkt der Besamung der Brustumfang gemessen werden. Hier liegen die Zielwerte für Fleckviehkalbinnen bei 185 cm und für Holsteintiere bei 180 cm. Bei guter Aufzucht werden diese Maße mit einem Alter von 14 bis 16 Monaten erreicht. Ähnlich wie bei Kühen ist eine **gynäkologische Kontrolle** von Kalbinnen, die mit dem entsprechenden Alter keine Brunst zeigen, durchzuführen. Bereits belegte Tiere werden auf Trächtigkeit untersucht, wobei auch hier bei frühen Erstuntersuchungen Nachkontrollen durchzuführen sind. Bei Weide- und Alpungstieren ist nach der Einstallung eine nochmalige Trächtigkeitskontrolle sinnvoll, da Aborte hier meist unbemerkt verlaufen.

BESTANDSBETREUUNG IM JUNGTIERBEREICH: WICHTIGE STELLSCHRAUBEN FÜR LANDWIRT UND TIERARZT

Eine gute Jungtieraufzucht beginnt mit einer **stressfreien Geburt**. Gute Hygiene und richtiges Geburtsmanagement stellen für die Kälber einen perfekten Start ins Leben dar. Rasche Verabreichung von **3–4 l Biestmilch** und **gute Nabelhygiene** sind die ersten und wichtigsten Aufgaben des verantwortungsvollen Landwirtes. Die gereinigte und frisch eingestreute Kälberbox bietet dem Kalb Schutz vor negativen Umwelteinflüssen und schützt vor Infektionen. Exaktes Tränke- und Fütterungsmanagement sind die Voraussetzung für eine problemlose Jugendentwicklung. Dabei ist die genaue Beobachtung und Überwachung der Kälber im Hinblick auf Futteraufnahme, Kotbeschaffenheit und anderer Krankheitssymptome entscheidend für die Früherkennung von Problemen. Personen mit guter Beobachtungsgabe und Fürsorge sind gefragt, die sich auch in Stresssituationen genügend Zeit nehmen und im Zweifelsfall bei einem Tier auch Fieber messen.

Während eine Betriebsvergrößerung im Bereich der Milchkühe meist zu einer Verbesserung der Situation beiträgt, führt sie besonders beim Jungvieh oftmals zu neuen, teilweise bisher nicht bekannten Problemen. Dies rührt aber vor allem daher, dass Kälber und Jungtiere im Wachstum der Betriebe zu wenig mitgeplant werden und somit Überbelegungen und hygienische Missstände zur Ursache allen Übels werden.

Betrachten wir die Kälber, ist oft schon der Start ins neue Leben im wahrsten Sinne des Wortes „beschissen"! Zu wenige Abkalbeboxen, keine Zeit, um Tiere umzusperren oder auch Irrtümer bei Belegdaten führen

Eine Doppelbelegung im Iglu führt meist zu Problemen mit Durchfallerkrankungen. © WP

bei schlecht gemanagten und zu schnell wachsenden Herden dazu, dass Kälber auf Laufgängen geboren werden oder Abkalbeboxen unsauber sind.

Engpässe bei Kälberboxen sind die Ursache dafür, dass zu wenig gereinigt, desinfiziert und die Stallruhe nicht eingehalten wird. In Extremfällen werden sogar zwei Kälber gemeinsam in eine Box gesperrt, was naturgemäß zur doppelten Kot-, Harn- und Ammoniakbelastung führt.

Ein weiterer Fehler, der häufig passiert, ist der unsachgemäße Umbau von Altstallungen für die Jungviehaufzucht. Finstere, schlecht belüftete Gebäude werden mittels Tretmist und Tiefboxen für die Kälber- und Jungviehhaltung adaptiert. Neben manchmal auch arbeitswirtschaftlichen Nachteilen führen solche Umbauten nur selten zu zufriedenstellenden Lösungen. Oftmals entstehen Schadgasseen in den Liegebereichen der Kälber und die Kältestrahlung alter Steinwände sowie Kaltlufteinbrüche durch Abluftkamine und Fenster sind kaum zu kontrollieren.

Neben diesen baulichen und managementmäßigen Faktoren spielt auch die rasche Erregerausbreitung und die damit verbundene Pathogenitätssteigerung eine Rolle bei der Zunahme von Problemen. Insbesondere Kälberdurchfälle können dadurch rasch zu einer tödlichen Krankheit werden. Konnten sich in kleinen Betrieben die Erreger gar nicht auf andere Tiere ausbreiten, sind jetzt permanent empfängliche Jungtiere aller Altersklassen am Betrieb vorhanden, in denen eine Vermehrung und stets höhere Ausscheidung von Viren, Bakterien und Parasiten erfolgt.

Eine kurzfristig mögliche Lösung dieses Problems ist die Auslagerung des Jungviehs auf einen Partnerbetrieb oder der frühzeitige Verkauf jener Tiere, die nicht für die eigene Remontierung benötigt werden. Diese Maßnahme führt in der Regel rasch zu einer deutlichen Entspannung der Situation, insbesondere wenn Atemwegsprobleme vorhanden sind.

Langfristig, und im Idealfall bereits bei der Betriebserweiterung mitgeplant, sind die Schaffung eines Kälber- und Jungviehstalles

Die Unterbringung von Kälbern in Altgebäuden geht häufig mit einem Mangel an Licht und Frischluft einher. © WP

in der entsprechenden Größe sowie eines geräumigen und auf die Kuhanzahl abgestimmten Abkalbebereichs anzustreben.

Werden entsprechend der Herausforderungen am wachsenden Betrieb gute Standards geschaffen, ist mit einer durchaus guten und problemlosen Aufzucht zu rechnen. Vor allem das Abkalbemanagement, die Hygiene und das Stallklima müssen dabei optimiert sein.

Die **Fütterung** einer stets an den Bedarf der Tiere angepassten Ration ist vor allem in kleineren Betrieben oft eine Herausforderung. Dennoch muss klar sein, dass die Entwicklung der Körperabwehr und das Wachstum hohe Anforderungen an die Energie- und Eiweißversorgung stellen. Daneben sind aber auch Mengenelemente für die Mineralisation der Knochen sowie Vitamine und Spurenelemente für gesunde und vitale Kälber nötig. Nur Tiere mit einem glänzenden und glatten Haarkleid stellen wirklich gesunde Individuen dar. Der Vorteil größerer Betriebe liegt in der Möglichkeit, die Tiere entsprechend ihres Alters und Nährstoffbedarfs zu gruppieren. Dadurch ergibt sich eine effiziente und damit auch kostengünstigere Aufzucht, da die Tiere bereits früher abkalben und bei optimaler Kondition und Fütterung auch bessere Einsatzleistungen zeigen.
Bei trächtigen Kalbinnen dürfen wir auch die Euterentwicklung nicht übersehen. Ein Anwachsen des Euters im Laufe der Trächtigkeit kann beispielsweise ein Hinweis für ein hormonelles Problem oder auch einen Abortus sein. Außerdem ist besonders in den letzten Wochen vor der Kalbung auch auf Infektionen zu achten, die meist aufgrund von ungleichen Eutervierteln bemerkt werden.

Die Aufgaben des Tierarztes beginnen im Regelfall mit der Enthornung der Kälber. Hier muss eine Euter- und Nabelkontrolle mit erfolgen. Treten in einem Betrieb vermehrt Durchfall- oder Nabelerkrankungen auf, ist gemeinsam mit dem Landwirt das Biestmilchmanagement zu überprüfen. Zu-

Großraumiglus sind eine einfache und kostengünstige Alternative zum Bau eines Jungviehstalles. © WP

dem sollte bei einigen nur wenige Tage alten Kälbern über die Bestimmung des Serumproteingehaltes die Abwehrsituation und damit die Biestmilchaufnahme überprüft werden. Im Falle von Durchfallerkrankungen müssen Kotuntersuchungen zur genauen Diagnose erfolgen. Entsprechend den Ergebnissen sind Prophylaxe- und Behandlungspläne zu erstellen. Dazu zählen Muttertierimpfungen gegen Durchfallerreger sowie eine entsprechende Selenversorgung von Kuh und Kalb. Abhängig vom Erregertyp sind in den Handlungsplänen entsprechende Chemoprophylaktika gegen Kryptosporidien oder Kokzidien festzuschreiben.

Ein regelmäßiger Kontrollblick im Rahmen von Bestandsvisiten sollte stets auch die Jungtiere mit einbeziehen. Kotverschmutzte Analbereiche, ein stumpfes Haarkleid oder auch eine eingefallene Kruppmuskulatur müssen dabei ebenso auffallen wie Anzeichen von Pilz- oder Räudeerkrankungen. Auch in diesen Fällen gilt es, durch Ursachenforschung Fehler zu entdecken und entsprechend auszumerzen. Dabei ist vielfach der Fütterung und dem Management großes Augenmerk zu schenken. Aber auch stallklimatische Fehler, wie kalte Fallwinde aus geöffneten Fenstern oder Schadgasbelastungen in Tieflaufstallungen, müssen erkannt werden. Infektionen mit Pilzen, Läusen oder Milben sind entsprechend zu behandeln oder im Falle von Trichophytie durch Impfungen vorzubeugen.

Ist aufgrund äußerer Umstände, wie hoher Viehverkehr, das Risiko für Rindergrippeerkrankungen besonders hoch, sind auch in diesem Bereich Vorbeugemaßnahmen im Sinne von Impfungen und Quarantäne durchzuführen. Unterstützend zur Kontrolle durch den Landwirt ist es auch Aufgabe des Tierarztes, im Zuge von Besamungen

Diese überkonditionierten Kalbinnen zeigen keine Brunstsymptome. © WP

und Trächtigkeitskontrollen die Entwicklung der Tiere zu beurteilen. Insbesondere wenn Kalbinnen überkonditioniert zur Besamung vorgestellt werden, treten meist Fruchtbarkeitsprobleme auf. Vor allem in vielen Fleckvieh- und Braunviehbetrieben wird immer noch zu spät besamt. Oftmals kommen diese Tiere dann erst mit 30 bis 36 Monaten zur Abkalbung. Neben dem betriebswirtschaftlichen Verlust der langen, unproduktiven Aufzuchtphase stellen diese häufig überkonditionierten Tiere auch ein Risiko bei der Geburt dar. Daher sollte der Tierarzt durch das Messen des Brustumfanges sowie durch Konditionskontrollen mittels BCS oder Rückenfettdickemessung dem Landwirt helfen, den geeigneten Besamungszeitraum zu finden.

Im Rahmen gynäkologischer Untersuchungen und Trächtigkeitskontrollen ist stets auch ein Blick auf das Euter zu werfen. Möglicherweise wurden After- oder Beizitzen bisher übersehen und können nun noch gefahrlos chirurgisch entfernt werden. Außerdem ist auch das Vorhandensein von Warzen zu prüfen. In der Regel ist noch genügend Zeit, um diese mittels Impfung oder Salbentherapie bis zur Geburt zum Verschwinden zu bringen.

KÄLBER- UND JUNGRINDERFÜTTERUNG

KOLOSTRUM – ERFOLGSFAKTOR BIESTMILCH

Die Biestmilchgabe ist der Startschuss für eine erfolgreiche Kälberaufzucht und legt die Basis für die Aufzucht einer gesunden und leistungsbereiten Kuh. Da das Kalb ohne eigene Immunabwehr geboren wird, hat das Kolostrum die Aufgabe, das Kalb mit den notwendigen Immunglobulinen anzureichern. Die Faktoren Kolostrumqualität, Kolostrummenge sowie der Zeitpunkt beim Verfüttern spielen eine entscheidende Rolle. Ein Kalb benötigt möglichst rasch 150–200 g Immunglobuline (IgG). Wird eine Menge darunter verabreicht, ist das Risiko für allfällige Erkrankungen deutlich höher. Damit die verabreichte Menge an Abwehrstoffen berechnet werden kann, muss vorerst die tatsächliche Konzentration an Immunglobulinen gemessen werden. Dazu eignet sich ein Refraktormeter. Dieses erfasst die Dichte der Milch und somit den Anteil an Immunglobulinen in der Einheit Brix. Kolostrum sollte zumindest 22 Brix enthalten. Dies entspricht in etwa einem IgG-Anteil von 70 g pro Liter Milch. Daher müssten in diesem Fall zumindest 2,5 Liter Biestmilch bei der ersten Gabe gefüttert werden. Die Kolostrumqualität ist stark von der Trockensteherfütterung abhängig. Die Faktoren Licht, Luft, Bewegung, Kuhkomfort, Stress sowie die Mineralstoffversorgung beeinflussen den Brix-Wert. Bezüglich der Mineralstoffversorgung ist anzumerken, dass speziell organisch gebundene Spurenelemente einen positiven Einfluss auf die Kolostrumqualität sowie den Fötus haben. Bei Trockensteherrationen mit einem Silomaisanteil über 50 % zeigt auch die Ergänzung von Beta-Carotin einen positiven Effekt auf die Bistmilchqualität.

Brix-Wert	Kolostrumbewertung
Unter 20	Sehr schlecht
20 bis 22	Schlecht
22 bis 25	Gut
Über 25	Sehr gut

Tabelle 20: Überblick Kolostrumbewertung

Bei der verabreichten Menge an Immunglobulinen (IgG) gibt es nach oben keine Grenze. Wenn ein Kalb vier Liter von einer Biestmilch mit 25 Brix trinkt, ist das äußerst positiv. Viel kritischer sind Kälber zu betrachten, welche anfangs wenig oder gar nicht saufen möchten. In diesem Fall sollte die Milch unbedingt gedrencht werden. Denn neben der verabreichten Menge an Immunglobulinen ist auch die Zeitspanne von der Geburt bis zur ersten Biestmilchgabe von großer Bedeutung. Das Kolostrum wird nur über die Darmwand aufgenommen. Damit die Biestmilch bestmöglich in den Stoffwechsel gelangt, ist die Darmwand direkt nach der Geburt stark durchlässig. Die sogenannte Darmschranke schließt sich jedoch kontinuierlich nach der Geburt. Aus diesem Grund sollte die Biestmilch in den ersten vier Lebensstunden verabreicht werden.

KOLOSTRUMQUALITÄT VERBESSERN

Sollte die Kolostrumqualität ständig zu tief sein, müssen speziell in der Trockensteherfütterung Maßnahmen gesetzt werden. Eine zu kurze Trockenstehzeit (unter sechs Wochen) hat einen stark negativen Einfluss auf die Biestmilchqualität. In weiterer Folge spielt die Mineralstoffversorgung eine wichtige Rolle. Dabei muss auf eine ausreichende Mineralstoffdosierung geachtet werden. In aller Regel sind 150 bis 250 g eines hochwertigen Trockensteher-Mineralfutters täglich notwendig. Im Zuge dessen, sollte erwähnt werden, dass Leckeimer niemals den vollständigen Bedarf von Vitaminen und Spurenelementen abdecken. Ein Defizit hinsichtlich der Mineralstoffversorgung ergibt sich auch, wenn die Trockensteher dieselbe Ration bekommen wie die laktierenden Tiere. Der Hintergrund liegt an der deutlich reduzierten Futteraufnahme. Trockensteher fressen nur etwa halb so viel wie laktierende Kühe. Werden demnach 180 g Mineralfutter pro Tier und Tag in den Mischwagen gegeben, entspricht dies bei der Trockensteherin nur mehr einer Menge von etwa 90 g! Zum anderen muss auf die Bindungsform der Spurenelemente geachtet werden. Organische Bindungsformen wie z. B. Chelate oder Hydroxy-Spurenelemente ermöglichen eine deutlich bessere Versorgung und erhöhen somit die Biestmilchqualität.

Wird in der Trockenstehzeit ein Anteil von über 50 % Maissilage gefüttert, ergibt sich automatisch ein Mangel an Beta-Carotin, was mit einer schlechteren Kolostrumqualität einhergeht. Durch die gezielte Ergänzung von Beta-Carotin können in diesem Fall die Brix-Werte erhöht werden.

Die Ursache für zu geringe Biestmilchmengen liegt sehr häufig an einer zu geringen Nährstoffzufuhr in der Trockenstehzeit (speziell ab drei Wochen vor dem Kalben). Durch Erhöhung von Protein- und/oder Energiegehalt wird dies in aller Regel verbessert.

Neben der Rationsgestaltung haben die Faktoren Licht, Luft, Bewegung, Kuhkomfort sowie Stress einen deutlichen Einfluss auf die Zusammensetzung der Biestmilch. In den vergangen Jahren hat auch in unseren Breiten das Thema Hitzestress enorm an Bedeutung gewonnen. Diverse Studien haben bereits bewiesen, dass die Kolstrumqualität in den Monaten Juli bis Oktober tendenziell etwas schlechter ist. Der Grund dafür liegt hauptsächlich am Hitzestress der Tiere. Mit diesem Wissen wird die Bedeutung von diversen Kühlsystemen (z. B. Ventilatoren, Schlauchbelüftungen) unterstrichen! Jeder Trockensteherbereich benötigt zumindest einen Ventilator oder eine Schlauchbelüftung.

Unterschiedliche Kolostrumqualitäten. Je gelblicher die Biestmilch ist, umso wahrscheinlicher ist ein hoher Brix-Wert. © Karin Ch. Taferner

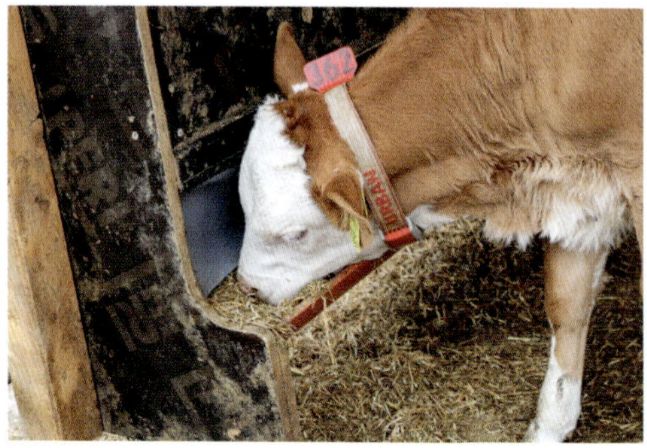

Kälber-TMR liefert den Kälbern gleichzeitig Energie und Rohfaser für ein gesundes Wachstum. © Karin Ch. Taferner

METABOLISCHE PROGRAMMIERUNG

Die metabolische Programmierung findet in den ersten sechs Lebensmonaten statt. Dieser Fachausdruck beschreibt die Tatsache, dass das Organwachstum (Leber, Milz und Niere) in den ersten sechs Monaten des Tieres in Abhängigkeit vom Nährstoffangebot stattfindet. Vor allem die Energieversorgung nimmt eine zentrale Rolle ein. Je mehr Energie gefüttert wird, desto stärker ist das Wachstum der Organe und des Drüsengewebes im Euter. Die Studie von Brown et al. 2005 zeigt, dass die intensive Fütterung zu einem deutlich ausgeprägteren Eutergewebe und einer Zunahme der milchgebenden Zellen (Euterdrüsenparenchym) führt (Tabelle 21).

Insbesondere die Entwicklung der Leber ist ein entscheidender Faktor. Diese ist in der Milchproduktion das limitierende Organ. Sie hat die Aufgabe den Körper zu entgiften, Energie mittels Körperfetteinschmelzung zu mobilisieren, wichtige Vitamine zu synthetisieren und vor allem die gefütterte Pansenenergie zu Glucose und somit in weiterer Folge zu Milch umzuwandeln. Je größer dieses Organ ausgeprägt ist, desto höhere Leistungen können vollbracht werden. Die

2. bis 8. Lebenswoche					Differenz (%)	
Energieniveau	mittel*		hoch**			
Eutergewebe	181		255		41	
Euterparenchym	1,9		6,2		226	
9. bis 14. Lebenswoche					Differenz mittel (%)	Differenz hoch (%)
Energieniveau	mittel*	hoch**	mittel*	hoch**		
Eutergewebe	252	390	274	511	9	31
Euterparenchym	16	16	24	23	50	44

Tabelle 21: Einfluss der Aufzuchtintensität auf die Euterentwicklung in g/100 kg Lebendgewicht (nach Brown et al., 2005)

* 1,1 % der Körpermasse Milchaustauscher + Kälberstarterfutter (20,5 % XP)
** 2,0 % der Körpermasse Milchaustauscher + Kälberstarterfutter (25 % XP)

Studie von Geiger et al. (2016) zeigt deutlich, dass eine intensive Aufzucht im Gegensatz zur restriktiven Fütterung der Kälber sich positive auf das Organwachstum von Thymus, Leber, Milz und Euter auswirkt.

Zusammengefasst heißt das, dass hohe Tageszunahmen nicht nur die Entwicklung vom Kalb fördern und somit ein früheres Erstkalbealter ermöglichen, sondern auch die Organe stärker ausgeprägt werden. Das führt in weiterer Folge dazu, dass die Tiere in der Laktation nachweislich stoffwechselstabiler, leistungsfähiger und effizienter sind. Jungtiere können versäumtes Wachstum im späteren Lebensabschnitt zwar durch kompensatorisches Wachstum aufholen, jedoch beinhaltet dies nicht die Organe. Aus diesem Grund sollte bei der Kälberaufzucht in den ersten sechs Monaten nichts dem Zufall überlassen werden.

Ein weiterer positiver Aspekt der metabolischen Programmierung ist die Tatsache, dass sich die hohen Energiedichten sehr positiv auf das Immunsystem des Tieres auswirken. Das reduziert in weiterer Folge mögliche Erkrankungen.

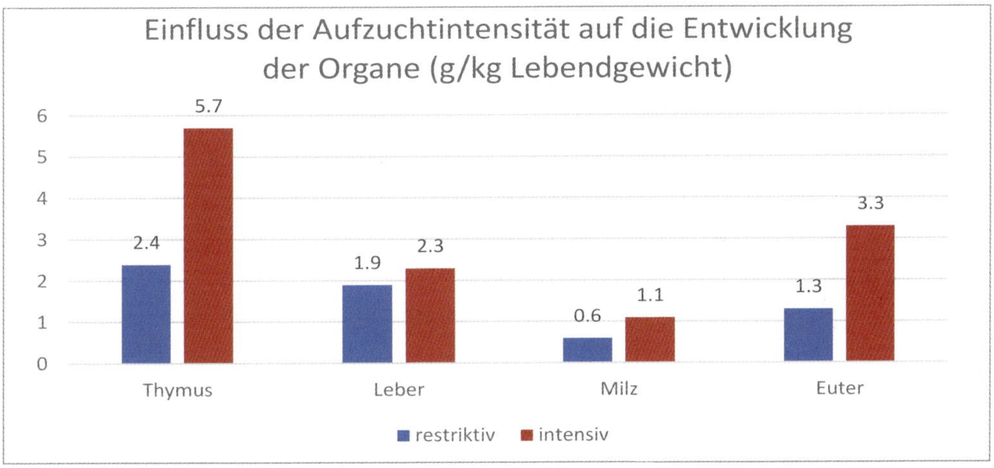

Auswirkungen einer intensiven Aufzucht auf das Organwachstum (nach Geiger et al., 2016)

MÖGLICHE TRÄNKEVERFAHREN

Speziell in den ersten fünf Lebenswochen ist das Tränkeverfahren von großer Bedeutung, da in diesem Zeitraum die Festfutteraufnahme noch sehr gering ist. Vor allem in den ersten vier Lebenswochen bringen hohe aufgenommene Milchmengen (über zehn Liter) bessere Tageszunahmen und führen durch die hohe Energie- und Proteinzufuhr zu robusteren und vitaleren Kälbern. Grundsätzlich wird zwischen der Ad libitum-Tränke und einer restriktiven Tränke unterschieden werden. Die **restriktive Tränke** beschreibt die herkömmliche Art und Weise Kälber zu füttern. Dabei wird die Milch von den Kälbern pro Mahlzeit auf einmal aufgenommen. Nachteilig an diesem System ist die Tatsache, dass Tränkemengen über vier Liter pro Mahlzeit das Risiko für Durchfallerkrankungen erhöhen. Werden die Tiere in diesem System nur zweimal pro Tag gefüttert, fehlt es in den ersten vier Lebenswochen an Energie. Werden dreimal am Tag je vier Liter Milch angeboten, ist die Versorgung deutlich besser, jedoch darf der zusätzliche Zeitaufwand nicht unterschätzt werden.

Eine erweiterte Methode zum klassischen Modell der Tränke ist es, die Milch anzusäuern, jedoch trotzdem einen restriktiven Futterplan einzuhalten. Durch das Ansäuern wird die Milch stabiler (speziell im Sommer von Vorteil) und kann vom Kalb leichter verdaut werden. Dadurch sind auch höhere Mengen (fünf bis sechs Liter pro Mahlzeit) möglich.

Bei der **Ad libitum-Fütterung** wird die Milch ebenfalls angesäuert, jedoch bleibt hier der Eimer den ganzen Tag hängen. Die Milch wird dabei regelmäßig in den Eimern ergänzt, sodass das Kalb 24 Stunden am Tag die Möglichkeit hat, Milch zu saufen. Fast jedes Kalb nimmt in dieser Phase über zehn Liter Milch pro Tag auf.

Grundsätzlich werden ab der vierten Lebenswoche sowohl bei der Ad libitum-Tränke als auch bei dem restriktiven Tränke Verfahren die täglichen Tränkemengen reduziert. Die Voraussetzung für das Reduzieren der Milchmenge sind gesunde frohwüchsige Kälber. Spätestens zu diesem Zeitpunkt muss eine Kälber-TMR oder bestes Heu plus Kraftfutter zur ständigen Verfügung stehen. Sind die Kälber zu diesem Zeitpunkt nicht ganz fit bzw. die Tageszunahmen etwas zu gering, sollte die Tränkemenge noch nicht reduziert werden. Neue Ansätze in der Kälberfütterung empfehlen sogar hohe Tränkemengen von rund zehn Liter Milch über einen Zeitraum von fünf bis sieben Wochen zu halten und erst dann die Milchmenge kontinuierlich zu reduzieren.

Wird die Milch nicht langsam reduziert, geschieht das Abtränken zu abrupt. Die Folge ist ein Wachstumsknick, da das Tier aufgrund der hohen Milchmengen den Verdauungstrakt nicht ausreichend an die Festfutteraufnahme angepasst hat. Dadurch entsteht ein Energiedefizit, welches sich auf Tageszunahmen und Immunität negativ auswirkt.

Tränkeautomaten übernehmen das kontinuierliche Abtränken automatisch und bringen daher große Vorteile mit sich. Wird die Milch „manuell" gefüttert, ist das Einhalten des Tränkeplans essenziell.

Unabhängig vom Tränkeverfahren muss dem Kalb zu jeder Zeit Wasser zur Verfügung stehen!

Lebenswoche	Vollmilch oder MAT (50–60 % Magermilch)
1 bis 3	über 10 Liter
4 bis 5	8 Liter
6	6 Liter
7	4 Liter
8 bis 10	2 Liter

Tabelle 22: Beispiel für einen Tränkeplan: Angabe Milchmenge pro Tag

MILCHAUSTAUSCHER ODER VOLLMILCH

Ob ein Milchaustauscher (MAT) oder die betriebseigene Vollmilch gefüttert wird, hängt von vielen individuellen Faktoren ab. Auf keinen Fall sollten während der Tränkephase ständige Wechsel zwischen Milchaustauscher und Vollmilch vollzogen werden. Denn genauso wie bei der Fütterung der Milchkuh ist die Kontinuität ein entscheidender Faktor. Ein großer Vorteil vom Milchaustauscher liegt in der einfachen Handhabung. Speziell wenn ein Tränkeautomat vorhanden ist, wird sehr häufig auf Milchaustauscher zurückgegriffen. Weitere wichtige Vorteile sind die gleichbleibende Milchqualität inklusive einer hochwertigen Anreicherung an Vitaminen und Spurenelementen sowie ein meistens günstigerer Preis gegenüber der Vollmilch. Doch Milchaustauscher ist nicht gleich Milchaustauscher! Es gibt dutzende Hersteller mit diversen Produkten am Markt. Bei der Aufzucht von weiblichen Tieren sollte der Milchaustauscher einen Magermilchanteil von 50–60 % aufweisen. Zusätzlich zum Magermilchanteil muss noch auf die Gehalte an Rohprotein, Rohfett, Rohfaser und Rohasche geachtet werden. Auch die verwendeten Rohstoffe sollten genau unter die Lupe genommen werden. Tierische Proteinquellen sind pflanzlichen vorzuziehen.

Rohprotein*	22 bis 24 %
Rohfett**	17 bis 18 %
Rohfaser	max. 0,1 %
Rohasche	unter 9 %

Tabelle 23: Übersicht der Qualitätskriterien für Milchaustauscher

* Bei hochwertigen Milchaustauschern werden keine pflanzlichen Proteinträger eingesetzt.
** Neben dem prozentuellen Fettgehalt spielt auch das Fettsäuremuster eine wichtige Rolle.

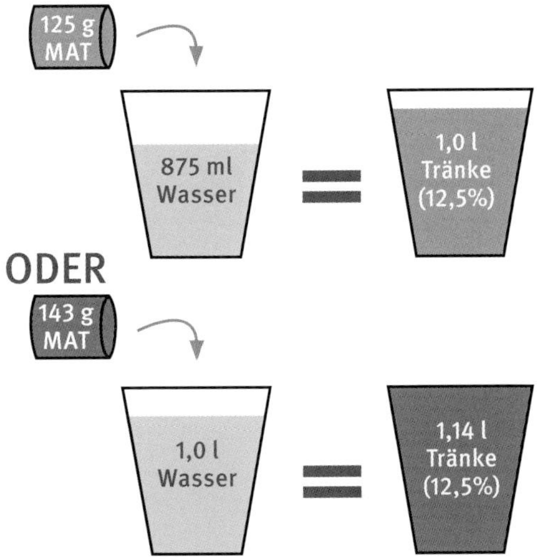

Einmischrate für Milchaustauscher: Auf die Schreibweise achten!

Neben der Qualität vom Produkt ist auch die empfohlene Einmischrate wichtig, die der Hersteller deklariert. Dabei macht es immer Sinn, die Einmischrate eher auf der oberen Seite zu halten statt vermeintliche „Kosten" zu sparen. Zusätzlich muss genau auf die Schreibweise geachtet werden. Es macht nämlich einen Unterschied, ob 140 g MAT **auf einen Liter Wasser** oder **in einen Liter Wasser** eingemischt wird.

BEIFÜTTERUNG

Der Tränkeplan hat einen großen Einfluss auf die Entwicklung des Kalbes. Neben der Tränke muss spätestens ab der zweiten Lebenswoche ausreichend Futter vorgelegt werden. Werden in dieser Phase zu wenige Nährstoffe in Form von Festfutter aufgenommen, ist häufig spätestens nach dem Absetzen der Milch ein „Wachstumsknick" zu bemerken. Grassilage und Maissilage sollten während der Tränkephase keinesfalls ergänzt werden. Grund dafür liegt an der Tatsache, dass der Pansen der Kälber noch unterentwickelt ist und somit Silagen nicht effizient verdaut werden bzw. sogar im Verdauungstrakt zu Fermentationsstörungen führen können. Aus diesem Grund gibt es nur zwei Möglichkeiten wie Kälber gefüttert werden sollten. Entweder wird eine Kälber-TMR vorgelegt oder es wird Heu bzw. Stroh plus Kraftfutter und Mineralfutter gefüttert.

Bei der Variante mit Heu gibt es jedoch einige Nachteile. Die Qualitäten von Heu schwanken deutlich. Dadurch ist es schwierig das Kraftfutter an die Ration optimal anzupassen. Das Heu-Kraftfutter-Verhältnis kann aufgrund von Selektion oder Faktoren wie etwa Rangkämpfen stark variieren. Stroh ist dahingehend deutlich konstanter. Die Voraussetzung einer Ration mit Stroh plus Kraftfutter ist eine hohe Stroh-Qualität. Es sollte nur gehäckseltes, entstaubtes Gersten-Stroh zum Einsatz kommen.

Kälber-TMR

Bei der Variante Heu/Stroh plus Kraftfutter und Mineralfutter gibt es viele Variablen, welche die Ration zu Ungunsten des Kalbes verändern können. Die Vorlage einer Kälber-TMR bietet daher eine optimale Alternative. Diese Mischung enthält eine abgestimmte Nährstoffkonzentration und ist bereits mit hochwertigen Mineralstoffen und gegebenenfalls weiteren Wirkstoffergänzern ausgestattet. Aus diesem Grund ist keine weitere Ergänzung von Heu, Kraftfutter oder Mineralfutter notwendig. Das macht das Füttern einfach und ermöglicht eine homogene Fütterung. Entscheidend ist, dass die TMR täglich frisch vorgelegt wird und die Kälber die Mischung ad libitum (zur freien Aufnahme; unbegrenzt) fressen können.

Qualitätsanforderungen

Nicht jede Kälber-TMR ist hochwertig! Wird Kälber-TMR zugekauft, sollte unbedingt der Sackanhänger mit den enthaltenen Rohstoffen kontrolliert werden. Minderwertige Eiweißkomponenten sowie mögliche Nebenprodukte eignen sich nicht für die Kälberaufzucht. Sollte am Betrieb ein Futtermischwagen vorhanden sein, kann eine hochwertige Kälber-TMR mit Heu oder Stroh auch selbst gemischt werden. Stroh bietet den Vorteil der konstanteren Qualität. Zusätzlich zeigten Studien, dass beim Einsatz einer Stroh-TMR das Pansenzottenwachstum der Kälber am stärksten war.

Komponente	Stroh-TMR	Heu-TMR
Körnermais	30	26
Sojaschrot (44 % XP)	18	18
Gerste	18	21
Stroh (gehäckselt)	12	0
Heu	0	20
Melasse	12	5
Kälbermineral	5	5
Wirkstoffergänzer	5	5

Tabelle 24: Mischungsbeispiele für eine Stroh- bzw. Heu-TMR für Kälber (Angaben in %)

Inhaltsstoff	Menge je kg TM
Rohprotein	160 bis 180 g
Umsetzbare Energie (ME)	11 bis 13 MJ
Rohfaser	80 bis 120 g
Kalzium	10 g
Phosphor	4 bis 5 g
Natrium	3,5 g
Magnesium	2,5 g

Richtwerte für Kälber-TMR

Alter/Aufzuchtphase	Menge pro Tier und Tag
In der Tränkephase	Ad libitum
Ende der Tränkeperiode	über 2 kg
Ende 3./4. Lebensmonat	3,5 bis 4 kg

Empfohlene Einsatzmenge von Kälber-TMR in Abhängigkeit der Aufzuchtphase

Mischreihenfolge beachten

Für ein optimales Ergebnis muss auf eine richtige Mischreihenfolge geachtet werden. Geben Sie zuerst das Gerstenstroh (gehäckselt und im Idealfall entstaubt) in den Mischwagen. Das Stroh sollte je nach dessen ursprünglicher Länge für 15 bis 30 Minuten im Mischwagen geschnitten werden. Dosieren Sie anschließend 12 % Melasse langsam in den laufenden Mischwagen. Die Melasse sollte wieder für etwa 15 Minuten vermengt werden. Nun können Sie das Kraftfutter und Mineralfutter ergänzen. Dieser Vorgang sollte ebenfalls etwa 15 Minuten in Anspruch nehmen. Lagern Sie die TMR anschließend trocken und kühl. Unter diesen Umständen ist das Produkt ohne Probleme für einen Monat haltbar.

FÜTTERUNG NACH DEM ABSETZEN DER MILCH

Die metabolische Programmierung, also die damit einhergehende Nährstoffzufuhr, ist bis zum siebenten bis neunten Monat von Relevanz. Demnach spielt die Festfuttervorlage eine wichtige Rolle. Heumilchbetriebe oder Betriebe ohne Futtermischwagen müssen bei den Jungrindern in dieser Phase 2–3 kg hochwertiges Kraftfutter zum Grundfutter ergänzen. Der notwendige Proteingehalt richtet sich nach der Heuqualität. Analysen sind für eine Rationsberechnung unbedingt notwendig! Zusätzlich bedarf es einer Mineralstoffergänzung von etwa 100 g eines Jungviehminerals. Diese Jungtiere sollten nicht auf die Weide/Alm getrieben werden, da in den allermeisten Fällen die Nährstoffzufuhr nicht die geforderten Kriterien erfüllt. Wird den Milchkühen am Betrieb eine kraftfutterbetonte TMR gefüttert, eignet sich diese Mischung meist sehr gut auch für abgetränkte Jungrinder. Natürlich muss die TMR immer frisch eingefüttert werden. Der „Ausputz“ der laktierenden Tiere eignet sich nicht! In den meisten Fällen ist damit auch schon der Mineralstoffbedarf ausreichend gedeckt. Voraussetzung ist eine hochwertige Mineralisierung der TMR. Vorsicht ist bei Mischungen mit Futterharnstoff geboten. Dieser kann bis zu einem Lebendgewicht von etwa 450 kg nicht ausreichend verdaut werden und stellt somit eine Belastung für das Tier dar. Wird den Milchkühen eine aufgewertete Ration (AGR) gefüttert, müssen für die Jungrinder je nach Energiedichte 1,5–2 kg eines ausgeglichen Kraftfutters (ca. 15 % XP) sowie 50–90 g eines Jungviehminerals ergänzt werden.

Lebensmonat	3.	4.–6.	7.–8.	9.–10.	11.–17.	17.–20.	über 20
TM-Aufnahme (kg)	3,5	4,5	6	7	7,5	9,5	10
Umsetzbare Energie (MJ)	35	45	58	66	70	88	94
Rohprotein (g)	510	595	675	735	785	1.050	1.100
Rohfaser (g)	600	700	800	1.000	1.200	1.800	2.000
Kalzium (g)	33	37	39	40	40	42	44
Phosphor (g)	16	17	19	20	20	23	25
Natrium (g)	5	5	6	6	7	7	10
Magnesium (g)	6	7	8	9	10	12	13

Tabelle 25: Tägliche Bedarfswerte für weibliche Jungrinder in Abhängigkeit vom Lebensmonat (nach Hoffmann, 2022)

JUNGVIEHFÜTTERUNG

Je nach Entwicklung der Tiere, muss die intensive Ration ab dem achten bis zehnten Monat auf eine extensive Ration umgestellt werden. Ansonsten droht eine Verfettung der Tiere. Dies verursacht zum einen erhöhte Futterkosten und führt in weiterer Folge zu einer deutlich reduzierten Fruchtbarkeit der Jungtiere. Daher eignet sich in diesem Zeitraum eine extensive Weide bzw. Alpung gut für die Jungviehaufzucht. Zusätzlich benötigen die Tiere täglich etwa 100 g von einem Jungviehmineral.

Sollten die Tiere im Stall gehalten werden, ist eine Ration mit Grassilage (extensiv) plus Stroh bzw. extensivem Heu vorzulegen. Auf keinen Fall dürfen zu große Mengen an Silomais gefüttert werden. Ist dies aufgrund der Futtergrundlage oder dem Silomanagement nicht anders möglich, muss dementsprechend viel Stroh ergänzt werden, um die Energieversorgung zu reduzieren. Auch wenn die Tiere mit wenig Energie versorgt werden sollen, heißt das selbstverständlich nicht, dass diese Tiere ausschließlich Futterreste von den laktierenden Tieren bekommen sollen. Hohe Futteraufnahmen sind auch hier das Ziel. Zusätzlich muss das vorgelegte Futter von guter Qualität sein. Speziell im Sommer neigen Silagen zur Nacherwärmung (speziell wenn das Futter nicht täglich frisch vorgelegt wird). Auf eine mögliche Schimmelbildung muss geachtet werden. Diese Faktoren sind neben einer Energieüberversorgung die Hauptursachen für eine unzufriedenstellende Fruchtbarkeit.

Bei der Jungviehaufzucht ist eine Verfettung dringend zu vermeiden. Weidehaltung oder Alpung von Kalbinnen ist in dieser Phase ideal.

DATEN RICHTIG LESEN UND VERSTEHEN

WAS SIND DATEN? – FAKTEN UND MYTHEN

In unserer technikorientierten Welt neigen wir dazu, alle Bereiche unseres Lebens und unserer Umwelt zu vermessen und in Zahlen zu fassen. Ein alter Leitsatz der Physik lautet sinngemäß: „Messen, was messbar ist – messbar machen, was noch nicht messbar ist!" Das hat dazu geführt, dass wir heute mit teuren Instrumenten, Geräten und Computern in der Lage sind, auch von unseren Tieren eine Unmenge an Zahlen zu produzieren. Da auch die **Messergebnisse** immer exakter und die Werte auf mehrere Kommastellen genau übermittelt werden, neigen wir dazu, diese Daten unkritisch als die „einzige Wahrheit" zu sehen. Dabei vergessen wir aber viel zu schnell, welche Schritte bis zum Ergebnis nötig sind und welche Fehlerquellen dabei auftreten.

Im Falle einer Milchleistungskontrolle ist zunächst die Umweltsituation von Bedeutung. Melkzeitpunkt, Stress durch das Kontrollorgan oder auch intensiveres Ausmelken können Milchmenge und Zusammensetzung der Milchinhaltsstoffe verändern. Versehentliche Lagerung der Proben bei heißen Temperaturen im Auto oder beim Transport zum Labor sowie menschliches Versagen durch Probenverwechslung sind weitere Fehlerquellen, die selten, aber doch vorkommen können. Zuletzt ist zu erwähnen, dass jede Messung mit einem bestimmten Messfehler behaftet ist. Es ist durchaus normal, bei dreimaliger Messung immer etwas unterschiedliche Ergebnisse zu erhalten, die innerhalb einer bestimmten Bandbreite liegen dürfen.

Angenommen diese Bandbreite bei der Bestimmung von Fett und Eiweiß liegt an der zweiten Kommastelle, bedeutet ein Fettwert von 4,45 % gerundet 4,5 %, während 4,44 % auf 4,4 % gerundet wird. Beim Eiweiß führt die Messung von 3,05 % zu 3,1 %, während 3,04 % einen gerundeten Eiweißwert von 3,0 % bedeutet. Betrachten wir nun in beiden Fällen den Fett-Eiweiß-Quotienten, erhalten wir einmal 1,4 und im zweiten Fall 1,5 und somit bereits einen Hinweis auf eine mögliche Ketose. Dieser Unterschied ergibt sich aber bloß aufgrund eines in jedem Fall vorhandenen Messfehlers.

Noch extremer wird der Unterschied, wenn ein Tier aufgrund von Stress nicht die gesamte Milchmenge gibt und so das fettreiche Endgemelk im Euter bleibt. In diesem Fall kann der eigentliche Fettprozentsatz von 4,8 % möglicherweise bei nur 3,2 % liegen.

Nehmen wir an, dass das Tier einen Eiweißwert von 3,3 % hat. Bei gutem Ausmelkgrad und damit einem Fettgehalt von 4,8 % ergibt sich ein Fett-Eiweiß-Quotient von 1,5 und damit ein Hinweis auf eine Ketose. Im Falle eines stressbedingten Milchverhaltens erhalten wir nur 3,2 % Fett und der Fett-Eiweiß-Quotient zeigt eine mögliche Azidose an.

Anhand dieser einfachen Beispiele ist bereits zu erkennen, dass Daten und Fakten nicht immer übereinstimmen! Beim Blick auf die Zahlen ist zu beachten, dass hinter diesen Zahlen stets Kühe stehen. Letztlich geben die Zahlen nur Hinweise, die dazu führen sollten, die Fakten an den Kühen zu überprüfen. Denn: „Die Kuh hat immer recht!"

Ein weiterer wesentlicher Punkt neben der Messsituation, der messenden Person und der Messmethode ist auch stets die **Definition und Interpretation von Krankheitsdaten**. Werden Beispielsweise die Häufigkeiten von Durchfallerkrankungen zwischen unterschiedlichen Betrieben verglichen, braucht es zunächst eine gemeinsame Definition von „Kälberdurchfall". Werden „weicher" und „pastöser" Kot bereits als Durchfall bezeichnet, sind sicherlich mehr Tiere betroffen, als wenn nur Kälber mit dünnflüssiger Kotkonsistenz in die Statistik einfließen. Je klarer und eindeutiger die Definitionen sind, umso besser lassen sich Daten auch interpretieren und vergleichen. In der Praxis haben größere Betriebe meist deutlich mehr und genauere Aufzeichnungen als Kleinbetriebe. Dort geht man oft davon aus, sich aufgrund der kleinen Strukturen ohnedies an alles erinnern zu können. Wird dann das Auftreten bestimmter Probleme zwischen diesen Herden verglichen, scheinen große Betriebe deutlich mehr Schwierigkeiten zu haben. In der Realität ist es aber umgerechnet auf die Tieranzahl meist umgekehrt.

Gute **Definitionen** zeichnen sich dadurch aus, dass sie klar, eindeutig und nachvollziehbar sind. In der Regel kann man sie messen und wir können **Grenzwerte** definieren. Ein Beispiel dafür ist der Fett-Eiweiß-Quotient, der Hinweise auf Ketosen und Pansenazidosen gibt, wenn er zu hoch oder zu niedrig ist. Auch wenn beim Einzeltier durch tierindividuelle Faktoren, Umwelteinflüsse oder auch Messfehler die Diagnose Ketose oder Azidose falsch sein kann, stellt dieser Wert auf Herdenebene einen wertvollen Hinweis dar, um Fütterungsfehler zu erkennen. Je mehr Tiere gemessen und beurteilt werden, umso sicherer wird hier auch die Aussagekraft.

DATENERFASSUNG – „WER SCHREIBT, DER BLEIBT!"

Die Datenerfassung ist die Basis im Datenmanagement. Mit unvollständigen oder fehlerhaften Grunddaten ist keine sinnvolle Auswertung und Interpretation möglich. Eine **exakte** und vor allem **zeitnahe Erfassung** von Geschehnissen ist die beste Voraussetzung, um am Ende vertrauenswürdige Daten zur Verarbeitung zu haben. In den meisten Fällen werden Fakten im ersten Schritt immer noch händisch erfasst. Viele Betriebe nutzen dazu Kalender, auf denen die Ereignisse noch am selben Tag eingetragen werden. Noch besser eignen sich kleine Notizblöcke, die mitsamt Kugelschreiber immer in der Hosentasche Platz finden. Hier werden Informationen in der Regel sofort notiert, wodurch weniger vergessen wird als beispielsweise beim Kalender. Vor allem die jüngere Generation nützt mittlerweile aber auch mobile IT-Geräte wie etwa Smartphones, um Informationen zu notieren. Moderne Apps helfen dabei, die erhobenen Daten auch gleich in ein Herdenverwaltungsprogramm oder an den Kontrollverband weiter zu versenden. Durch diese moderne Technologie steigt die Vollständigkeit der Datenerfassung enorm an und die Auswertungen werden deutlich besser.

Grundsätzlich unterscheiden wir in der Datenerfassung und Datenverarbeitung drei mögliche Ebenen. Die manuelle, die digitale und eine automatische Datenerfassung und Auswertung.

Der optimale Standort für die Datenerfassung ist direkt im Stall oder Stallbüro. © WP

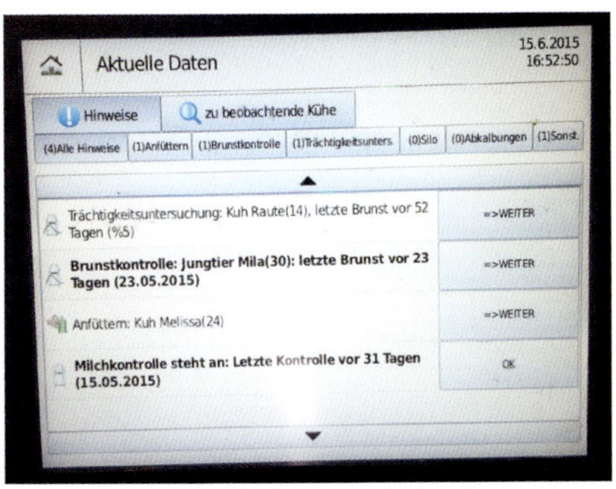

Wichtige Daten und Aktionen sind sofort und tagesaktuell abrufbar. © WP

Manuelle Datenerfassung

Typische Beispiele für die manuelle Datenerfassung sind Klauenpflegeprotokolle, Aufzeichnungen im Brunstkalender über Brunsten, Abbluten oder Geburtsverläufe, aber auch Mitschriften über Ketosemessungen oder Temperaturkurven um die Geburt.

Der Nutzen solcher Daten am Betrieb und zur Beurteilung von Krankheitsverläufen am Einzeltier ist sehr hoch. So können etwa Karteikartensysteme verwendet werden, um auf einfache Art und Weise jederzeit die gesamte Geschichte eines Tieres zu sehen. Ein Blick auf die Karte genügt, um vor der Abkalbung zu wissen, ob das Tier beim letzten Mal festgelegen ist, die Geburt problematisch war oder eine Ketose behandelt werden musste. Aus dieser Information kann dann einfach und rasch über Vorbeugemaßnahmen entschieden werden.

Um diese Daten jedoch auf Betriebsebene zu nutzen und Auswertungen zu erstellen, sind sie unter großem Aufwand in ein EDV-System zu übertragen. Ohne diesen Aufwand lassen sich kaum Rückschlüsse auf ein Betriebsproblem ziehen. Herdenprobleme werden dadurch zum Teil erst spät erkannt. Außerdem lassen sich keine Vergleiche mit anderen Herden herstellen, da die Art der Aufzeichnung sehr individuell und damit unterschiedlich erfolgt.

Digitale Datenerfassung

Vor allem in größeren Herden sind Herdenmanagementprogramme weit verbreitet, in denen verschiedenste Ereignisse wie Geburten, Besamungen, Trächtigkeitskontrollen oder auch Erkrankungen aufgezeichnet werden können. Ein weiteres Beispiel dafür sind auch die in Österreich erfassten Daten des Gesundheitsmonitoring, kurz GMON.

Dabei werden Erkrankungen vom Tierarzt oder den Kontrollorganen der LKVs als Zahlencode erfasst und dann zentral verwaltet.

Bei Herdenmanagementprogrammen spielt die Art der Eingabe im Hinblick auf Auswertungen eine große Rolle. Im Idealfall werden Ereignisse in einer Auswahlliste angeklickt und sind somit im System immer gleich notiert und damit auch auswertbar. In manchen, vor allem älteren, Programmen werden Erkrankungen oder Klauenpflegeergebnisse als Text niedergeschrieben. Eine Auswertung auf Herdenebene ist dann kaum möglich. Die GMON-Daten lassen hingegen sehr gute Auswertungen und auch Hinweise für das Management von Einzeltieren zu. So sind mittlerweile die Puerperalerkrankungen Milchfieber und Nachgeburtsverhalten der letzten Kalbung bei jenen Tieren erwähnt, die demnächst abkalben werden. Somit sind rechtzeitig Vorbeugemaßnahmen möglich. Aber auch Auswertungen über die gesamte Herde werden erstellt und sind durch die codierten Daten einfach möglich.

Bei Vergleichen, die über den Einzelbetrieb hinausgehen, ist im Speziellen bei Gesundheitsdaten Vorsicht geboten. Hier spielen die bereits mehrfach angesprochenen Definitionen von Erkrankungen eine wesentliche Rolle. Auch die Betriebsstrategie ist ein wesentlicher Punkt. So wird in manchen Betrieben jede leichte Mastitis sofort tierärztlich behandelt, während andere Landwirte zunächst mit Ausmelken und Hausmitteln versuchen, das Auslangen zu finden. In einer vergleichenden Statistik des GMON erscheint die Eutergesundheit der beiden Herden unterschiedlich, was in der Praxis aber gar nicht stimmt.

Eine sehr interessante und auch gut vergleichbare Form in der digitalen Datenerfassung stellen moderne Klauenpflegeprogramme dar. Mittels Touchscreen kann der Klauenpfleger bereits während der Arbeit die Problemzonen markieren. Ein automatisches Auswertungstool liefert dann tierindividuell, aber auch auf Herdenebene die entsprechenden Ergebnisse. Diese lassen sich auch zwischen den Betrieben gut

Aktionsliste Eutergesundheit Fruchtbarkeit **Stoffwechsel** Trockenstellen

(1 - 20 von 20) « ‹ 1 › » 50

SNR	Name	LNR	L.	L.Tag	MKg	Fett %	Ei- weiß %	Leistungsabfall %	FEQ	Harnstoff	weitere Diag.
4	LIERA		7	134	36,0	3,72	4,01		0,93	15	
6	MANDARIN		4	86	31,2	3,81	2,91		1,31	12	
26	RIKA		4	301	14,6	3,18	3,44	27,7	0,92	13	
30	GALA		3	42	25,8	6,57	4,15		1,58	17	
37	RICARDA		2	40	16,0	2,62	3,75		0,70	10	
39	GANESA		4	181	30,6	3,17	3,76	17,7	0,84	18	
43	HEIDI		1	309	23,2	4,12	3,83		1,08	14	
48	LAMARA		3	144	38,2	3,51	3,73		0,94	12	
52	BARBEL		7	328	25,8	4,00	4,10		0,98	17	
59	LITTLE		3	196	33,8	3,56	3,88		0,92	16	
61	MEDI		6	195	32,0	3,45	3,57		0,97	14	
67	HEIKE		1	248	13,8	3,65	3,76	1,4	0,97	21	

Direkt im Herdenmanager abrufbar: Auswertung der Tiere mit Auffälligkeiten bei Stoffwechselkennzahlen!

vergleichen. Voraussetzung ist allerdings, dass derselbe Klauenpfleger die Daten erhebt und es sich um Pflegemaßnahmen der gesamten Herde handelt.

Automatisierte Datenerfassung

Hierbei handelt es sich um jene Daten, die ihre Informationen aus anderen digitalen Systemen oder direkt aus Messinstrumenten (z. B. Melkroboter) erhalten. So werden beispielsweise die Fruchtbarkeitsdaten aus Geburts- und Besamungsmeldungen automatisch generiert.

Auch die Ergebnisse und Auswertungen der Milchleistungsprüfung sind in diese Kategorie einzureihen. Die Messwerte jedes Einzeltieres gehen direkt ins System und werden sowohl für Einzeltier-, wie auch für Gruppen- und Herdenauswertungen genutzt.

Vor allem bei der Bestimmung und Auswertung von biologischen Proben wie Milch oder Blut sind mittlerweile viele Probenröhrchen mit Barcodes ausgestattet. Dadurch kann es im Labor zu keinen Verwechslungen mehr kommen und die Ergebnisse werden im Rechner eindeutig zugeordnet.

Durch den vermehrten Einsatz automatisierter Melksysteme (Roboter) sind nun auf vielen Betrieben zusätzlich Daten zu Milchtemperatur, Gewicht der Tiere, Leitfähigkeit oder Zellzahl, Aktivität, oder Wiederkau- und Fresszeit verfügbar. Auch separate Halsband-, Ohrmarken- oder Bolussysteme können viele gesundheitsbezogene Daten automatisch erfassen und über verschiedene Endgeräte (Computer, Tablet, Smartphone) in verarbeiteter Form in Echtzeit weitergeben. Diese Datenflut ist vor allem zu Beginn nicht leicht zu überblicken und zu bewerten, denn die Tatsache, dass die Kuh „Sunshine“ in der Nacht zwei Stunden lang über 41 °C Fieber hatte, wäre früher nicht aufgefallen. Letztlich gilt aber auch bei all diesen Systemen: „Die Kuh hat immer recht!“ Daher helfen sie zwar dabei, Problemtiere früher zu erkennen, jedoch liegt es immer wieder am erfahrenen Landwirt, die Kuh zu beobachten, zu untersuchen und entsprechende Entscheidungen zu treffen.

INTERPRETATION VON DATEN

Noch bevor es um die Daten einer Herde geht, sollte die Situation am Betrieb im Vordergrund stehen. Der optische Zustand der Herde, hygienische Verhältnisse am Betrieb, aber auch die Begutachtung des Futters helfen dabei, aus den Daten die richtigen Schlüsse zu ziehen.

Der Blick auf die Trockenstehergruppe: Glänzende Kühe, ausreichendes Wiederkauen, gute Pansenfüllung und eine passende Kotkonsistenz – die Tiere wirken gesund! © WP

Beim Blick auf Herdendaten und Auswertungen gibt es ein paar Grundregeln:

- **„Vom Großen zum Kleinen“:** Bei der Beurteilung beginnen Sie zunächst bei jenen Auswertungen, die aus möglichst vielen Einzeldaten berechnet wurden. Messfehler und Irrtümer bei der Datenerfassung haben hier nur geringe Auswirkungen. Je mehr Daten, umso sicherer das Ergebnis!
- **„Vom Jahresbericht zum Tagesbericht“:** Im Jahresbericht lassen sich Trends und Unregelmäßigkeiten im Jahresverlauf sehr rasch erkennen. So sehen Sie auf einen Blick, ob sich jahreszeitliche Schwankungen bei den Milchinhaltsstoffen zeigen, wie sie etwa bei Weidebetrieben häufig vorkommen. Aber auch Unterschiede in Milchmenge und Inhaltsstoffen zwischen Morgen- und Abendkontrolle müssen im Jahresbericht überprüft werden, um dann den Tagesbericht richtig interpretieren zu können.
- **„Von der Herde über die Gruppe zum Einzeltier“:** Ob Jahresbericht oder Tagesbericht, in jedem Fall beginnen Sie auch hier mit dem Blick auf die gesamte Herde. Wie ist die Milchmenge pro Kuh und Tag, in welchem Bereich liegen Inhaltsstoffe und Zellzahlen? Dann versuchen Sie die Trends innerhalb einzelner Gruppen zu bewerten. Wie sieht es mit den Erstlaktierenden aus, wie groß ist der Milchmengenunterschied zwischen den ersten und den zweiten 100 Laktationstagen, wie sind die Milchinhaltsstoffe in den einzelnen Leistungsklassen. Erst danach geht es um das Einzeltier. Versuchen Sie jene Kühe herauszufiltern, deren Daten auffällig sind und auf ein mögliches Problem hinweisen!
- **„Die Kuh hat immer recht“:** Tiere, deren Milchleistungsergebnisse Hinweise auf Ketosen, Azidosen oder auch Euterentzündungen ergeben, sind entsprechend zu untersuchen. Auch hier gilt der Grundsatz: „vom Großen zum Kleinen“. Zunächst zählt der Gesamteindruck des Tieres – Körperkondition, Pansenfüllung, Haarkleid, Aufmerksamkeit – erst dann geht es um das spezielle Problem. Mittels Ketontest in Harn, Milch oder Blut, einem einfachen Schalmtest oder auch nur der Beurteilung des Wiederkauverhaltens und der Kotkonsistenz lassen sich die Hinweise aus der Milchleistungskontrolle auf einfache Art und Weise bestätigen oder auch widerlegen!

Jahresbericht

Der Jahresbericht gibt Ihnen die Möglichkeit, die **Herdendaten im Gesamtüberblick** zu beurteilen. Die große Zahl von Einzeldaten führt zu einer statistisch sehr sicheren Situation. Zudem haben Sie auch einen Vergleich mit den vorangegangenen Jahren und sehen die Entwicklung des Betriebes. Als Nachteil ist die meist mangelnde Aktualität zu sehen, da das Prüfjahr von Oktober bis September verläuft und die Daten bei der Beurteilung zum Teil bereits mehr als ein Jahr alt sind.

Beurteilung der Herde

Wenn Sie mit der Beurteilung des Jahresberichtes beginnen, starten Sie mit der **Herdenleistung über die letzten Jahre.** Damit lässt sich die Milchleistungsentwicklung wie auch die Veränderung bei den Inhaltsstoffen erkennen. Zudem sehen Sie, ob es zu einer Veränderung der Herdengröße gekommen ist und welches Durchschnittsalter die Kühe haben. Gerade in Phasen der Herdenvergrößerung fällt naturgemäß das Durchschnittsalter nach unten ab, da in der Regel mit eigener Nachzucht remontiert wird, was zu einer größeren Anzahl von Erstlaktierenden führt.

Im nächsten Schritt wird das **vergangene Kontrolljahr** in der Übersicht betrachtet. Die Auflistung von zwölf aufeinanderfolgenden Ergebnissen der Probemelkungen gibt Aufschluss über die Kontinuität in der Fütterung. Starke Schwankungen bei den Milchinhaltsstoffen weisen auf häufige Futterwechsel hin. Anhand dieser Ergebnisse können Sie auch Unterschiede zwischen Sommer- und Winterfütterung feststellen sowie Situationen von Hitzestress erkennen. In jedem Fall müssen Sie versuchen, Regelmäßigkeiten in Bezug auf den Zeitpunkt der Probennahmen zu finden. Vielfach beträgt das Melkintervall nicht exakt zwölf Stunden. Bei einer Morgenmelkzeit von 6:00 Uhr und einer Abendmelkung um 17:00 Uhr ergibt sich ein Unterschied von zwei Stunden in den Zwischenmelkzeiten, wodurch naturgemäß die Milchmenge am Morgen höher ist.

Nicht übersehen werden darf bei dieser Betrachtung natürlich die Zellzahl im Jahresverlauf. Handelt es sich bei Erhöhungen um Ausreißer, die durch Hitzestress, Futterumstellungen oder vielleicht einen Melkerwechsel erklärbar sind? Oder haben wir es mit einem kontinuierlichen Problem zu tun, das es zu lösen gilt?

Beurteilung einzelner Gruppen

Nach dem Blick auf die Gesamtherde im Jahresverlauf werden die einzelnen Gruppen betrachtet und die Auswertung der „Milchinhaltsstoffe nach Leistungsklassen" beurteilt.

Im oberen Teil der Tabelle werden die **Ergebnisse nach Milchleistungsklassen** dargestellt. Die Inhaltsstoffe in den einzelnen Kategorien zeigen, wie die Versorgung der Kühe abhängig von der Milchleistung aussieht. Dabei sind die Eiweißwerte ein Maß

Herdenleistung

Jahr	Kuhzahl	Ø Alter	Milch-kg	Fett - %	Ew - %	F/Ew - kg
2019	74,1	5,3	7.802	4,18	3,64	610
2020	83,4	5,5	8.557	4,29	3,58	673
2021	80,7	5,3	8.425	4,32	3,73	678
2022	72,1	5,3	9.386	4,40	3,73	763
2023	74,7	4,8	9.582	4,34	3,74	774
Diff. Vorjahr	+2,6	-0,5	+196	-0,06	+0,01	+11

Ergebnisse der letzten Probemelkungen

Nr.	Datum	Uhrzeit	Kühe/in	Milch-kg	Fett-%	Ew-%	Zellzahl	Laktose	FEQ	Harnst
1	24.10.22	5:35	83/67	24,4	4,13	3,66	346	4,6	1,13	24
2	06.12.22	17:48	79/65	23,2	4,63	3,71	268	4,7	1,25	22
3	25.01.23	6:11	75/61	25,0	4,33	3,82	183	4,8	1,13	29
4	09.03.23	16:37	71/60	24,0	4,12	3,47	186	4,6	1,19	23
5	28.04.23	6:11	69/58	28,1	3,98	3,63	191	4,7	1,10	21
6	06.06.23	17:22	65/50	24,1	3,96	3,52	290	4,7	1,13	22
7	19.07.23	6:14	67/52	29,1	3,87	3,46	332	4,7	1,12	15
8	04.09.23	17:15	64/50	24,6	4,15	3,45	441	4,7	1,20	13

für die Energieversorgung der Tiere. Meist werden bei niedrigen Leistungen Eiweißprozente von deutlich über 3,8 % erreicht, womit ein Energieüberhang vorliegt. Weniger als 3,2 % im Bereich über 35 l Milchleistung bedeutet, dass diese Tiere energetisch unterversorgt sind. Die Harnstoffwerte lassen Rückschlüsse auf die Eiweißversorgung der Herde zu. Dabei geben die niedrigen Milchmengen einen Hinweis auf die Grundfutterversorgung, während im höheren Leistungsbereich der Kraftfuttereinsatz bewertet werden kann. Harnstoffwerte unter 15 mg/dl sind Ausdruck für einen primären Eiweißmangel in der Fütterung. Vor allem in höheren Leistungsbereichen führt das in der Regel zu einem Milchmengenverlust.

Im unteren Tabellenabschnitt ist die Aufteilung nach erstlaktierenden und älteren Kühen angeführt, wobei beide Gruppen in drei Laktationsabschnitte unterteilt sind. Da die Kontrolldaten eines gesamten Jahres zur Verfügung stehen, sind hier ausreichend Messungen pro Laktationsabschnitt vorhanden, um die Persistenz in der Herde abschätzen zu können. Dazu vergleichen Sie die Leistung der ersten 100 Laktationstage mit dem Abschnitt 101. bis 200. Tag. Bei den erstlaktierenden Kühen sollte der Leistungsabfall maximal 5 % betragen, während ältere Kühe etwa 15 % Leistungseinbuße zeigen.

> Die Berechnung des Leistungsabfalls basiert auf der Formel:
> Leistungsabfall = (M2 – M1)/M1 x 100 %
> M1 ... Milch kg der Periode Tage 1–100
> M2 ... Milch kg der Periode Tage 101–200

Liegt der Leistungsabfall über den erwarteten 5 % für Erstlaktierende bzw. 15 % bei Tieren ab der zweiten Laktation, müssen die Ursachen dafür gesucht werden. Häufig zeigt sich bei genauer Analyse der Fütterung, dass die Kraftfuttergaben in Herden mit schlechter Persistenz zu rasch reduziert werden. Die Angleichung der Kraftfuttergabe an die aktuelle Milchleistung führt dazu, dass Kühen bereits vor dem 100. Laktationstag ein Teil des Kraftfutters gestrichen wird, worauf die Tiere mit einem Milchrückgang reagieren, was wiederum zu einer Futterreduktion führt. Auf diese Art und Weise werden Kühe aus Angst vor Verfettung nach unten reguliert. Aber gerade diese reduzierte Fütterung führt zu schlechter Persistenz, was letztlich bedeuten kann, dass die Kühe

Milchinhaltsstoffe nach Leistungsklassen

Milchleistung		Messungen		Milch-kg	Fett	Eiweiß	Zellz.	Lakt.	FEQ	Harnst.
	1 - 15,0 kg	25	4,8 %	11,6	4,60	4,12	597	4,52	1,12	23
	15,1 - 25,0 kg	141	26,9 %	20,9	4,65	3,99	442	4,65	1,17	23
	25,1 - 35,0 kg	233	44,4 %	30,0	4,37	3,82	426	4,75	1,15	20
	über 35,0 kg	126	24,0 %	41,4	4,10	3,55	225	4,79	1,16	19
1. Lakt.	1 - 100 Tg.	37	7,0 %	27,4 ← M 1	4,15	3,53	143	4,93	1,18	22
1. Lakt.	101 - 200 Tg.	34	6,5 %	27,9 ← M 2	[illegible]	3,81	173	4,89	1,14	20
1. Lakt.	ab 200 Tg.	59	11,2 %	23,7 ← M 1	[illegible]	4,05	155	4,81	1,17	21
ab 2. Lakt.	1 - 100 Tg.	105	20,0 %	37,9 ← M 2	4,29	3,48	399	4,79	1,24	18
ab 2. Lakt.	101 - 200 Tg.	133	25,3 %	33,1	[illegible]	3,82	466	4,70	1,14	22
ab 2. Lakt.	ab 200 Tg.	157	29,9 %	23,6	4,45	4,01	514	4,58	1,11	22

am Ende der Laktation aufgrund zu geringer Milchmenge bereits durch die Grundfutteraufnahme verfetten.

Daher ist es sinnvoll, die Futterzuteilung auf Basis einer regelmäßigen Konditionsbeurteilung mittels BCS oder Rückenfettdickemessung durchzuführen. Dabei werden die Kraftfuttergaben erst dann reduziert, wenn Tiere beginnen, substantiell zuzunehmen. In der Regel ist dies nicht vor dem 100. bis 150. Laktationstag der Fall.

In manchen Herden zeigen sich aber auch Persistenzverläufe, die unter den besagten 5 bzw. 15 % liegen. Dafür kann es unterschiedliche Gründe geben. Zum einen gibt es in Zuchtbetrieben teilweise sogar das Phänomen, dass erstlaktierende Tiere im zweiten Laktationsdrittel eine höhere Durchschnittsleistung als im ersten Drittel haben. Bei genauer Betrachtung fällt aber auf, dass im zweiten Laktationsdrittel deutlich weniger Messungen als im ersten Drittel erfolgt sind. Üblicherweise ist die Zahl der Messungen annähernd gleich. Grund dafür sind in der Regel Zuchtviehverkäufe, wobei natürlich aus Selektionsgründen Tiere mit niedriger Leistung eher verkauft werden. Damit sind im zweiten Laktationsdrittel nur noch Kühe mit höheren Leistungen am Betrieb, was zu einem scheinbaren Anstieg beim Persistenzverlauf führt. Ein weiterer Grund für scheinbar überdurchschnittlich gute Persistenzen kann in zu geringen Einsatzleistungen liegen. Diese resultieren aus einer mangelhaften Eiweißversorgung zu Beginn der Laktation, kommen aber auch bei Tieren vor, die schlecht konditioniert in die Laktation kommen. Auch hier sind es meist wieder erstlaktierende Kühe, die in überstallten Betrieben zu wenig Futter aufnehmen oder die kurz nach der Alpungsperiode abkalben und deren Körperkondition oftmals unter einem BCS-Wert von 2,0 Punkten liegt (Soll-Wert: 2,5–3,0).

Betriebsvergleich

Eine gute Übersicht der wichtigsten Parameter gibt die Auswertung „Betriebsvergleich – Prüfjahr ...“. Darin werden die eigenen **Betriebsergebnisse des Vorjahrs** sowie die **Durchschnittsergebnisse anderer Betriebe** in Bezirk und Land zum Vergleich daneben gestellt (siehe Seite 201).

Der erste Block gibt Auskunft über **Remontierungsrate**, Durchschnittsalter der Kühe und Erstkalbealter. Um diese Zahlen interpretieren zu können, braucht es auch den Blick auf die Betriebsstrategie, die Aufzuchtmöglichkeiten und die wirtschaftlichen Rahmenbedingungen im Prüfjahr. So kann ein hoher Preis für Schlachtkühe bei gleichzeitig schlechten Absatzchancen beim Zuchtvieh zu einer deutlich zu hohen Remontierungsrate von über 35 % führen und dennoch wirtschaftlich sinnvoll sein. Die Verjüngung der Herde bietet in den folgenden Jahren die Chance, bei guter Vermarktungslage mehr Kalbinnen und Jungkühe zu verkaufen.

Ein wichtiger Parameter ist das **Erstkalbealter.** In vielen Betrieben lässt sich über die Verringerung des Erstkalbealters viel Geld einsparen. So bedeutet eine durchschnittliche Kalbung mit 26 Monaten gegenüber 30 Monaten bei zehn Kalbinnen pro Jahr eine Einsparung von rund 3.200 Euro an Aufzuchtkosten (vier Monate x zehn Kalbinnen x 80 Euro/Monat). Aber auch in dieser Kalkulation sind die Rahmenbedingungen, wie etwa eine Alpung während der Sommermonate, zu beachten und somit ist ein Betriebsvergleich nur unter gleichen Bedingungen sinnvoll.

Die Beurteilung des **Durchschnittsalters** der Kühe wird vielfach ohne genaue Kenntnis der Betriebsstrategie vorgenommen. Hier spielt nämlich die Vermarktungsstrategie eine entscheidende Rolle, was häufig übersehen wird und zu falschen Schlüssen führen kann. Werden Kalbinnen von einem Betrieb bereits hochträchtig vermarktet, finden wir deutlich weniger Jungkühe als in jenen Herden, deren Vermarktungsstrategie auf dem Verkauf von Erstlaktierenden basiert.

Ebenso wie beim Durchschnittsalter der Kühe spielt auch bei der **durchschnittlichen Lebensleistung** die eben angesprochene Vermarktungsstrategie eine entscheidende Rolle, da wir bei der Vermarktung von Jungkühen permanent Tiere am Betrieb haben, die erst wenige Hundert Liter an Lebensleistung erbracht haben, ehe sie verkauft werden.
Ein wichtiger Aspekt ist die **durchschnittliche Erstlingsleistung**, die in Relation zur Herdenleistung natürlich den Zuchtfortschritt repräsentiert. Jedoch müssen diesbezüglich das Erstkalbealter und die Kondition der Tiere bei der Kalbung bewertet werden. So ist aus wirtschaftlicher Sicht bei einer Kalbung mit 24 Monaten gegenüber einer Kalbung mit 30 Monaten durchaus eine geringere Milchmenge verkraftbar, da wir bei den Aufzuchtkosten rund 480 Euro einsparen. Dies entspricht einer Milchmenge von rund 3.200 l Milch, wenn wir einen Reingewinn 0,15 Euro pro Liter unterstellen.

Der Abschnitt **Milchleistung** lässt sich betriebsspezifisch besser aus den bereits besprochenen Abschnitten beurteilen. Mithilfe der Auswertung finden wir allerdings die Möglichkeit, einen Vergleich mit anderen Herden der Region anzustellen.

Bei der Beurteilung der **Fruchtbarkeitskennzahlen** ist zu erwähnen, dass es sich um Zahlen aus der Vergangenheit handelt. Insbesondere bei zu langer Zwischenkalbezeit sind die Ursachen nicht im Prüfjahr, sondern zum Teil mehr als zwölf Monate früher zu suchen. Außerdem können wirtschaftliche Rahmenbedingungen, Abortusprobleme oder auch durch Embryotransfer verlängerte Serviceperioden einen Einfluss auf die Fruchtbarkeitskennzahlen haben.

Die im letzten Abschnitt beschriebenen Daten zu den **Kalbungen** müssen aufgrund der in der Regel geringen Häufigkeiten von Schwer- und Totgeburten auf Basis der Einzelereignisse beurteilt werden. So bedeutet eine Verdoppelung der Totgeburten von 5 auf 10 % in einer kleinen Herde von 20 Kühen, dass im Prüfjahr zwei Kälber verstarben, während im Jahr davor eine Totgeburt vorlag. Es stellt sich die Frage nach der Ursache dieser Einzelereignisse. Sind es lebensschwache Kälber oder Geburtsprobleme, die zum Tod der Kälber geführt haben, oder war es vielleicht eine Zwillingsgeburt, die nachts ohne Geburtsüberwachung passierte und bei der beide Kälber tot zur Welt kamen? Abhängig von diesen Ursachen ist zu entscheiden, ob zukünftig Präventivmaßnahmen zu treffen sind.

Entscheidende Informationen sind auch im Abschnitt „**Abgänge** im Prüfjahr" zu finden. Sämtliche Zahlen über Fruchtbarkeit, Mastitishäufigkeit oder Klauenerkrankungen sind nur beurteilbar, wenn auch die Zahl der Abgänge aus diesen Gründen bekannt ist. So können wir unsere Zwischenkalbezeit ganz einfach unter 365 Tage senken, indem wir alle Kühe, die mit 80 Laktationstagen noch nicht tragend sind, nicht mehr besamen und am Ende der Laktation ausscheiden. Selbiges gilt auch für Tiere mit erhöhten Zellzahlen oder Klauenleiden. Auch hier ergeben sich statistisch perfekte Kennzahlen, wenn wir erkrankte Tiere einfach ausscheiden und die Abgangsursachen nicht erwähnt werden. Vor allem Zuchtbetriebe, die eine große Anzahl von Jungkühen oder Kalbinnen zu

Betriebsvergleich - Prüfjahr 2023

		Betrieb	Betrieb VJ	Gemeinde	Pol. Bezirk	Land
Bestand Kühe am 30.09.2023	Stk	**76,0**	72,0	57,2	33,2	25,8
Anteil Abgänge im Prüfungsjahr	%	**19,2**	20,9	22,4	22,3	22,1
Anteil ganzjährig geprüfte Kühe	%	**71,1**	76,4	74,3	70,6	73,4
Anteil Kühe 1. Kalbung	%	**29,0**	26,4	25,1	27,0	25,7
Anteil Kühe mind. 5. Kalbung	%	**22,4**	30,6	19,2	20,2	22,2
Erstkalbealter	Mon	**25,6**	28,5	27,3	27,9	29,7
Ø Alter Kühe am 30.09.2023	Jahre	**4,8**	5,3	4,9	5,1	5,4
Ø Lebensleistung	kg	**24.746**	27.204	23.203	23.706	24.084
Ø Lebenstagsleistung	kg	**13,6**	13,8	12,9	12,8	12,2
Lebensleistung Abgangskühe	kg	**45.326**	33.279	32.735	31.822	31.755
Lebenstagslstg. Abgangskühe	kg	**16,6**	14,1	15,0	14,4	13,7
Ø Erstlingsleistung	kg	**7.868**	7.377	7.780	7.625	7.361
Milchleistung						
Betriebsdurchschnitt:						
Kuhzahl	Stk	**74,7**	72,1	57,8	30,8	25,7
Milchmenge	kg	**9.582**	9.386	8.838	8.500	8.286
Fett	%	**4,34**	4,40	4,25	4,18	4,22
Ew	%	**3,74**	3,73	3,54	3,48	3,46
F/Ew	kg	**774**	763	688	651	636
Milcherzeugungswert relativ:		**119**	116	107	103	100
Ø Zuchtwerte:						
Milch	kg	**+123**	+154	+169	+140	+81
Fett	%	**-0,03**	-0,04	-0,02	-0,01	+0,00
Ew	%	**+0,03**	+0,03	+0,00	-0,01	-0,01
Milchwert		**104**	104	104	103	102
GZW		**106**	106	105	104	103
Eutergesundheit im Prüfjahr						
Zellzahl	in 1000	**383**	375	209	216	205
Zellzahl über 200.000	%	**40,8**	37,0	22,6	21,2	20,4
Kühe mit mind. 3 Überschreit.	%	**38,3**	37,4	22,6	19,5	19,1
Kühe mit Diag./Beob. Euter	%	**0,0**	5,5			
Fruchtbarkeit im Prüfjahr						
Besamungsindex		**2,2**	1,6	2,0	1,8	1,7
Non Return Rate 90	%	**29,0**	48,6	47,8	52,9	58,6
Rastzeit	Tage	**51**	64	54	69	72
Serviceperiode	Tage	**105**	81	99	107	106
Zwischenkalbezeit	Tage	**390**	365	386	396	397
Zwischenkalbezeit ü. 420 Tage	%	**29,1**	9,5	19,1	24,6	25,7
Abkalbequote	%	**81,9**	87,9	85,5	80,7	79,0
Kalbungen im Prüfjahr						
Schwergeburten	%	**5,2**	1,3	2,9	1,7	1,8
Totgeburten und verendete	%	**16,9**	10,0	7,9	6,4	5,5
GZW der Kalbväter		**132**	127	129	128	129
Stoffwechsel im Prüfjahr						
FEQ 1.-100.Tg unter 1,0	%	**18,6**	16,7	8,9	8,9	8,6
FEQ 1.-100.Tg über 1,5	%	**13,6**	17,2	14,7	12,0	13,2
Eiweiß% 1.-100.Tg kleiner 3,0	%	**2,9**	3,9	17,5	19,9	22,2
Harnstoff 1.-100.Tg über 30	%	**0,7**	6,3	5,8	15,4	12,0
Harnstoff 1.-100.Tg kleiner 15	%	**25,0**	29,6	29,8	24,4	27,7
Kühe mit Diag./Beob. Stoffw.	%	**10,6**	13,2			
Abgänge Stoffwechsel	%	**16,7**	0,0	6,1	5,0	2,6

sehr guten Preisen verkaufen können, versuchen oft, Altkühe mit höherer Zellzahl noch einmal trächtig zu bekommen. Dadurch kann eine Kalbin mehr vermarktet werden. In den Auswertungen erscheint in diesen Betrieben die Eutergesundheit manchmal etwas schlechter zu sein. Betrachten wir jedoch auch die Abgangsursachen, finden wir in Herden mit guter Zellzahl oftmals mehr Tiere, die aufgrund von Euterproblemen den Betrieb verlassen mussten.

Tagesbericht

Der Tagesbericht gehört zu den wichtigsten Datenquellen in der Herdenführung. Mit der richtigen Interpretation lassen sich sehr viele Bereiche gut überwachen.

Als Vorgehensweise bei der Durchsicht der Daten aus dem Tagesbericht hat sich folgender Ablauf bewährt:

- Blick auf die Zusammenfassung
- Kontrolle der Leistungsgruppen
- Interpretation der Grafiken
- Einzelkuhanalyse

Abgänge im Prüfjahr

Abgangsursache	Anzahl
Hohes Alter	3
Geringe Leistung	1
Verletzung	1
Unfruchtbarkeit	8
Infektionskrankheiten	1
Stoffwechselkrankheiten	3
Sonstige Gründe	1

Blick auf die Zusammenfassung

Bevor Sie den Tagesbericht im Detail ansehen, führen Sie sich noch einmal die **Situation am Tag der Probemelkung** vor Augen. Dabei sollten folgende Fragen geklärt werden:

- Wie war der Ablauf der Probemelkung? – Ruhe, neuer Kontrolleur, ...
- Gab es in den Tagen davor Futterumstellungen? – Neue Silagen, Weide, ...
- War die Herde an diesem Tag gestresst? – Tierarztbesuch, Klauenpflege, ...
- War es eine Morgen- oder eine Abendmelkung?
- Hatten einzelne Tiere eine geringere Milchmenge? – Stress, Brunst, Mastitis, ...

Der erste Blick gilt nun der Uhrzeit bei der Probemelkung und der Zusammenfassung der Herdenleistung, die fettgedruckt am Ende der Einzeltierdaten zu finden sind. Im vorliegenden Bericht sehen Sie an der Uhrzeit, dass es sich um eine Morgenkontrolle (5:35 Uhr) handelt. Direkt unter den Durchschnittswerten der Zusammenfassung sehen Sie die Differenz zum letzten Kontrollergebnis. Im vorliegenden Fall ist eine deutlich erhöhte Milchmenge (+4,1 l) bei geringerem Fettgehalt (–0,18 %) zu sehen.

Interpretation der Kontrolldaten

Um diese Daten richtig interpretieren zu können, sollten Sie sich die Daten der letzten Kontrollen in Erinnerung rufen oder den Jahresbericht zu Hilfe nehmen. Im aktuellen Fall zeigt sich eine Regelmäßigkeit zwischen Morgen- und Abendkontrollen, wobei die Milchmenge abends stets geringer war, der Fettgehalt aber deutlich höher lag als in der Früh. Dieses Wissen führt natürlich zu einer anderen Interpretation der Daten. Selbst auf Einzeltierebene müssen

Ergebnis der Probemelkung

Nr.	Name	Lebensnummer	L.	Tg.	v_Mkg	M-kg	Fett%	Eiw%	Zellz.	FEQ	Harn.	Kl
62	SCHWEIZ		2	15	T	34,9	4,54	3,87 +	170	1,17	15	8
64	SCHOTTLAND		1	329	25,4	28,6	3,59	3,46	328 !	1,04	24	5
66	SCHARON		1	204	29,3	28,7	3,80	3,17 -	41	1,20	23	2
68	VELMA		1	160	29,7	28,5	4,33	3,44	127	1,26	19	5
69	SWISS		1	159	31,3	28,7	3,94	3,83 +	116	1,03	18	8
	SCHENAIJA		1	188	32,5	30,8	4,13	4,14 +	58	1,00 -	19	8
	58 Kühe, in Milch 55	**Su. 1924,8 kg**	**3,0**	**209**	**32,7**	**35,0**	**4,07**	**3,67**	**351**	**1,11**	**21**	
	+3 Kühe, in Milch +7	Su. +356,7 kg				+2,3	-0,29	+0,06	+204	-0,10	+2	

Gleitender Stalldurchschnitt

	Tage	Kuhanzahl	M-kg	F-%	F-kg	E-%	E-kg	F+Ekg
Fleckvieh	366	57,9	10.881	4,15	452	3,52	383	835
Holstein	366	0,7	10.209	4,26	435	4,05	413	848
letzte 12 Monate	**366**	**58,6**	**10.873**	**4,15**	**451**	**3,53**	**384**	**835**

Zusammenfassung der Probemelkungsergebnisse

Ergebnis **11.03.2024** 05:35
Kontrollintervall: 41 Tage AT5

50 Kühe, in Milch 44	**Su. 1641,6 kg**	**2,9**	**239**	**33,2**	**37,3**	**4,06**	**3,76**	**88**	**1,08**	**19**
+1 Kühe, in Milch -2	Su. +114,0 kg				+4,1	-0,18	-0,02	+37	-0,04	-1

Gleitender Stalldurchschnitt

	Tage	Kuhanzahl	M-kg	F-%	F-kg	E-%	E-kg	F+Ekg
letzte 12 Monate	**366**	**46,7**	**12.322**	**4,12**	**507**	**3,65**	**450**	**957**
2023	365	44,1	11.791	4,16	491	3,66	432	922

Probemelkung

wir bei der Interpretation von Fettwerten oder Fett-Eiweiß-Quotienten daran denken, dass die Fettprozente um durchschnittlich drei Zehntel zwischen Morgen- und Abendgemelk schwanken.

Ein weiterer wesentlicher Punkt bei der Bewertung sind die Laktationstage der Herde. Eine durchschnittliche Herde erreicht rund 180 Laktationstage. Bei einem niedrigeren Wert sollte die Milchmenge höher sein, bei mehr Laktationstagen finden wir normalerweise niedrigere Milchmengen vor. Jahreszeitliche Schwankungen der durchschnittlichen Laktationstage sehen wir bei saisonaler Abkalbung. Liegt eine Herde permanent über 200 Tagen, so haben wir es meist mit langen Zwischenkalbezeiten und einer eher schlechten Fruchtbarkeit zu tun.

Bei der Interpretation der durchschnittlichen Zellzahl ist Vorsicht geboten. Hohe Zellzahlen bedeuten nicht zwangsläufig eine mäßige Eutergesundheit der Herde. So können einzelne Tiere vor allem in kleineren Herden die Gesamtzellzahl stark negativ beeinflussen. Hier gibt die Zellzahlverteilung einen besseren Einblick in das Geschehen.

Kontrolle der Leistungsgruppen

Die Kontrolle der Leistungsgruppen ist der zweite Schritt in der Interpretation des Tagesberichtes. Hier erkennen Sie, ob die Tiere gleichmäßig auf die Laktationsabschnitte verteilt sind und sehen auch rasch den Anteil der erstlaktierenden Tiere am Betrieb. Bei der Aufteilung nach Leistungsklassen sollten Sie insbesondere die Milchinhaltsstoffe im Auge haben. Niedrige Fettprozente bei hochleistenden Tieren weisen auf Azidosen hin, während hohe Fettwerte bei gleichzeitig hoher Leistung bei Körperfettmobilisation und somit Energiemangel auftreten. Der Eiweißwert gibt Auskunft darüber, ob Tiere bei niedriger Leistung zu energiereich gefüttert werden. Werte über 3,8 % Fett werden in der Regel als Überversorgung interpretiert. Hier ist aber auf rassespezifische Ausnahmen Rücksicht zu nehmen. So weisen Braunvieh- oder Jerseykühe physiologisch bedingt bereits höhere Inhaltsstoffwerte auf.

Bei der Interpretation der einzelnen Laktationsdrittel ist zu beachten, dass die Anzahl der Messungen oftmals nur zwei oder

Fütterung und Stoffwechsel

Milchinhaltsstoffe nach Klassen

Klasseneinteilung	Kühe	M-kg	Fett%	Eiw%	Zellz.	FEQ	Harn.
1 - 15,0 kg	1	7,6	4,59	4,28	316	1,07	36
15,1 - 25,0 kg	4	19,3	4,48	3,99	447	1,12	25
25,1 - 35,0 kg	18	31,1	4,61	3,87	57	1,19	27
über 35,0 kg	19	39,4	4,03	3,71	28	1,09	24
1. Lakt. 1 - 100 Tg.	2	38,8	4,47	3,42	15	1,31	30
1. Lakt. 101 - 200 Tg.	6	32,5	4,53	3,74	58	1,21	28
1. Lakt. ab 200 Tg.	6	32,5	4,74	3,94	37	1,20	21
ab 2. Lakt. 1 - 100 Tg.	4	34,1	4,42	3,82	38	1,16	28
ab 2. Lakt. 101 - 200 Tg.	12	39,7	3,80	3,69	28	1,03	21
ab 2. Lakt. ab 200 Tg.	12	26,0	4,53	3,99	216	1,13	30

Leistungsgruppen und Milchinhaltsstoffe

drei Tiere umfasst und somit eine **Aussage über Persistenzen im Tagesbericht nicht zulässig** ist. Der Blick auf die Inhaltsstoffe lohnt sich in dieser Tabelle aber in jedem Fall, da die Unterschiede zwischen erstlaktierenden und älteren Kühen Hinweise auf Fressverhalten oder auch laktationsspezifische Fütterungsfehler geben können. Vielfach wird nämlich die Futteraufnahme der jüngeren Kühe überschätzt, wodurch es rascher als bei Altkühen zu Azidosen aufgrund zu hoher Kraftfuttergaben kommt. Niedrige Fettwerte im ersten Laktationsdrittel weisen auf dieses Problem hin. Die Harnstoffwerte sollten in allen Gruppen möglichst ähnlich sein. Dabei spiegeln die Harnstoffwerte der höheren Leistungsbereiche in Betrieben mit Komponentenfütterung die Eiweißversorgung über das Kraftfutter wider, während bei den niedrigeren Leistungen hauptsächlich das Grundfutter bewertet werden kann.

Interpretation der Grafiken

Die Grafiken geben auf anschauliche Art und Weise einen Eindruck über die Herde. In der ersten Grafik sehen Sie die Anzahl der Tiere, deren erhöhte Zellzahl als leistungsmindernd bewertet werden muss. Das sind Kühe über 200.000 Zellen/ml. Durch die Darstellung der letzten elf Kontrollen lässt sich optisch ein Verlauf über den Zeitraum von etwa zwölf Monaten erkennen.

Ein wesentliches Hilfsmittel in der Beurteilung der Eutergesundheit stellen die Zellzahlklassen dar. Hier gilt der erste Blick der Gruppe bis 100.000 Zellen. Sind 75 % oder mehr Tiere in dieser Klasse, muss die Herde als eutergesund bezeichnet werden.

In der Grafik „Stoffwechselkontrolle Harnstoff/Eiweiß“ wird die Eiweiß- und Energieversorgung der Tiere dargestellt. Im zentralen Feld finden Sie jene Kühe, deren Harnstoff- und Milcheiweißgehalt im Idealbereich liegt. Schiebt sich der Punkteschwarm nach links, liegen niedrige Harnstoffgehalte und damit eine Eiweißunterversorgung vor. Umgekehrt befinden sich im rechten Teil jene Kühe, die eiweißüberversorgt sind.

Die horizontalen Linien stellen die Grenzen für das Milcheiweiß dar, wobei Kühe unterhalb der Linie von 3,2 % als energetisch unterversorgt gelten. Haben Tiere einen höheren Eiweißgehalt als 3,8 % in ihrer Milch, besteht die Gefahr einer Energieüberversorgung.

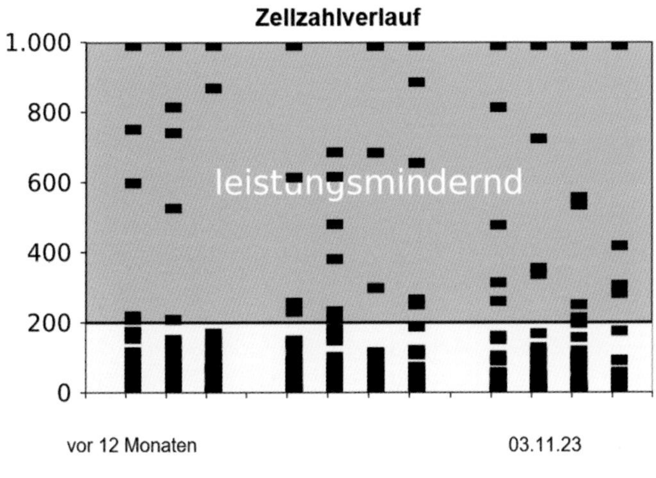

Klasse	Anz	%
über 800	1	2,4
400-800	1	2,4
200-400	2	4,8
100-200	3	7,1
bis 100	35	83,3

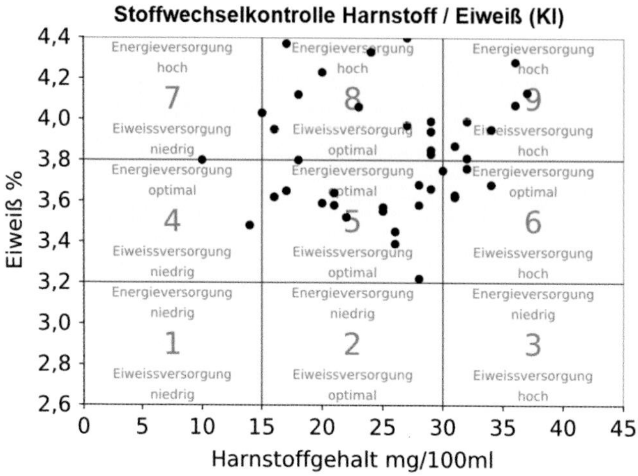

Klasse	Anz	%
9	7	16,7
8	14	33,3
7	1	2,4
6	5	11,9
5	14	33,3
4	1	2,4
3	0	0,0
2	0	0,0
1	0	0,0

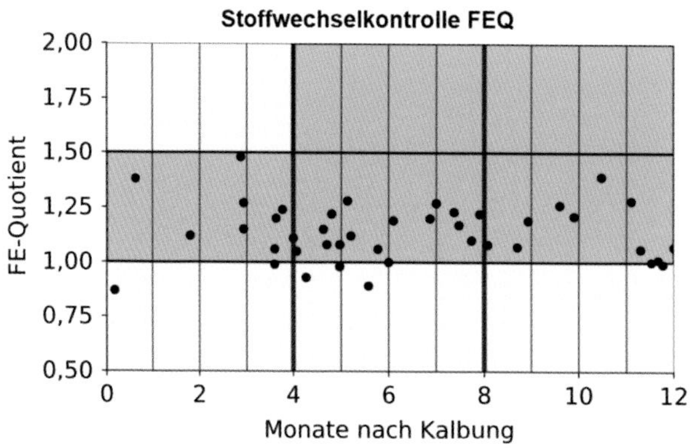

Klasse	Anz	%
Ketosegefahr	0	0,0
normal	36	85,7
Acidosegefahr	6	14,3

Stoffwechselkontrolle Fett-Eiweiß-Quotient

Die „Stoffwechselkontrolle FEQ“ zeigt den Fett-Eiweiß-Quotienten im Laktationsverlauf an. Ein Blick auf diese Grafik zeigt sofort, ob die Herde einen gleichmäßigen Abkalbeverlauf über das letzte Jahr gehabt hat. Befinden sich viele Punkte innerhalb von nur ein oder zwei Monaten, handelt es sich in der Regel um saisonale Abkalbungen. Auch ein Hinweis auf die Fruchtbarkeit ist hier zu finden, da Tiere, die eine Zwischenkalbezeit von unter 365 Tagen haben, nur etwa zehn Monate in Milch sind. Sehen wir nun mehrere Kühe im elften und zwölften Monat nach der Kalbung, handelt es sich um verlängerte Laktationen, die meist fruchtbarkeitsbedingt erfolgen.

Die eigentliche Aussage der Grafik ist aber in der Beurteilung des Fett-Eiweiß-Quotienten zu sehen. Hohe Werte von über 1,5 zu Beginn der Laktation (Monate 1–4) werden als „Ketosegefahr“ interpretiert, während Werte unter 1,0 in die Kategorie „Azidosegefahr“ fallen. Beim Blick auf diese Grafik ist auch der Kontrolltermin im Auge zu behalten, denn es gibt Unterschiede zwischen Abend- und Morgenkontrolle.

In Herden, die bei Morgenkontrollen generell weniger Milchfett aufweisen, liegen morgens stets auch mehr Tiere im Bereich „Azidosegefahr“, während bei Abendkontrollen eher Ketosen erkennbar sind.

Die letzte Grafik bildet den Eiweißgehalt in Relation zur Milchmenge ab. Üblicherweise haben Kühe mit geringer Milchmenge höhere Milcheiweißgehalte, während Tiere mit hohen Tagesmilchmengen eher niedrige Werte aufweisen. Eine Regressionslinie durch den Punkteschwarm hilft dabei, die kritischen Grenzen zu erkennen. Der Schnittpunkt mit der 3,8-%-Linie stellt jene Milchmenge dar, unter der die Tiere energetisch überversorgt sind. Der Schnittpunkt mit der 3,2-%-Linie zeigt an, bis zu welcher Milchmenge die Fütterung am Betrieb noch ausreicht. Je näher sich die Punkte an dieser Linie befinden, umso leistungsgerechter ist die Energieversorgung am Betrieb. Zeigt sich jedoch ein sehr unregelmäßiger Punkteschwarm, wobei es Kühe gibt, die bei annähernd gleicher Milchleistung völlig unterschiedliche Eiweißwerte aufweisen, liegt ein Problem in der Energiezuteilung oder auch in der unterschiedlichen Futteraufnahme vor. In Betrieben mit unterschiedlichen Rassen ist bei der Interpretation stets Vorsicht geboten. Insbesondere in Herden, die aus Braunvieh- und Holsteinkühen bestehen, sind die Eiweißwerte aufgrund der unterschiedlichen Genetik nicht vergleichbar. Aus diesem Grund gibt es selbst bei guter Fütterung eine große Streuung des Punkteschwarms.

Einzeltieranalyse

Nach der Beurteilung der Grafiken geht es um die Einzeltiere. Laktationszahl und Tage in Milch sind wichtige Kriterien bei der **Beurteilung der Leistung** und müssen immer in die Beurteilung mit einfließen. Ein Vergleich mit der vorhergehenden Kontrolle „v_Mkg“ gibt Auskunft über den Verlauf der Leistungskurve und mögliche Ausreißer. Ein Energiemangel ist mit einem „Minus“ hinter dem Eiweißwert von unter 3,2 % gekennzeichnet. Überversorgungen werden mit einem „Plus“ markiert. Weist der Fettgehalt und auch der Fett-Eiweiß-Quotient bei einer Kuh auf eine Azidose hin, sollten Sie die Daten richtig interpretieren. Befindet sich dieses Tier bereits am Ende der Laktation,

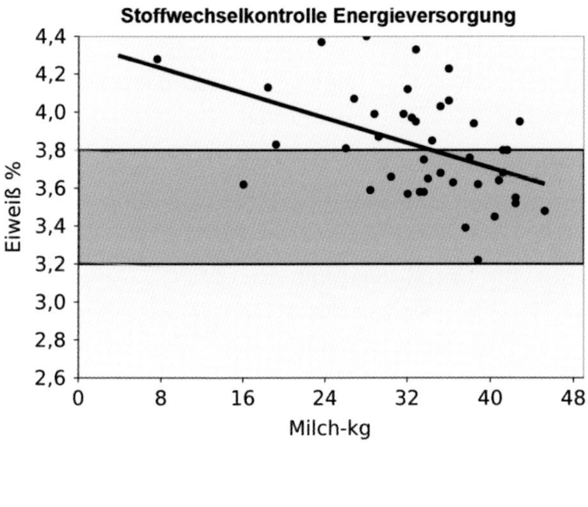

Klasse	Anz	%
Energieübersch.	22	52,4
normal	20	47,6
Energiemangel	0	0,0

wird es aufgrund der Leistung wohl kaum zu hohe Kraftfuttermengen erhalten. Sehen Sie zudem einen Leistungsabfall von über 10 kg Milch, ist zu vermuten, dass diese Kuh nur teilweise ausgemolken wurde und die fettreiche Restmilch im Euter verblieben ist.

Achten Sie bei der **Beurteilung der Zellzahl** auf die Laktationszahl und die Tage in Milch, da gegen Ende der Laktation und bei älteren Kühen etwas höhere Zellzahlen zu erwarten sind. Werte über 200.000 Zellen/ml sind mit einem Ausrufungszeichen gekennzeichnet.

Zur genaueren Begutachtung möglicher **Zellzahlproblemkühe** finden Sie die Tabelle „Eutergesundheit". Alle Kühe, deren Zellzahl über 200.000 Zellen/ml liegt, sowie Tiere mit vorangegangenen Therapien oder auch starken Erhöhungen seit der letzten Kontrolle sind hier aufgelistet. Neben der aktuellen Zellzahl finden Sie in dieser Tabelle auch die Zellzahlen der beiden vorangegangenen Kontrollen, sodass sich ein Verlauf ablesen lässt. Der Buchstabe „T" bedeutet dabei, dass das Tier zum Zeitpunkt der entsprechenden Kontrolle trocken gestanden ist. Daraus lässt sich ablesen, ob die Kühe nach der Trockenstehzeit mit zu hoher Zellzahl eingesetzt haben. Hier lohnt es sich, die Zellzahlen vor dem Trockenstellen herauszusuchen. Waren diese ebenfalls hoch, konnten die Tiere in der Trockenstehzeit nicht ausgeheilt werden. Wurden die Kühe aber mit niedrigen Zellzahlen trockengestellt, handelt es sich um Neuinfektionen. In jedem Fall sind dann das Trockenstellmanagement sowie die Haltung und Fütterung in der Trockenstehzeit zu prüfen.

Als zusätzliche Information finden Sie in den Tagesberichten Tabellen mit jenen Kühen, die aufgrund ihrer Milchinhaltsstoffe auffällig sind und entsprechend überprüft werden sollten. Auch eine Übersicht der Diagnosen und Therapien in den letzten drei Monaten gibt einen Einblick in den Gesundheitszustand der Herde.

21	FORTUNA	3	475	29,1	26,7	3,69	4,93 +	812 !	0,75 -	35	9
22	MAXIM	1	36		30,6	4,77	3,62	12	1,32	18	5
23	VERA	2	159	32,9	37,1	3,51	3,57	25	0,98 -	14 -	4
24	VANDA	3	158	41,3	41,2	4,13	3,50	460 !	1,18	24	5
25	RACHEL	2	390	26,3	20,0	3,77	3,58	205 !	1,05	23	5
28	SCHAKIRA	1	237	35,5	37,2	3,11	3,47	8	0,90 -	21	5

Einzeltierleistungen

Eutergesundheit

Kühe mit ZZ > 200.000 oder mit markantem Zellzahlanstieg oder mit Diagnosen (Schalmtest empfohlen)

Nr.	Name	Lebensnummer	L.	Tg.	16.05.24 Zellzahl	04.04.24 Zellzahl	26.02.24 Zellzahl
	HUBI		6	252	435	118	311
	HILARI		9	276	281	151	1547
	RAFAELA		6	232	203	230	639

Die Tabelle „Betriebsdatenübersicht und Fruchtbarkeit“ ist eine wertvolle Ergänzung, wenn die aktuelle Fruchtbarkeitssituation überprüft werden soll. Die unter den Kürzeln RAST/SP angeführten Zahlen stellen die aktuelle Rastzeit sowie die Serviceperiode der jeweiligen Kuh dar. Wenn Sie die Serviceperioden einzeln betrachten, stellen alle Werte unter 80 Tagen eine erwartete Zwischenkalbezeit von weniger als 365 Tagen dar. Eine rasch durchgeführte Berechnung des Durchschnittswertes der Serviceperioden, mit anschließender Addition von 285 Tagen, gibt eine exakte Auskunft über die momentan zu erwartende Zwischenkalbezeit.

Aber auch die Daten über die laufende Milchleistung sowie Melkbarkeit und Inhaltsstoffe stellt eine wertvolle Entscheidungshilfe dar.

Die Tabelle mit den Kalbinnen muss ebenso regelmäßig überprüft werden. Anhand des Geburtsdatums und der eingetragenen Belegungen sehen Sie rasch, ob Sie das geplante Erstkalbealter erreichen.

Die Fülle an wichtigen Informationen in den Tagesberichten ist enorm und bedarf einer entsprechend genauen Beurteilung. Auch die Durchsicht dieser Daten muss von Landwirt und Tierarzt gleichermaßen ernst genommen werden. Letztendlich finden sich stets Auffälligkeiten, die ganze Tiergruppen oder auch nur Einzeltiere betreffen können. Tiere mit Anzeichen für Ketosen, Azidosen oder Mastitiden müssen dabei ebenso notiert werden wie Kalbinnen, die trotz höheren Alters noch nicht besamt sind. Mit den erhobenen Daten gehen wir dann zu den Tieren, um unsere Vermutungen zu überprüfen, denn am Ende gilt: „Die Kuh hat immer recht!“

Fruchtbare Kühe und gesunde Kälber sind das Ergebnis von strukturiertem, sorgfältigem und aufmerksamem Arbeiten im Rinderstall. © Karin Ch. Taferner

ANHANG

GLOSSAR

Ausgefallene Begriffe und Abkürzungen von A bis Z

Abort	Fehlgeburt, Verwerfen
Ad libitum-Fütterung	Futtervorlage ohne Mengenbegrenzung.
AGR	Aufgewertete Grundfutterration. Manchmal auch als AMR, aufgewertete Mischration, bezeichnet. Dabei werden Kraftfutterkomponenten und Grundfutter vermischt und am Futtertisch vorgelegt. Zusätzlich erhalten die Tiere je nach Leistung zusätzliches Kraftfutter.
BCS	Body Condition Scoring. Darunter verstehen wir die optische Beurteilung der Körperkondition. Meist wird dafür eine Skala von 1 (extrem mager) bis 5 (übermäßig fett) verwendet.
BHB	Beta-Hydroxybutyrat; Bestandteil von Ketonkörpern, die beim Fettabbau gebildet werden; Gehalt im Blut kann über einen Ketose-Schnelltest ermittelt werden und ist ein Indikator für Ketosen.
Bolus	Mehrzahl „Boli“. Als Bolus bezeichnen wir zylindrische Produkte, die mittels spezieller Eingeber den Tieren im Ganzen verabreicht werden. Meist handelt es sich dabei um Futtermittel in konzentrierter Form, wie z. B. Kalzium, Phospor oder auch Natriumbikarbonat.
Chemoprophylaxe	Einsatz von Medikamenten zur Vorbeugung spezieller Erkrankungen wie etwa Cryptosporidiendurchfall.
DCAB	Kationen-Anionen-Bilanz; Verhältnis von Natrium und Kalium (Kationen) zu Chlor und Schwefel (Anionen) in der Futterration.
Drenchen	Unter „Drenchen“ verstehen wir die Verabreichung von Flüssigkeiten mittels Sonde. Bei Kälbern handelt es sich meist um das Drenchen von Biestmilch, während bei Kühen teils große Mengen (bis zu 50 l) an Wasser, vermischt mit appetitanregenden Substanzen, gedrencht werden.

Dysbakteriose	Krankheitszustand, der durch Störung des Gleichgewichts der normalen Bakterienflora entsteht.
ELISA	„Enzyme-linked Immunosorbant Assay“. Bezeichnet eine Methode zum Nachweis von Antikörpern (Abwehrstoffen). Dadurch kann auf indirekte Weise auf bestimmte Erkrankungen geschlossen werden.
GMON	Gesundheitsmonitoring. Im Rahmen des GMON werden Gesundheitsdaten der Rinder durch die Leistungskontrollverbände gesammelt und ausgewertet.
I. E.	„Intenationale Einheiten“, Mengenbezeichnung. 1.000 I. E. Vitamin E sind gleichzusetzen mit 1 g Vitamin E.
IOFC	Income over feed costs. Beschreibt, wie viel Milcherlös abzüglich der Fütterungskosten pro Tier und Tag übrigbleibt.
Immunglobulingehalt	Menge an Abwehrstoffen (Immunglobulinen) im Kolostrum oder Blut.
Kalbin	weibliches Rind, das noch kein Kalb geboren hat; dt. Färse
Ketose	Die Ketose, oder auch Acetonämie genannt, beschreibt eine Energiestoffwechselstörung. Durch Energiemangel kommt es zum Abbau von Fettreserven, die in der Leber zu sogenannten Ketonkörpern umgewandelt werden.
Klinisch	„Klinisch“ bedeutet, dass Erkrankungen durch äußere Anzeichen erkennbar sind.
Kokzidiostatikum	Medikament, welches das Wachstum von Kokzdien hemmt. Wird zur Vorbeugung von Kokzidiendurchfällen eingesetzt.
Kolostrum	Auch als „Biestmilch“ bezeichnet. Die ersten Gemelke nach der Abkalbung sind besonders reich an Abwehrstoffen (Immunglobulinen). Erst durch die Aufnahme von Kolostrum erhält das Immunsystem des Kalbes seine Abwehrstoffe.
Leaky-Gut-Syndrom	Erhöhte Durchlässigkeit der Darmwand, die als Ursache chronischer Entzündungen gilt; oft im Zusammenhang mit Endotoxinen genannt.
LKV	Leistungskontrollverband.
Metabolische Programmierung	Mit der „metabolischen Programmierung“ beschreiben wir den Einfluss der Nährstoffversorgung im Mutterleib und in den ersten Lebenswochen auf spätere Eigenschaften des Tieres, wie etwa die Leistungsfähigkeit.
Mykotoxine	Von Pilzen produzierte Giftstoffe, die sowohl am Feld oder auch erst bei der Lagerung entstehen können.
NEFA	freie Fettsäuren im Blut
NSBA	Netto-Säure-Basen-Ausscheidung; gibt an, wie viel Säure (oder Base) der Körper über den Urin ausscheidet, um den pH-Wert des Blutes konstant zu halten.

NEL	Netto-Energie Laktation. Energiebewertungssystem für laktierende Rinder.
Pansenacidose	Die Pansenacidose wird auch Pansenübersäuerung genannt. Dabei kommt es zum Abfall des pH-Wertes im Pansen.
Pansenpassagerate	Beschreibt die Geschwindigkeit, mit der das Futter im Pansen abgebaut wird und dann weiter in den Verdauungstrakt wandert. Sie wird durch die Abbaubarkeit der einzelnen Futterkomponenten, die Teilchenlänge und die Rationszusammensetzung bestimmt.
Persistenz	Die Persistenz beschreibt die Milchleistungskurve. Dabei bedeutet „gute Persistenz“, dass die Tiere nur wenig an Leistung verlieren, während bei „schlechter Persistenz“ die Milchmenge rasch abfällt.
Puerperalphase (Puerperium)	Phase direkt nach der Kalbung
Puerperalkontrolle	Überprüfung der Gebärmutter und der Eierstöcke durch den Tierarzt. Etwa drei bis vier Wochen nach der Abkalbung wird diese Untersuchung durchgeführt, um Erkrankungen frühzeitig zu erkennen.
Puerperalprobleme	Unter diesem Begriff fassen wir Erkrankungen in den ersten Wochen nach der Geburt zusammen. Dazu gehören unter anderem Nachgeburtsverhalten, Festliegen oder auch Ketosen.
Refraktometer	Gerät zum Messen des Brechungsindex einer Flüssigkeit. Damit kann der Eiweißgehalt in Flüssigkeiten festgestellt werden.
RFD	Rückenfettdicke. Die Rückenfettdicke wird mittels Ultraschall an der Kruppe des Tieres gemessen und dient zur Beurteilung der Körperkondition.
RZ	Rastzeit
SP	Serviceperiode
Stier	männliches Rind; dt. Bulle
Subklinisch	Unter „subklinisch“ verstehen wir Krankheiten, die wir nicht auf den ersten Blick erkennen, sondern erst mithilfe spezieller Untersuchungen (z. B. Zellzahlmessung) feststellen.
TMR	Totale Mischration. Alle Futtermittel werden im Mischwagen vermischt und den Kühen zur Aufnahme vorgelegt.
UDP	engl. undegradable protein. Auch pansenstabiles Protein genannt. Futtereinweiß, welches im Pansen nicht abgebaut, sondern in den Labmagen und weiter in den Dünndarm geschleust wird, wo es zusammen mit dem Bakterienprotein der enzymatischen Verdauung unterliegt und resorbiert wird.
VZ	Verzögerungszeit
ZKZ	Zwischenkalbezeit

LITERATURANGABE

AGRAVIS Nutztier, 2024: Hintergrundinfos abgerufen am 27.8.2024 unter http://www.silierung.de/infos/hintergrundinfos/

E. G. BROWN, M. J. Vandehaar, K. M. Daniels, J. S. Liesman, L. T. Chapin, J W Forrest, R. M. Akers, R. E. Pearson, M. S. Weber Nielsen, 2005: Effect of increasing energy and protein intake on mammary development in heifer calves; J. Dairy Sci. 88(2): 595-603; Affiliations Expand

PMID: 15653526; DOI: 10.3168/jds.S0022-0302(05)72723-5

A. J. GEIGER, CLM Parsons, R. E. James, R. M. Akers, 2016: Growth, intake, and health of Holstein heifer calves fed an enhanced preweaning diet with or without postweaning exogenous estrogen; Journal of Dairy Science 99(5);

DOI:10.3168/jds.2015-10405

Gesellschaft für Ernährungsphysiologie (GfE), 2023: Mengen und Spurenelemente; abgerufen am 14.04.2024 unter https://gfe-frankfurt.de/wp-content/uploads/2023/10/12_gfe_workshop_mineralstoffe_rodehutscord-schenkel.pdf sowie https://gfe-frankfurt.de/wp-content/uploads/2023/10/11_gfe_workshop_vitamine_eder.pdf

HOFFMANN, Manfred; 2022: Angewandte Tierernährung in der Milchvieherdenbetreuung, Agrar-und Veterinär-Akademie (AVA)

J. L. M. R. LEROY, T Vanholder, B Mateusen, A Christophe, G Opsomer, A de Kruif, G Genicot, A Van Soom, 2005: Non-esterified fatty acids in follicular fluid of dairy cows and their effect on developmental capacity of bovine oocytes in vitro; Reproduction 2005 Oct; 130(4): 485-95. doi: 0.1530/rep.1.00735

H. LOPEZ, L. D. Satter, M. C. Wiltbank, 2004: Relationship between level of milk production and estrous behavior of lactating dairy cows; Animal Reproduction Science, 2004 Apr; 81(3-4): 209-23. doi: 10.1016/j.anireprosci.2003.10.009.

E. L. MIDDLETON, T. Minela, and J. R. Pursley, 2019: The high-fertility cycle: How timely pregnancies in one lactation may lead to less body condition loss, fewer health issues, greater fertility, and reduced early pregnancy losses in the next lactation; J. Dairy Sci. 102: 5577–5587; https://doi.org/10.3168/jds.2018-15828

National Research Council of the National Academies (NRC), 2005: Mineral Tolerance of Animals, second revised edition. The National Academies Press, Washington D.C.

RESCH, Reinhard, GASTEINER, Johann, STÖGMÜLLER, Gerald, TIEFENTHALLER, Franz, FRANK, Peter ADLER, Andreas; 2014: Auswirkungen von erdiger Futterverschmutzung; Landwirt Sonderbeilage

J. B. ROELOFS, E. A. M. Graat, E. Mullaart, N. M. Soede, W. Voskamp-Harkema, B. Kemp, 2006: Effects of insemination-ovulation interval on fertilization rates and embryo characteristics in dairy cattle; Affiliations; PMID: 16934864; DOI: 10.1016/j.theriogenology.2006.07.005

J. E. P. SANTOS, H. M. Rutigliano, M. F. Sá Filh, 2009: Risk factors for resumption of postpartum estrous cycles and embryonic survival in lactating dairy cows; Animal Reproduction Science, Volume 110, Issues 3–4, February 2009, Pages 207-221

DIE AUTOREN

© WP

Dr. **Walter Peinhopf-Petz** ist Tierarzt und leitet die Rinderpraxis von „DR.VET – Die Tierärzte" in Lang in der südlichen Steiermark. Seine Expertise auf dem Gebiet der Bestandsbetreuung von Rinderherden gibt er in Vorträgen und Praxisveranstaltungen an Tierärzte und Landwirte weiter.
www.dr-vet.at

© JS

Ing. **Jonas Schiffer** arbeitet als unabhängiger Fütterungsberater für Rinderherden. Er ist Autor des Buches „1 x 1 der Milchviehfütterung" und als Vortragender geschätzt, weil er seine Praxiserfahrungen gerne teilt.
www.isuba.at

Aus unserem Programm

ISBN 978-3-9503562-1-2

ISBN 978-3-7020-1665-4

ISBN 978-3-7020-1665-4